SKYLINE
天际线

望远 知新

The Genius of Birds

鸟类的天赋

[美国] 珍妮弗·阿克曼 著
沈汉忠 李思琪 译

译林出版社

图书在版编目（CIP）数据

鸟类的天赋/（美）珍妮弗·阿克曼（Jennifer Ackerman）著；沈汉忠，李思琪译．—南京：译林出版社，2019.4（2024.11 重印）

（“天际线”丛书）

书名原文：The Genius of Birds

ISBN 978-7-5447-7497-0

Ⅰ.①鸟…　Ⅱ.①珍…②沈…③李…　Ⅲ.①鸟类－普及读物　Ⅳ.①Q959.7-49

中国版本图书馆 CIP 数据核字（2018）第 186455 号

鸟类的天赋　[美国] 珍妮弗·阿克曼 / 著　沈汉忠　李思琪 / 译

责任编辑　杨雅婷
装帧设计　韦　枫
校　　对　孙玉兰
责任印制　董　虎

原文出版　Penguin Press, 2016
出版发行　译林出版社
地　　址　南京市湖南路 1 号 A 楼
邮　　箱　yilin@yilin.com
网　　址　www.yilin.com
市场热线　025-86633278
排　　版　南京展望文化发展有限公司
印　　刷　苏州市越洋印刷有限公司
开　　本　652 毫米 × 960 毫米　1/16
印　　张　25
插　　页　4
版　　次　2019 年 4 月第 1 版
印　　次　2024 年 11 月第 6 次印刷
书　　号　ISBN 978-7-5447-7497-0
定　　价　78.00 元

序言

如果你是一只鸟

鸟类无处不在,是我们生活中最容易见到的野生动物。作为陆生脊椎动物中最大的类群,全球现存的鸟类超过1万种。如果每天认识一种鸟的话,你大约需要30年才能认全这个家族的全部成员。爱鸟人士带着愉悦的心情去观察这群长着羽毛的朋友,不仅是因为它们的多样性高,还因为它们拥有五彩斑斓的羽色、丰富的行为,以及悦耳的歌声。这些不光带给我们美的享受,而且提供了艺术创作的灵感,让我们对大自然演化的力量充满敬畏。

当看到本书的书名“鸟类的天赋”时,也许有朋友会问:鸟类除了富有美感之外,也有天赋吗?产生这样的想法其实并不奇怪,因为天赋往往与思考、学习、认知等能力相关,这个词似乎本来就应该与我们这样拥有智慧的人类或类人猿联系在一起。当然,我们惯常以自己的角度和知识去推测鸟类的世界,特别是看到常见的鸟类时,你或许会想,麻雀的脑子还不及一颗黄豆大,难道里面也存在智慧吗?确实,长期以来鸟类被认为是智商较低的动物,就连以前生物学专业的教科书都认为,高级哺乳动物具有极其发达的大脑皮层,可以产生高级的智慧。鸟类的大脑皮层不发达,不具有沟回和褶皱,它们大脑底部的纹状体很发达,执行了鸟类复杂的行为。然而,这些行为被认为是“本能”，算不上高级智慧。这样的观点似乎成了共识，如果你也这么想，那么不妨来读一读这本书。

作者珍妮弗·阿克曼带着同样的问题，走进了鸟类的世界，讲述了一个又一个关于鸟类天赋的故事。本书很容易引起人们的共鸣，因为书中也许有你似曾相识的“桥段”：新喀里多尼亚岛上的新喀鸦会往容器里投石饮水，会利用树叶和树枝做工具，搜索藏在树木和泥土里的大肉虫（昆虫幼虫）；松鸦懂得储藏可长期存放的粮食，以备冬天食用；鹦鹉模仿和学习其他鸟类的声音；园丁鸟懂得收集一些特定颜色的花朵来吸引雌性；家麻雀就像一群吉卜赛人，流浪到世界各地，很快地适应了新定居地的生活；信鸽在长距离旅行中仍可以靠自己导航和定位……这让我们不由得赞叹鸟类的各种过人能力。

确实，这些常常出现在教科书或纪录片中的故事，正是支持鸟类具有天赋的有力证据。从作者细腻的刻画中，你能读到鸟类为了生存，为了繁殖，凭借自身的能力顽强地应对生命中的每个挑战。有的时候你会觉得它们面临着与我们的生活相似的情景：它们好像是你咿呀学语的童年，是你爱争风吃醋的青春期，是你四处流浪的兄弟，或者是你迷途知返的孩子。请你时刻不要忘了，它们是一只只鸟，是一群长着羽毛的朋友。在阅读中，我常常陷入思考。为什么我们经常认为鸟类的智慧并不如我们？当我们和鸟类的祖先在4亿年前分道扬镳的时候，自然选择的力量让我们彼此演化出不一样的生存策略。试想，如果你是一只鸟，你能做得更好吗？

作者描绘的动人故事，展示了鸟类行为学研究的一些经典模式物种及对应的科学工作。它们中的绝大多数体现了过去20年中相关领域的重要进展，例如对鸟类大脑结构的重新修订、对鸟类鸣唱机制的研究、群体行为的神经生物学基础、在全基因组水平研究鸟类天赋的机理等。这也使作者能够站在更高的层次，系统性地从鸟类的认知、自我意识、学习、社会行为、审美、环境适应能力、时间空间记忆等多维度介绍鸟类的天赋。在具体讨论每个个例时，作者文字风趣而表述严谨，并且引经据典。这是因为作者直接与从事研究的一线学者进行过深入的交流。从本书注释所列出的文献和作者致谢的学者名单中，可以看出作者为本书做足了功课。我也从中看到了很多熟悉的鸟类学、行为学同行及他们的代表性工作。

《鸟类的天赋》的英文版于2016年出版，我要感谢译林出版社把这本优秀的科普著作引进国内。两位译者也以扎实的翻译功底和专业背景让中译本增色不少。作为一名从事鸟类学研究的学者，我认为本书的重要价值是以轻松的方式，将鸟类行为及背后的精妙机理向广大读者娓娓道来。和作者一样，我也是一名观鸟者，阅读本书，也增加了我在观鸟过程中的思考和乐趣。当然，如果你是一只鸟，你会获得更多有关生存的启示。

刘　阳

中山大学生命科学学院副教授

中国动物学会鸟类学分会/动物行为学分会理事

英国鸟类学杂志*Ibis*副主编

献给卡尔，并致以我全部的爱

目 录

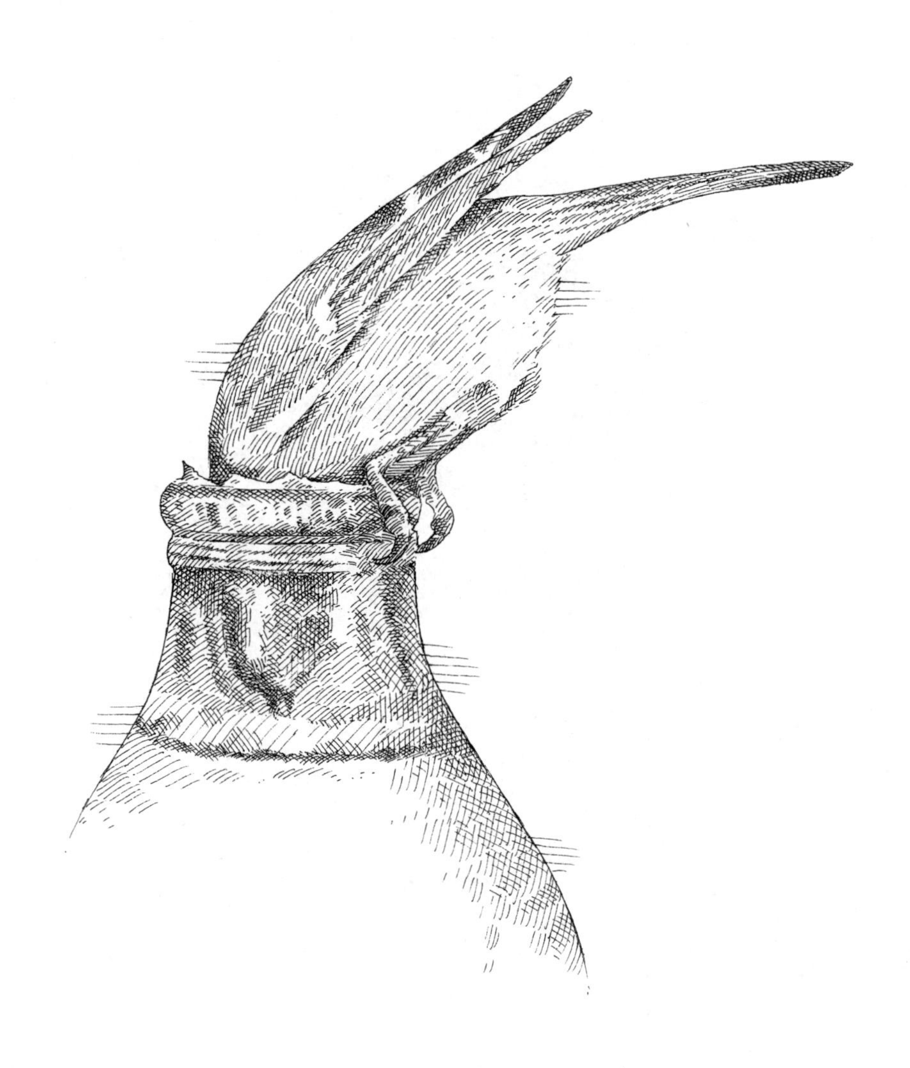

引言

鸟类的天赋

长久以来，鸟类被认为是智商较低的一类动物，从而被贴上愚蠢的标签。用来形容小眼睛的“珠子眼”(beady eyed)、形容人愚蠢的“果壳脑”(nut brained)、形容异类的“带翅膀的爬行动物”(reptiles with wings)、形容呆头呆脑的“鸽子头”(pigeon heads)、形容笨蛋的“火鸡”(turkey)等贬义词都用到了与鸟类有关的表达。它们时常冲撞到玻璃窗上，啄镜子里自己的影子，在电缆线上被烤焦，误入陷阱而自取灭亡。

我们的语言反映了我们对鸟类的蔑视。例如，“对鸟而言”(for the birds)形容毫无价值或索然无味的事物，无能的政治家会被形容为“跛脚鸭”(lame duck)，当众出丑、把事情搞砸被形容为“下蛋”(lay an egg)，被唠叨的妻子长期骚扰的丈夫叫作“被母鸡啄”(henpecked)，低头认错叫作“吃东西的乌鸦”(eating crow)。愚蠢、糊涂和丢三落四的人则被称作“鸟脑袋”(bird brain)，早在20世纪20年代，这种表达便在英语当中出现了，当时的人们认为鸟类只不过是会飞行和啄食的机器而已，它们的脑袋小得容不下任何的思考能力。

然而这样的观点已经过时。过去20多年来，全球无数的野外观察和实验室研究都能证明，鸟类的思维能力并不亚于灵长类。有一种鸟能够使用浆果、玻璃碴和鲜花创造出色彩缤纷的图案，以此吸引雌性的注意；有一种鸟会把多达3.3万颗种子散布在几十平方英里的区域内，并且在几个月后仍然记得这些种子的位置；有一种鸟解决某个经典谜题的速度和5岁的小孩一样快，同时还是开锁专家；还有些鸟会计数，做简单的计算，制作工具，跟着音乐摇摆，理解基本的物理学原理，记住过去发生的事情，并对未来进行规划。

在过去，其他动物由于显示出与人类相当的智慧而引起了人们的关注。如黑猩猩会用枝条制作矛来狩猎小型灵长类，海豚狩猎时通过发出哨音和咔嗒声来进行复杂的交流，高等的类人猿（红毛猩猩、黑猩猩等）会互相安慰对方，而大象会因同类的死亡而忧伤。

如今，鸟类也被证实为具有较高智慧的生物。大量涌现的研究已经颠覆了陈旧的观点，人们终于开始接受鸟类比我们想象的更为聪明这一事实——在某种程度上，鸟类的智力更接近于灵长类动物，而不是它们的爬行类祖先。

20世纪80年代初，一只散发着魅力和机智的非洲灰鹦鹉（*Psittacus erithacus*）——亚历克斯和科学家艾琳·佩珀伯格搭档，向世人展示了某些鸟类的智力水平能与灵长类相匹敌。尽管亚历克斯31岁时突然死亡（仅为预期寿命的一半），但它生前已经掌握了数百个代表物品、颜色和图形的英语单词的标签，并且能按照异同将数字、颜色和图形进行分类。通过观察放在盘子里的一系列颜色和材质不同的物品，它能准确地说出某种类型的物品有多少。例如佩珀伯格会问“有多少绿色的钥匙？”，同时展示一些绿色和橙色的钥匙及软木塞。亚历克斯八成都能回答正确。它还能使用数字来回答加法算术题。佩珀伯格说，亚历克斯最了不起的地方是它能够理解抽象概念，包括和“零”有关的概念；在一列含有数字的标签中，亚历克斯能够通过标签的位置理解数字的含义；它还能够像一个小孩子一般发出“坚果”(N-U-T)等单词的声音。在亚历克斯出现之前，我们几乎认为言语表达是人类的专属。但亚历克斯不仅能够理解单词，它还能以充满说服力、机智甚至饱含情感的方式把它们说出来。当某个夜晚佩珀伯格把亚历克斯放回它的鸟笼时，亚历克斯像往常一样说：“乖乖的，明天见，我爱你。”但不幸的是，这成为亚历克斯对佩珀伯格说的最后一句话，第二天它便离开了这个世界。

2

20世纪90年代，一些报道开始从南太平洋新喀里多尼亚小岛上涌现出来。这些报道显示乌鸦在野外使用自制的工具，并且将相应的制作工艺传给下一代。这一行为已有人类文化特征，并且证明了复杂的制造和使用工具的技能不是只有灵长类才能习得的。

当科学家向这群乌鸦展示各种谜题来测试它们解决问题的能力时，乌鸦总会采用灵巧的解决办法来应对，这些测试结果使科学家们感到震惊。2002年，牛津大学的亚历克斯·凯瑟尼克和同事“询问”一只叫作贝蒂的新喀鸦(*Corvus moneduloides*)：“你能获取这根管子底部小桶里的食物吗？”贝蒂接下来的举动让实验人员目瞪口呆：只见它自然地把一段金属丝弯成钩形，然后用钩子把小桶钩了上来。

如果我们去翻翻科学期刊上公开发表的文章，便会发现其中不乏让人眼前一亮的标题：《似曾相识？鸽子能识别熟人的脸》《山雀叫声中的句法结构》《禾雀(*Lonchura oryzivora*)的语言识别能力》《小鸡喜欢和谐悦耳的音乐》《性格差异影响白颊黑雁(*Branta leucopsis*)的领导能力》，以及《鸽子的数学才能和灵长类不相上下》。

人们对鸟类认识的谬误来自这样的信念：鸟类大脑容量如此之小，因而它们只能诉诸本能反应。鸟类大脑没有像人类大脑皮层一样的结构，而人的思维就产生于皮层的沟壑结构里。鸟类保持相对较小的脑袋有着充分的理由，我们认为这是为了满足以下要求：在空中飞行、抵抗重力、盘旋、燕式旋转、俯冲、连续飞行好几天、迁徙数千英里、在狭小的空间里辗转腾挪。这些似乎印证了鸟类为了成为飞行高手，而不得不牺牲认知能力。

如果仔细研究就会发现事实恰好相反。鸟类的大脑的确迥异于人类。这不足为奇，毕竟鸟类和人类3亿年前就在演化的道路上分道扬镳了。但确实有些鸟类的大脑在身体中所占的比重较大，就像人 3 类一样。不仅如此，当脑力派上用场的时候，脑神经的数量、位置、连接方式比脑容量大小重要得多。而一些鸟类的大脑含有大量的有效神经元，其密度接近灵长类的大脑，神经网络的连接方式也近乎人类。这也许对解释为何特定种类的鸟有如此高级的认知能力大有帮助。

如同人类大脑，鸟类的大脑也具有偏侧性，即它们同样具有左右大脑半球来处理不同类型的信息。鸟类的脑细胞在需要时也会进行新老更替。尽管鸟类大脑的组织结构和人类截然不同，但二者却有着相似的基因和神经回路，显示出它们达到相当高度的心智水平。例如，喜鹊 (*Pica pica*) 能认出镜子里的自己，而“自我”的意识曾被认为仅有人类、类人猿、大象和海豚这些有着高度发达社会关系的生物才具备。只要是偷来的食物，西丛鸦 (*Aphelocoma californica*) 会穷尽手段把食物残余藏起来，避免同类发现。这些鸟似乎有着浅层次换位思考的能力，能站在同类的立场上看待问题。它们还能够记住哪一种食物什么时候埋在什么地方，这样它们就能在食物腐坏之前吃上一口。这种记住事件的时间、地点、内容的能力，被称为情景记忆。一些科学家认为西丛鸦能够回忆起过去发生的事情——这种回想起过去事物的能力曾一度被认为是人类特有的。

新的研究表明鸣禽学习鸣唱的方式与人类学习语言的方式无异，鸣禽这种学习曲调的方式源自始于千百万年前的文化传承，而那时的人类祖先还未学会直立行走。

有些鸟天生擅长解决几何问题，能够使用几何线索和地面标志在三维空间定位，在未知领域导航，寻找隐藏的宝藏。而有些鸟天生擅长数学运算。2015年，研究人员发现新生的小鸡能够从左向右排列数字。和大多数人一样，它们将这些数字排列成越靠左越小，越往右越大的顺序。这意味着鸟类与我们共享一套从左往右依次增大的数字[4]排列系统——这一认知策略意味着人类具有进行高等数学运算的潜能。幼鸟能理解比例的概念，还能记住某个东西在一列物品中的位置顺序（如第三个、第八个、第九个），从而把它挑选出来。它们也能做简单的算术题，例如加减运算。

鸟类的大脑虽小，但却蕴藏着远超其大小的巨大能量。

我从不认为鸟类很愚蠢。事实上，很少有生物像鸟类一样如此机警，身心如此有活力，并且天生具有充沛的精力。诚然，我听说渡鸦（*Corvus corax*）会尝试敲破乒乓球，大概是以为里面有蛋黄可以吃。我的一个朋友在瑞士度假时，看到一只孔雀尝试在干冷的北风中展开它屏状的尾羽。它被风吹倒，接着又站了起来，继续试图展开它的尾羽，然后再次翻倒，如此循环往复六七次才肯罢休。每年春季，在我家樱桃树上筑巢的旅鸫（*Turdus migratorius*）总是会将汽车后视镜中的自己当作竞争对手，进而愤怒地攻击镜面，顺便在车门上洒满鸟粪。

但我们人类谁不曾被自己的虚荣心所绊，和自己过不去呢？

我大半生都在观鸟，也一直很欣赏鸟类的勇气、专注，以及它们小小的身体里蕴藏着的顽强生命力。人类如果面对鸟类的生存挑战，恐怕就如路易斯·哈利所写的那样，“在如此沉重的生活负担下，人早就精疲力竭了”。我在家附近看到的常见鸟种对周遭事物总是敏锐而好奇，却又始终保持着沉着冷静的态度。短嘴鸦（*Corvus brachyrhynchos*）以君临天下的姿态来回巡视我家附近的垃圾箱，仿佛一切尽在掌控之中。有一次我甚至见到一只短嘴鸦把两片饼干叠放在路中间，飞到安全的地方等待过往车辆将饼干碾碎，之后又飞下来享受它的“战利品”。

有一年，一只东美角鸮（*Megascops asio*）栖息在我家厨房窗户外一棵枫树上的巢箱里。它白天在巢箱里睡觉，只露出圆圆的脑袋，恰[5]好填满巢箱的圆洞。但到了晚上，角鸮就飞出巢箱去猎食。每当黎明的曙光升起，总会看到它载食而归的身影——某种鸣禽或者鸽子的翅膀悬在巢箱的圆洞外，抽搐了几下，之后就被拖入巢箱了。

就连我在特拉华州海滩遇到的红腹滨鹬（*Calidris canutus*），似乎都知道在哪里能找到鲎在每个春季满月时产下的营养丰富的卵，而红腹滨鹬在鸟类中并不算机灵。天空中仿佛有一本日历告诉这些鸟何时向北迁徙，又该前往何方。

我对鸟类的兴趣始于两个名为比尔的人。第一位是我的父亲比尔·戈勒姆，是他带着我在华盛顿特区我们家附近观鸟，那时我才七八岁。通常天还未亮我们就在环城高速公路上了，瑞典语把这种行为叫作“gökotta”——即早起去亲近大自然——而这也是我童年最大的乐趣之一。每逢春季周末的清晨，我们在天还未亮时便离家前往波托马克河附近的森林，在那里聆听晨曦中鸟儿美妙的合唱。在这难以言表的时刻，鸟儿此起彼伏的歌声如同艾米莉·狄金森所描绘的“乐曲在空间内回荡，却亲切如正午”。

我的父亲在当童子军的时候，从一个叫作阿波罗·塔莱伯罗斯的半盲人那里了解到鸟类。那个老人靠着敏锐的听力就能辨别鸟种。那些北森莺（*Setophaga americana*）、黄腰林莺（*Dendroica coronata*）和唧鹀，一听便知。“听到没？在那里！”老人向男孩们喊道，“快去找到它们！”我父亲很快便掌握根据鸣叫识别鸟类的技巧——歌声如笛子般悦耳动听的是棕林鸫（*Hylocichla mustelina*），轻柔地唱着“whichity，whichity”的是黄喉地莺（*Geothlypis trichas*），而叫声清脆嘹亮的是白喉带鹀（*Zonotrichia albicollis*）。

当我和父亲披着即将消逝的星光穿过森林时，我会竖耳倾听卡罗苇鹪鹩（*Thryothorus ludovicianus*）沙哑的鸣唱。我的心里总在寻思着：如果这些鸟儿在交谈，那它们究竟在说些什么呢？它们又是如何学会鸣唱的？有一次我遇到一只年幼的白冠带鹀（*Zonotrichia leucophrys*）在练习鸣唱。它隐秘地栖息在一棵雪松的低枝上，轻柔地练习着哨声和颤音，若唱错了，又独自执着地从头开始。在周而复始的练习中，它逐渐掌握了正确的发音。我后来了解到白冠带鹀并非从它的父亲那里学习鸣唱技巧，而是在它栖息的环境中点点滴滴地收集着来自周围同类的鸣唱。回想起来，这里有着我和父亲在林间河畔漫步的足迹——而这里也世代相传着白冠带鹀自己的方言。

6

另一个名为比尔的人，是我住在特拉华州刘易斯市时，在苏塞克斯观鸟俱乐部遇到的比尔·弗雷什。他每天清晨5点起床出门，花上四五个小时观察鸻鹬类和刘易斯市树林、田野中常见的棕色雀形目鸟类（简称为LBJ）。比尔是一个充满耐心、不知疲惫、专心致志的观鸟爱好者，他总是严谨而又翔实地记录观测到的鸟种、时间和地点。而这些重要的记录最终被德玛瓦半岛鸟类协会所采纳，成为特拉华州正式鸟类记录的一部分。这位比尔虽然耳朵有点背，但他却是靠目测鉴别鸟种的奇才。比尔通过观察鸟的整体印象、大小以及形状来鉴定鸟种，这种方法被缩写为GISS。他曾向我展示如何通过飞行时起伏的姿态确认一只鸟是不是金翅雀；如何通过个性、行为、整体形态来区分鸻鹬类，这就像是我们通过整体的举止和步态来辨认远处走来的朋友一样。他让我明白“看鸟”(birdwatching)和“观鸟”(birding)之间的区别(前者随意而休闲，后者更为严谨，且目标明确)，并督促我从鉴别鸟种转向记录鸟类的行为举止。

我在旅行及各种活动中观察到的鸟类都有自己的行为方式。例如有一次，我朋友看到一只黑嘴美洲鹃(*Coccyzus erythropthalmus*)落在天幕毛虫巢穴旁的树上：黑嘴美洲鹃耐心地等待毛虫离开巢穴爬到树干上，然后把它们一只接一只地啄起吃掉，这像极了食客从回转传送带上夹起寿司的情景。

对于鹊、鸦、山雀、鹭等鸟类，尽管我十分欣赏它们的羽毛和飞行姿态，以及它们的鸣唱和鸣叫，但我从未想过这些鸟类拥有着匹敌甚至超越灵长类的心智能力。

大脑只有坚果大小的鸟类是如何展现出复杂的智慧行为？是什么塑造了它们的智力？这些因素和人类智力形成的原因相同吗？如果两者有区别的话，鸟类的小脑袋又会给我们人类大脑智力研究带来

7 什么样的启示呢？

即使就人类而言，智力也是一个模糊的概念，不论是定义还是测量智力都很棘手。曾有一位心理学家把智力描述为“能够从经验中学习或受益的能力”。也有人把智力定义为“能够习得能力的能力”，类似的循环定义还有由哈佛大学心理学家埃德温·博林提供的“智力是智力测试的结果”。罗伯特·斯腾伯格是塔夫茨大学前任院长，他曾

经嘲讽道："估计你让多少个专家去定义智力，你就能得到多少种关于智力的定义。"

为了测量动物的整体智力水平，科学家们会考察不同环境下各种动物繁衍生存的适应情况。以这种方式来衡量，鸟类胜过了几乎所有的脊椎动物，包括鱼类、两栖类、爬行类、哺乳类等。鸟类是一种几乎随处可见的野生动物，它们生活的区域遍布世界各地：从赤道到两极，从沙漠盆地到世界最高峰，海洋、陆地、淡水流域……几乎所有的栖息地都有鸟类存在。用生物学的术语来说，鸟类有着广阔的生态位。

作为一个纲，鸟类存在的历史超过1亿年。它们是大自然最成功的演化事例，为了生存创造出了诸多策略。在某些方面，鸟类演化出具有鲜明特征的能力，令人类望尘莫及。

在远古的某个时代里生活着一种原始的鸟类，它是现生所有鸟类——从蜂鸟到鹭的共同祖先。如今世界上有大约10 400种鸟类——比哺乳动物的2倍还多。这里边有石鸻、麦鸡、鸮面鹦鹉(*Strigops habroptilus*)、鸢、犀鸟、鲸头鹳(*Balaeniceps rex*)、石鸡(*Alectoris chukar*)、稚冠雉属的鸟类等。20世纪90年代，科学家们估算地球上的野生鸟类数量总计在2 000亿到4 000亿之间，这意味着鸟类数量是地球人口的30到60倍。所以从繁衍后代的角度来说，人类并非地球上最成功的物种。毕竟物种演化比的从来不是谁进化得更高级，而是谁更能适应生存，谁更能应对周遭环境带来的挑战。鸟类在演化历史的长河中一直在"适者生存"的挑战上表现卓越。这在我看来更为难得，因为我们很多人，即便是爱鸟人士，都很难接受鸟类在某些方面的才智远超人类认知的事实。

8

也许是因为鸟类和人类是如此不同，我们很难全面了解鸟类的心智能力。鸟类起源于恐龙，恐龙中的绝大部分都在远古时期的大灾难中灭绝了，只有某一个灵巧的分支幸运地生存了下来，继而逐渐演化成今天的鸟类。人类是哺乳动物，我们的祖先曾经是胆怯而又渺小的如鼩鼱般大小的生物，在恐龙统治的阴影下苟延残喘。等到大多数霸主都消失殆尽之后，哺乳动物在演化的道路上体形越来越大，而鸟类则演化得越来越小。人类开始学会直立行走，而鸟类则减轻体重以适应飞行。人类的脑神经逐渐集中到大脑皮层、形成沟壑，从而产生复杂的行为；鸟类则发展出一种与哺乳动物完全不同的神经结构，并且在某些方面同样精密。鸟类如同人类一样，也在生存的过程中摸索着世界的规律。是演化的力量精确地塑造了鸟类的大脑，并赋予它们今日无与伦比的智慧。

鸟类具备学习的能力，能够解决新的问题，也能创造出新的解决方案替代老办法。它们能够制作并使用工具、计数、互相借鉴经验、记得物品存放的地点。

尽管鸟类的智力无法媲美或反映人类的复杂思维，但其中已经孕育了复杂思维的种子，比如我们引以为傲的洞察力。这种曾被定义为无须经过不断试错学习而突然产生完整解决方案的认知能力，通常发生在这样的情形中：当大脑内模拟解决某个问题的办法时，突然灵光一现找到了答案，不禁发出感叹："原来如此！"关于鸟类是否拥有洞察力，目前存疑，但有些鸟种似乎能够明白因果关系，而这是发展洞察力的基础。这也同样适用于"心智理论"——一种理解其他个体思维或知识的非常微妙的能力。鸟类是否完全具备这种能力尚有争议，但特定鸟种的某些个体似乎能够站在另一只鸟的立场上，察觉对方的需求，而这是"心智理论"的基础特征。有科学家把这些基础特征作为认知能力的标志，认为它们是人类进行诸如推理、规划、共鸣、洞察力、元认知（对思维过程本身的认知）等复杂认知活动的先兆。

当然，上述测量智力的标准都是站在人类的立场，我们总是想要拿自己的智慧和其他生灵做对比。不过鸟类也有人类无可比拟的优秀之处，我们不能简单地归因于直觉或者天性使然。

什么样的智力程度才能够让鸟类预测远方的风暴即将来临？或者知道未曾去过的地方该怎么飞，即便目的地远在千里之外？或者精确地模仿上百种鸟类的鸣唱？或者在几百平方英里的范围内埋藏成千上万颗种子，并且6个月后还记得埋藏地点？（我几乎无法通过这样的智力测试，正如鸟类也很难通过针对人类设计的智力测试一样。）

也许“天赋”是一个更好的词汇。“天赋”(genius) 一词，与“基因”(gene) 同出拉丁文一源，意思是“某人与生俱来的品质，内在的能力或倾向”。而后，“天赋”指天生的能力，最终其含义变为“非凡的才能，天生或者后天习得”。该意义在英国作家约瑟夫·艾迪生1711年的散文《天赋》中首次出现。

晚近时期，“天赋”一词被定义为“恰恰能做好他者做不好的事情的能力”。这是一种非凡的心理技能，无论是和同类还是和异类相比。鸽子的导航能力远超人类。嘲鸫科鸟类能够学习并记住比其他鸣禽多上百种的鸣唱。西丛鸦和北美星鸦（*Nucifraga columbiana*）对它们所放东西的位置的记忆能力让人类相形见绌。

10

本书中，“天赋”被定义为清楚自己在做什么的能力——“领悟”周遭环境，理解事物，找到解决问题的方法。换句话说，“天赋”即具备敏锐而灵巧的洞察力，能够应对诸多环境和社会挑战，很多鸟类似乎都能充分地满足这一定义。这通常意味着创新性的行动——比如利用新的食物来源，或者试图主动发掘食物来源。关于这一点，最经典的例子来源于多年前英国有关山雀的记录。大山雀（*Parus major*）和青山雀（*Parus caeruleus*）都掌握了开启瓶装牛奶盖子的技巧，这些牛奶在清晨被送到住户的门阶，它们便趁机获取牛奶表层丰富的乳脂。（鸟类不能消化牛奶中的碳水化合物，只能吸收脂类。）1921年，斯韦思林小镇上的山雀首次掌握该窍门；到了1949年，英格兰、威尔士、爱尔兰范围内上百个地点都记录到了这种行为。显然，开瓶盖的技巧通过鸟类的互相模仿传播开来——这一社会学习令人印象深刻。

用“鸟脑袋”这样的词来辱骂他人愚蠢，终究会自食恶果。鸟类与我们的灵长类近亲的根本区别正在一个接一个地消失——制造工具、文化、推理、记住过去、规划未来、换位思考、相互借鉴。人类引以为傲的许多智力象征，都或多或少地在鸟类身上有所体现，鸟类智力以独立而巧妙的方式与人类共同演化。

为什么会这样呢？3亿年前在演化道路上就分道扬镳的生物怎么会拥有类似的认知策略、技巧和能力？

其中一点原因是，人类和鸟类在生物学上的相似性比许多人所想的更多。大自然很擅长创造信手拈来的事物，它会保留各种有用的生物特性，对它们加以改造以适应新的生存挑战。造成人类和其他物种分化的许多改变并非来自新演化出来的基因或细胞，而是源自现存的基因或细胞的细微变化。这一生物学上的共性让我们能够以其他生物作为“模型系统”来理解人类大脑和行为——无论是研究海兔的学习过程，还是斑马鱼的焦虑，或者边境牧羊犬的强迫症。

11

人类和鸟类在应对自然挑战的方式上也有诸多相似之处，尽管二者在演化道路上存在很大的差异。这一现象被称为趋同演化，在自然界十分常见。鸟类、蝙蝠、翼龙翅膀的趋同形态都是为了适应飞行要求的结果。为了适应滤食性进食的需求，在生物演化谱系图上相距甚远的须鲸和红鹳在行为、身体形状［都有大舌头以及被称为栉片的多毛组织］，甚至是进食过程中身体的朝向等方面有着高度的趋同性。正如演化生物学家约翰·恩德勒指出的："我们反复在毫不相关的物种类群中发现趋同演化的案例，表现在形状、外观、解剖学特征、行为等方面。那么为什么不能在认知方面发生趋同演化呢？"

人类和某些鸟种都演化出相对身体而言较大的大脑，这一事实有力地证明了趋同演化的存在。二者在睡眠中大脑的活动模式、脑回路以及学习鸣唱和语言方面也存在类似的趋同演化效应。达尔文把鸟类鸣唱称为"与人类语言最接近的存在"，他说得没错。这样的趋同演化有些不同寻常，尤其是当你考虑到人类和鸟类演化距离的时候。最近，由来自80个实验室的200位科学家组成的科研团队对48种鸟进行了基因测序，为趋同演化研究打开了一扇窗。该研究发表于2014年，结果显示基因活动在人类学习说话和鸟类学习鸣唱的大脑中有着高度的相似性，这表明也许人类和鸟类共享一套关于学习的基因表达核心模式，而这一模式的产生源自趋同演化。

12

由于上述原因，在理解人类大脑如何学习和记忆、如何创造语言、解决问题过程中的心理活动、如何在物理空间和社会阶层中定位自己等问题时，鸟类成了极佳的参考对象。鸟类大脑回路中控制社会行为的区域和人类十分相似，由类似的基因和化学物质控制。通过研究鸟类社会习性背后的神经化学机理，人类会在同一领域逐渐了解自己。同样地，我们如果能理解鸟类在练习某个旋律时的大脑活动，也许就能更好地把握自身大脑学习语言的过程，明白随着时间的推移，学习一门新语言越发困难的原因，甚至发现语言最初是如何形成的。如果能理解在亲缘关系上相距甚远的两个物种为何演化出同样的睡眠中大脑活动模式，我们也许就能解开大自然的一个奥秘——睡眠的作用。

本书意在探索并理解造就鸟类繁荣昌盛的不同种类的天赋及其形成原因。这是一趟丰富多彩的旅程，远达巴巴多斯和婆罗洲，近至我家后院。(见证鸟类的智力并不需要到异国他乡，也不需要看特别稀有的鸟种。它们在你我身边，在喂食器旁，在当地公园，在城市街道，在乡野的天空中。) 这也是一次走进鸟类大脑的旅行，我们会一直深入到驱动鸟类与人类思维的细胞和分子层面。

书中各章节从技巧、社交能力、音乐天分、艺术性、空间感、创造力、适应力等方面叙述鸟类的杰出能力或技巧。书中的有些鸟比较稀有，但多数都很常见。你会看到极其聪明的鸦科及鹦鹉科鸟类在书中反复出现，经常出场的还有麻雀类、燕雀类、鸽鸠类和山雀类。当然，我对鸟类世界里的很多常见鸟类都有兴趣，而不仅仅是这些聪明的鸟类。我本可以选择其他鸟种作为书中的主角，但选择上述鸟种是有原因的：这些鸟本身就很有故事可说，而这些故事也许能够揭示鸟类在

13

解决问题过程中的心理活动，从而对人类大脑活动有所启发。书中提到的这些鸟还能拓展我们对于智力的认知。

最后一章重点关注特定鸟类杰出的适应能力，只有很少的一部分鸟类拥有这样的天赋。环境的变化——尤其是人类引发的——破坏了很多鸟类的生活，打破了它们以往对事物的认知。奥杜邦网最近的一项调查表明，北美有半数的鸟种——包括三声夜鹰 (*Caprimulgus vociferus*)、白尾鸢 (*Elanus leucurus*)、普通潜鸟 (*Gavia immer*)、琵嘴鸭 (*Anas clypeata*)、笛鸻 (*Charadrius melodus*) 和蓝镰翅鸡 (*Dendragapus obscurus*)——很可能在本世纪下半叶灭绝，因为它们不能适应人类引起的地球环境的快速变化。究竟哪些鸟类能够存活下来？为什么是这些鸟？人类在特定鸟类的智力演化中究竟起到了怎样的选择作用？

科学家们尝试从不同的角度回答上述疑问。有的科学家使用现代技术对鸟类大脑一探究竟——探索鸟类在辨认人脸时的神经回路，了解鸣禽在学习鸣唱时的大脑细胞活动，比较鸟类中的“交际花”和“独行侠”的神经化学物质。有的科学家对鸟类基因组进行测序和比较，以确定控制学习等复杂行为的基因。还有科学家给候鸟的背上绑上小型地理定位器，以便探查它们的迁徙过程及辨识线路的能力。这些科学家不仅观看鸟类，为它们标记、测量，而且不知疲惫地观察鸟类，细心地准备长期实验。由于实验对象性格多疑或不配合，其中一些实验最终失败，只能卷土重来。总之，科学家探索鸟类大脑和行为的过程并非一帆风顺，往往需要披荆斩棘。

但是，鸟类才是本书的主角，它们有自己的剧本。我希望读者读完这本书以后，能够对山雀、乌鸦、嘲鸫、麻雀有新的认识。这些鸟更像是你我生活中的过客，它们进取向上、锐意创新、机智顽皮、应变自如，彼此鸣唱时还带着“口音”，无须问路就能在复杂环境中导航，能够利用地标和几何信息记住物品的放置地点，偷取钱财食物，还能理解对方的心理状态。

14

显然，聪明的大脑并非只有一种样式。

15

第一章

从渡渡鸟到乌鸦
——鸟类的心智与行为

在凉爽、幽暗且又静谧的树林里，浓密的树冠里不时传来几声鸟鸣，抬头就能看到祖母绿、地衣灰、暗铜黄、鳄梨绿等颜色五彩斑斓地交织在一起。这便是新喀里多尼亚岛典型的山地雨林，该岛是远在太平洋西南地区的狭长的热带土地，位于澳大利亚和斐济之间。岛上的大型蕨类植物公园因为园内的高大树形蕨而得名。这些树形蕨可以长到七层楼高，让整片森林笼罩在一股原始气息当中。我走的这条小径先是上坡，不久就蜿蜒向下来到溪水边。越靠近溪水，鸟儿的鸣叫和鸣唱也越发响亮。

我之所以来这座岛屿，是为了看到据说是世界上最聪明的鸟——新喀鸦（*Corvus moneduloides*）。这是一种鸦科鸟类（这个科的鸟类通常较为常见，其智慧却不凡）。几年前，一只叫作贝蒂的新喀鸦本能地将一段金属丝掰弯做成钩子，来钩取难以够到的食物，由于这一体现智慧的行为，贝蒂为人们所熟知。最近，另外一只绰号为“007”的天才新喀鸦使得这个物种再次备受瞩目，它在英国广播公司2014年摄制的节目中大显身手，以迅捷的速度完成了一道极具挑战性的谜题。

这道谜题由新西兰奥克兰大学的高级讲师亚历克斯·泰勒设置。谜题包含八个独立的步骤，由各式各样的隔间和装有棍子及石头的

“工具箱”组成，全都放在桌面上。007此前见过谜题的部分装置，但这些装置的组合却是首次遇到。要获得最后一步放在隔间管道里的肉，这只新喀鸦需要按照正确的顺序解开谜题。

视频中，这只羽色乌黑、十分帅气的新喀鸦007（真是贴切的名字）飞入视野，停在树枝上，它花了点时间审视周边状况，然后飞到另一根树枝上。这根树枝下方挂着一条绳子，绳上系有一根小木棍——这根小木棍就是谜题的第一步。它先用嘴叼住绳子，把绳子一段一段地往上拉，直到自己的喙够得着小木棍。接着007飞到桌面上，跳到装有肉的隔间旁，把小木棍插入隔间的水平洞口，试着把里边的食物弄出来。但显然木棍太短了，所以它只好使用这根木棍获取三个彼此分隔的箱子里的石头。在007旁边有另外一个隔间，内部有一个处于平衡位置的跷跷板，跷跷板上放着一根长木棍。于是这只新喀鸦把刚才收集到的石头一颗一颗地放入隔间上方的洞口。三颗石头的重量让隔间内的跷跷板向下倾斜，长木棍顺势滑出。之后乌鸦便叼着这根长棍子把之前隔间里的肉扒了出来。

整个过程令人难以置信，并且这只乌鸦只花了2分30秒便完成了谜题。它真正聪明的地方在于：要完成这道包含八个步骤的谜题，需要理解工具不仅能用来获取食物，还能用来获取另外一件对最终获取食物有帮助的工具。这种自发使用工具获取工具的行为，即元工具使用，此前只在人类和类人猿中观察到。泰勒表示：“这预示着乌鸦能够理解工具这一抽象的概念。”而且这项任务还需要工作记忆——一种在解决问题的过程中，能够暂时（也许只有几秒钟）储存信息或思维，并且对其进行处理的能力。工作记忆使得我们在书架上找书时能够记得我们要找的是什么书，或者在掏出纸记录之前记住电话号码是多少。工作记忆是构成智力很关键的一部分，而这只乌鸦显然具备这种

能力。 18

沿着溪流前行，我听到新喀鸦发出“wak, wak”的叫声（或许是两只新喀鸦在彼此叫唤）。这声音有点像是短嘴鸦“caw, caw”的叫声，只是恰好倒过来。鸟类常常用这种只闻其声的方式打招呼。远处传来低沉、忧伤的“woo, woo, woo”的叫声，这可能是散羽鸠（*Drepanoptila holosericea*）发出的一般警报。这是一种长得像小丑一般花哨奇异的鸟类，翅膀和臀部有白色带和暗绿色带。不过这里的树冠很浓密，因此我压根看不到任何一只鸟的踪迹。

云层遮蔽了阳光，森林四周暗了下来。突然间，我听到植被下层传来一阵奇怪的嗞嗞声，于是小心地朝林中空地望去。嗞嗞声越来越近，接着在幽暗的绿丛中我看到一只灰白色的大鸟急匆匆地向我跑来，身形如同魅影一般。它的样子有点像鹭，高度齐膝，头顶长得像凤头鹦鹉，但颜色却是烟灰色。这种鸟叫鹭鹤（*Rhynochetos jubatus*），是鹭鹤科内唯一的一种鸟，也是地球上几百种稀有鸟种之一。

我本来要找的是这一带常见鸟类里一种聪明伶俐的鸟，但却和一种十分稀有的鸟不期而遇，不过，呃……这只鸟好像脑袋里少了根筋似的，向我这个潜在的捕食者跑过来。我心想，鹭鹤濒临灭绝，其数量仅剩下几百只，这也就不奇怪了。

从某种程度上说，鹭鹤算是乌鸦的远亲，但二者的智商真是有天壤之别。莽撞的鹭鹤和机智的乌鸦处在相同的谱系中，简直不可思议，而且两种鸟在这座偏远的岛屿上都有分布。新喀鸦表现出来鹤立鸡群般的高智商，仅仅是物种演化进程中的异常现象，还是说它们本就占据着鸟类智力梯度的顶端？基于同样的考虑，也许鹭鹤不过是另一种渡渡鸟？

19

很显然，鸟类在智力和能力方面各有所长、各有所短——至少目前看来是这样的。例如，鸽子在需要运用通用规则解决一系列相似任务的情况下表现得就不大好，而乌鸦能轻松完成这类任务。但看似平凡的鸽子却在其他方面有出彩的表现：它可以长期记住成百上千种不同的物品，区分不同的绘画风格，辨认自己飞行的方向，甚至在离自己熟悉的领地几百英里远的地方也不会迷失。没有证据表明鸻鹬类（例如鸻类、滨类和鹬类）拥有顿悟学习的能力；这是一种能够理解事物彼此之间的联系的能力，它使得新喀鸦能够使用工具，或者巧妙地操纵人造装置以获得食物奖励。但有一种鸻鹬类配得上影帝的称号——笛鸻（*Charadrius melodus*）。这种鸟会假装自己翅膀“受伤”，以此诱使掠食者离开它那暴露在外的脆弱的鸟巢。

为什么有的鸟比其他鸟更聪明？我们应当如何测量某种鸟类的智力？

为了探究这些问题，我从新喀里多尼亚岛出发，横跨半个地球来到位于加勒比海的巴巴多斯岛。10多年前，路易斯·勒菲弗在这里发明了第一个测量鸟类智力的方法。

作为麦吉尔大学的生物学和比较心理学教授，勒菲弗毕生都致力于鸟类智力和相关测量方法的研究。不久前的一个冬天，我拜访了他做鸟类研究的贝勒尔研究中心。这是一个由四栋小型建筑组成的研究所，位于巴巴多斯岛西岸霍尔敦附近。1954年，一位叫作卡莱恩·贝勒尔的英国海军军官兼政治家将该地产遗赠给麦吉尔大学，作为海洋研究站使用。如今，除了勒菲弗和他的研究团队以外，已经很少有人在这里做研究了。时值2月，正是巴巴多斯岛的旱季，但频繁的瓢泼大雨仍然把研究中心的庭院淋个透，也让紧邻加勒比海的希伯恩

住宅楼的阳台充溢着积水，形成层层的涟漪，而这栋住宅楼正是勒菲弗研究期间的住所。 20

勒菲弗60岁上下，平日里挂着和蔼的笑容，有着一头深灰色的卷发。他是演化生物学家理查德·道金斯的门生，最初研究的是动物整理毛发的现象（这是动物天生的行为）。现在，他打算转向行为更加复杂的鸟类，研究它们如何思考、学习和创新，而研究对象就是后院里那些不起眼的小鸟。

和新喀里多尼亚不同，巴巴多斯并不是一个加新鸟种的好地方。相较于大多数热带地区物种的丰富多样，这里的生物多样性令人失望。岛上只有30种原生鸟类和7种引入的鸟种，因此鸟类专家把这座岛屿归为"鸟类贫瘠地区"。这是由岛上特殊的地理环境导致的。巴巴多斯岛是一座由新生的珊瑚石灰岩形成的小岛，位于小安的列斯群岛的东边。该岛地势平坦，难以形成雨林，且因石灰岩多孔隙，也难以形成溪流和沼泽。此外，过去的几个世纪以来，岛上的旷野、森林和灌木地带都种上了甘蔗。如今的巴巴多斯岛的旅游业已经高度开发，有许多的城镇和相关设施。繁忙的彩绘巴士穿梭于旅馆和海滩之间，敞开的车窗不时传来卡里普索民歌的曲调。面对人类不断的扩张，只有少数鸟类能够适应变化，进而繁荣昌盛。因此，对于一心想要看到鹭鹤这样稀有鸟类的观鸟人士而言，巴巴多斯无异于一片废土。但如果你想要观赏鸟类做一些聪明机灵的事情，那这里就是你的乐园。

"这里的鸟类性情温顺，是理想的实验对象。"勒菲弗说。他寓所外宽阔的石砌阳台成了临时实验室，辉拟八哥（*Quiscalus lugubris*）和当地鸟种鸣哀鸽（*Zenaida aurita*）在此踱步，一副蓄势待发的样子。辉拟八哥身体呈亮黑色，眼睛呈亮黄色，体形比美洲的宽尾拟八哥（*Quiscalus major*）更小巧结实。这些鸟知道勒菲弗就是那个"提供小颗粒饲料和水的人”，它们在阳台上踱步等待喂食的模样就像是急躁的牧师一般。勒菲弗把平底锅里的水倒在阳台上，形成了一洼水，然后在旁边干燥的地面上扔上几粒坚硬的狗粮。辉拟八哥叼起一粒狗粮，走到水坑旁边，优雅而又讲究地把狗粮沾上水，然后飞到一旁享用软化了的食物。

21

出于各种各样的原因，至少有25种鸟类在野外有浸泡食物的行为。有的是为了把食物表面的污物和有毒物清洗掉，有的是为了软化坚硬干燥的食物，还有的是为了把难以下咽的皮毛或羽毛变得比较顺滑。例如，有人曾目击到澳洲鸦（*Corvus orru*）把一只麻雀的尸体浸泡在水里。勒菲弗解释说：“这是最原始的使用工具的行为，属于食品加工的一种方式。”浸泡过的饲料颗粒更容易下咽。“一旦我提前浸泡了饲料，这些鸟就不会再把饲料泡一遍了。它们走到水洼旁边，但不会把饲料放进水里。由此可知这些鸟对自己的行为很清楚。”

对于辉拟八哥而言，浸泡食物这种行为有一定的风险，因此它们很少这么做。勒菲弗说：“我们的研究显示，80%到90%的辉拟八哥存在浸泡食物的行为，但它们仅仅在特定的环境条件下才会这么做。食物的品质、周边环境状况、是否有其他鸟类准备偷取或抢夺食物，这些都是它们的考量因素。”处理食物的时间越长，被其他拟八哥抢夺或偷走的概率就越大。勒菲弗解释道：“处理食物最主要的代价是食物被盗，高达15%的食物被竞争对手偷走。这里面涉及处理食物的损益比，而这些鸟类足够聪明，能够判断这么做是否值得。”无论从哪种智力测量标准来看，这都是一种高智商的行为。

勒菲弗告诉我，动物科学家往往慎用“智力”一词，因为这个词通常是用来衡量人类的。亚里士多德在他的著作《动物志》中写道，动物具有许多“人类的特质和态度”，例如“凶猛、温和、易怒、勇敢、胆小、畏惧、自信、情绪高涨、低调奸诈等。至于智力方面，动物也是有灵性的”。然而，到了现代，你如果暗示鸟类具有类似人类的智力、意识或主观的情感，人们就会说你把它们拟人化了。这个意思就是：你把鸟类当成披着羽毛的人类，并用这样的角度诠释它们的行为。我们人类确实很容易把自己的经验投射在其他生物身上，而且这种做法可能——也确实会——误导我们。鸟类就像人类一样，是属于动物界、脊索动物门、脊椎动物亚门的生物，但它们和我们的共同性仅此而已。鸟类是鸟纲动物，人类是哺乳动物，这两种生物之间有着巨大的差异。

22

但我们如果因为鸟类和人类、鸟脑和人脑之间有根本性的差异，就认定二者的心智能力绝无相同之处，这难道不也是一种谬误？我们自称为“智人”(*Homo sapiens*)，以示我们和其他生物有别。然而，达尔文在《人类的由来》中宣称，动物和人类的智力性质相同，只不过程度有别。对达尔文而言，即便是像蚯蚓这般的生物也能“展现出某种程度的智力”，因为它们会把松针和植物拖到它们的地道里，把洞口堵住，以免自己被所谓的“早起的鸟儿”给吃掉。我们固然很容易以人类的心智过程诠释其他动物的行为，但或许我们更容易否认二者之间的关联性。这就是灵长类动物学家弗朗斯·德瓦尔所说的反拟人论，也就是无视其他物种展现出的类人特质。德瓦尔表示：“这类人企图建造一面砖墙，把人类和其他动物隔离开来。”

无论如何，勒菲弗表示：“你得小心自己的措辞。”他指出，最近发表的一项有关老鼠的同理心的研究，以及另一项有关鸟类的“心智时间旅行”的研究，就引起了一些争议和疑虑。“我并不是怀疑这些实验有什么问题。事实上，他们的研究做得很扎实，也没有把动物拟人化的倾向。”他说，“但或许他们在描述事情的时候，用词应该谨慎一些。”

大多数研究鸟类的科学家都像他一样，宁可以“认知”一词取代“智力”。所谓的“动物认知”的定义通常是“动物取得、处理、储存并使用信息的任何一种机制”。一般来说，它指的是与学习、记忆、感知和决策相关的一些机制。认知分成高阶和低阶两种，举例来说，洞察力、推理能力、规划能力都被视为高阶认知能力，低阶认知能力则包括注意力和积极朝着目标前进的能力等。

鸟类的认知能力属于什么形式？关于这点，科学家们的看法不一。科学家认为鸟类具有包括空间、社交、技术和声音等方面的几种不同形式的认知能力，而且可能有些方面强，有些方面弱。有些鸟类可能善于辨识空间，但在解决睡觉问题方面却不在行。这种看法是把鸟的大脑视为数种不同的处理器——或称为模组——的组合，每一个区域专门负责一个特定的任务，例如有的回路负责学习鸣唱，有的负责在飞行时辨识方向等。基本上，每一个模组里的信息都不会跑到其他模组里。但是勒菲弗主张鸟类具有整体的认知能力，也就是说，它们的大脑是一个通用处理器，可以解决不同领域的问题。他指出，如果一只鸟的某一项认知能力很强，那么它在其他方面的认知能力也往往很强。他说：“动物在解决问题时，脑子里的各个区域很可能都参与其中，形成一个互动的网络。”

勒菲弗表示，有些原本持“模组论”的科学家已经开始认同他的观点。因为若干研究已经发现，鸟类在解决不同的问题时，可能用到了广泛的认知机制。举个例子，某些鸟类的社交智能似乎和空间记忆或类情景记忆能力（一种记得什么时候在什么地方发生什么事情的能力）呈正相关。

关于人类的智能也有类似的争议。大多数心理学家和神经科学家都认为，人类的智能分成好几种，包括情绪、分析、空间、创造力、解决实际问题的能力，以及其他许多方面。但究竟这几种智能是各自独立还是互有关联，他们的看法却不尽相同。在“多元智能”理论中，哈佛大学的心理学家霍华德·加德纳将人的智能分成八种，认为它们是各自独立的。这八种智能分别是身体、语言、音乐、数学或逻辑、对大自然的感应（对大自然的感觉很灵敏）、空间（知道自己所处位置和某一特定地点的联系）、人际（能体会别人的感受并能和他们愉快地相处），以及自我认知（了解并控制自己的情感和想法）。有趣的是，鸟类的情况也很类似。比方说，蜂鸟运用自己身体的能力，可以媲美特技演员；淡尾苇鹪鹩（*Thryothorus euophrys*）有着惊人的二重唱天分；鸽子在方向的辨识方面甚至有特殊的能力。

24

有些科学家则主张人类具有一般性的智力，可以在各方面都很聪明，也就是所谓的“一般智力因素”。几年前，52个研究人员组成一个专家团，合力研究这个问题。他们一致认为：“智力是一种非常全面的能力，包括推理、规划、解决问题、抽象思考、理解复杂的概念、迅速学习，以及从经验中学到东西等各方面的能力。”

如果说为鸟类的智力下定义比较困难，那么对它们的智商进行测量便是难上加难。“事实上，鸟类认知能力测验的设计，目前还在初始阶段。”勒菲弗表示。目前还没有专门为鸟类定制的智商测试。因此，科学家们便尝试设计一些可以显示鸟类认知能力的题目，比较不同种类鸟类的表现，也比较同一种鸟类中不同个体的表现。

勒菲弗最近主要的研究对象是巴巴多斯当地一种很普通的棕色小鸟。当我坐在他那栋俯瞰着蔚蓝大海的公寓后阳台做着笔记时，那些棕色的小鸟就在附近的澳洲木麻黄和桃花心木的枝头飞来飞去，不久便飞到了阳台的栏杆上。其中一只就停在我伸手可及的范围。我盯着它看，只见它在那儿蹦蹦跳跳，不时转过头来，回望着我。

它仿佛在问：“你为什么对我这么感兴趣呢？”

因为这里的人都知道你们很聪明，很会偷东西，而且很善于找到新的食物来源。

这种鸟便是巴巴多斯牛雀（*Loxigilla barbadensis*）。勒菲弗表示，这种鸟是岛上常见的庭院鸟类。在他住的那栋建筑安装纱窗以预防登革热之前，这些巴巴多斯牛雀经常从公寓那儿扇面朝大海的门窗飞进他的家，啄食放在厨房柜台上的香蕉，叼走几块面包或蛋糕。但这[25]些巴巴多斯牛雀之所以出名，是因为它们在加勒比海岸的户外餐厅中发现了一个新的食物来源。后来，勒菲弗让我见识到这些鸟寻找食物的本事。在霍尔敦两个滨海俱乐部之间的一条羊肠小道上，有一面靠海的石墙，石墙边缘由帕拉第奥式建筑风格元素装饰。勒菲弗把一包糖放在一块岩石上，又沿着石墙放了四包糖。一只巴巴多斯牛雀花了几秒钟便发现了这些宝藏。只见它落到石墙上，仔细调查这四四方方的白色小纸包，接着把纸包翻过来，显然在寻找纸包上是否有漏洞，随即又带着纸包飞到附近的树枝上。不到半分钟的时间，这只牛雀便戳破了纸包，吃到了里边的糖。白糖的晶体覆盖着它的喙，这情景就像牛奶沾满小孩的嘴一样。这是一种十分独特的技能，岛上居住的其他鸟种从未掌握。这只牛雀知道自己在做什么，胆子不小，脸皮也不薄，一有机会便会寻觅新的食物来源。

在巴巴多斯牛雀生活的地方，基于聪明的鸟类能够创新这一理念，勒菲弗发明了一种智力测量的方法。巴巴多斯牛雀和那些设法吃到乳脂的山雀一样，会尝试一些新的事情。稍微笨一点的鸟类，则会遵循原有的模式，很少有创新、探索或尝试新事物的行为。

在这座岛上，还有一种和巴巴多斯牛雀长得很像的近亲鸟类——黑脸草雀（*Tiaris bicolor*）。这种鸟正好和巴巴多斯牛雀形成了有趣的对比。两种鸟在后院里都很常见，并且彼此在许多方面都很相像，除了智力水平。巴巴多斯牛雀能很快地学习新事物，而黑脸草雀则迟钝得多。通过对比两种庭院鸟类，勒菲弗得以观察鸟类心智的本质。

“这两种鸟的基因几乎一模一样，源自同样的祖先，而且可能在两三百万年前才开始分化。”勒菲弗解释，“它们居住的环境相同，都有地域性并且有着同样的社会制度。”唯一的差异是巴巴多斯牛雀很聪明，天不怕、地不怕，而且很会投机取巧；黑脸草雀则非常怯懦、保守，几乎什么都怕。

我们或许可以从巴巴多斯牛雀的演化过程看出其中的端倪。当这种鸟来到巴巴多斯岛上时，就开始和色彩鲜艳的小安德牛雀（*Loxigilla noctis*）分家了。后者的雄鸟和雌鸟颜色不同。雌鸟是很不起眼的褐色，雄鸟则有漂亮的黑色羽毛和鲜红的喉部，这是性选择的结果。但巴巴多斯牛雀则是两性同型，雄鸟和雌鸟都是不起眼的褐色。

“有人认为巴巴多斯牛雀之所以在演化过程中产生这样的变化，是因为岛上缺乏含有类胡萝卜素的食物，因此鸟类无法长出红色和黄色羽毛。”勒菲弗解释，“但后来发现，鸟类不一定需要类胡萝卜素才能长出红色羽毛。因此巴巴多斯牛雀在羽色上产生变化，有可能是因为雌鸟在意的并不是羽毛。或许它们喜欢的是那些能够找到新的食物来源——例如糖包的雄鸟。”也就是说，或许巴巴多斯牛雀的雌鸟喜欢比较聪明的雄鸟。

“我不知道还有哪两种血缘关系密切的鸟类像它们一样如此相像，但在应变能力和觅食策略上又这么不同。”勒菲弗表示。他提议

26

到福克斯通海洋公园里的一片有森林的田野，做一项非正式的实验，以说明他的观点。在那里，有好几只黑脸草雀在距我们约30码（约27米）的草地上寻找可吃的种子。不远处的几棵树上有几只其他鸟类。勒菲弗丢出一把鸟食后便蹲在草丛里不动。最先注意到那些鸟食的是辉拟八哥。不到半分钟，它们就叫着聚成一团，叫声又把更多的辉拟八哥、巴巴多斯牛雀吸引过来。但那些黑脸草雀却不为所动，只是一个劲地低头查看草地。勒菲弗压低嗓门，仿佛说悄悄话似的，以他的英国口音说："这真是完美的结果，就像大卫·爱登堡*躲在鸟群中事先设计好的那样。"接着他又像模像样地模仿这位著名博物学家的语气说道："这种鸟真了不起啊……"

突然间，他站起身来，指着那些黑脸草雀说道："它们完全无视其他机会，既不受鸟食的吸引，对其他吃食的鸟类也无动于衷，完全没有想到可以寻找别的食物来源。"

由于黑脸草雀实在太无趣了，过去15年来勒菲弗一直无视它们的存在，但现在这种鸟和巴巴多斯牛雀形成了完美的实验对照组，因为二者的基因非常接近。

"黑脸草雀为什么是这个样子？"勒菲弗很好奇，"它的祖先基因型和巴巴多斯牛雀相同，生存环境也相同，是什么因素导致二者对食物的态度迥然相异？"为什么一种鸟会比另外一种鸟大胆、聪明、机灵？

27

"有研究表明，取食生态不同的物种，学习能力和大脑结构也不相同。"勒菲弗表示。因此他所做的第一项实验便是让这两种鸟做一些

---

* 大卫·爱登堡（1926— ），英国纪录片主持人、制片人、博物学家，自然纪录片制作的先驱人物。制作和解说过《动物园探奇》《飞禽传》《地球脉动》《蓝色星球》等多部经典纪录片，著有《一位年轻博物学家的探险》《前往世界彼端的旅程》等。

任务，由此测量它们的基本认知能力。为了达到这个目的，他必须把鸟类在田野中表现出的自然行为和科学家们在实验室中所能测量到的差异做比较。

这并不是一项简单的工作，光是捕捉那些黑脸草雀就很费劲。勒菲弗曾经尝试用走入式陷阱捕捉巴巴多斯牛雀，但他在这里工作的25年间，从没有用这种陷阱捕捉到黑脸草雀，因为它们的警惕性实在是太高了。于是勒菲弗的研究团队便架设雾网来捕捉实验对象。

“关键在于要找到黑脸草雀愿意做的事情。”勒菲弗表示，“它们很容易受到惊吓，因此只要实验的装置看起来稍微有一点奇怪，它们就不会参与其中。”勒菲弗手下的研究生利马·卡耶罗已经在野外测量出两种鸟开始吃一杯种子的速度。巴巴多斯牛雀大约5秒钟就能发现新的食物来源，但黑脸草雀却要花5天的时间。“对它们来说，一个装满种子的酸奶杯实在太奇怪了。”卡耶罗表示。

在做认知实验时，卡耶罗为这两种鸟提供了一个它们从未见过的东西：一个透明的小圆筒，里面装着食物，圆筒上有一个可以打开的盖子。她的目的在于测量实验对象要多久才会靠近容器，触碰它，并将盖子弹开，吃里面的种子。她发现这些鸟的表现各不相同，即使同样是巴巴多斯牛雀，每一只的反应也各不相同。其中一只巴巴多斯牛雀在鸟舍四周飞了好几分钟，又像蝙蝠一样在最低的枝头倒挂着身子，之后又过了好几分钟，才靠近那个圆筒，并将盖子打开。整个过程总共用时8分钟。第二只鸟则直接飞到圆筒处，并且几乎立刻便打开了圆筒。“好孩子！”卡耶罗说，这只鸟只花了7秒钟。

在卡耶罗观察的30只巴巴多斯牛雀中，有24只很快就完成了去除障碍的任务，但另外15只黑脸草雀，却没有一只靠近那个圆筒。

28

有些巴巴多斯牛雀（例如第二只）似乎能够想出快速解决问题的办法，而不需要反复尝试。这是一种洞察力吗？勒菲弗并不这么认为。他的研究生萨拉·奥弗林顿曾做过一个对比实验，观察一只辉拟八哥在面临类似问题时如何啄取食物。在观看了成百上千小时的录像后，她发现那些鸟有两种啄法。第一种是直接对着食物啄，第二种是对着容器的侧面啄。这样的啄法会使得盖子移动，让鸟知道它应该继续啄下去。因此，引导鸟的是一些极细微的视觉或触觉上的线索。勒菲弗表示："如果是洞察力，它们应该能够立刻解决问题，会有类似于'啊！原来如此！'的灵光一闪。"事实上，受试的鸟表现出来的更像是不断试错、反复摸索的情况，而这是一种较为低阶的认知能力。

问题是，那些看起来很特殊或聪明的行为，可能只是一些简单的、反射性的动作。

在这方面有一个很突出的例子，这便是集群现象——鸟类或其他生物（有时数量很庞大）同时做出一样动作的行为。有一次，我听到院子里传来一阵叽叽喳喳的声音，便走出去瞧一瞧，结果发现有一群椋鸟停歇在我家那棵朴树上，看上去就像是树上开满了黑色的花朵。突然间，天空中掠过了一只鹰的身影，那些椋鸟像一个整体一般腾空而起，飞往别的地方。它们在天空中翱翔盘旋，宛如一块微微反光的黑色板子。动作虽然复杂，却整齐划一，融为一体。这是椋鸟吓退捕食者（例如鹰和隼）的有效策略。埃德蒙·塞卢斯*是一位热爱鸟类并以科学观察鸟类为职责的伟大博物学家，他认为集群现象是鸟类

---

* 埃德蒙·塞卢斯（1857—1934），英国鸟类学家、作家，著有《观鸟》《设得兰群岛的观鸟者》等。

通过彼此的心电感应形成的。“它们在空中盘旋，一会儿聚在一起，宛如光亮的屋顶一般，一会儿又分散开来，好似一张笼罩一切的天网；突然暗下来，然后又闪现万道光芒……可谓天空中的奇观。”他写道：“它们肯定是全体同步思考，或者其中的一部分同步思考，而后形成集体意识。”

29

后来，人们发现鸟类（鱼类、哺乳动物、昆虫、人类也是如此）表现出来的叹为观止的集体行动，都是自我组织的，是个体与个体之间根据简单的原则互动的结果。鸟类之所以能采取一致性的行动，并非如塞卢斯所言，是群体成员间通过心电感应沟通的结果，而是因为其中的每一只鸟都和距它最近的鸟（最多7只）互动，然后它们会在维持飞行速度和彼此距离的前提下，自行决定如何移动，并仿效身旁个体转弯的角度。因此，一个有400只鸟的群体才能在半秒钟多一点的时间内转弯飞往另一个方向，如同阵阵泛起的涟漪一般。

人们通常认为：那些看起来复杂的行为，必然是出自复杂的思考过程。但那些巴巴多斯牛雀和辉拟八哥之所以能在基本认知测验中迅速解决问题，可能不是因为它们能够立刻“想出”解决方案，而是因为它们注意视觉上的回馈，并且懂得随时自我修正。

卡耶罗在另外一个认知测验中，试图让那些鸟忘掉它们已经学到的东西，并“重新学习”新的事物。她用两只杯子（一只黄色，一只绿色）装了一些可以食用的种子，让每一只鸟选择要吃哪只杯子里的种子，以了解它对颜色的偏好。然后她把它喜欢的那只彩色杯子里的种子换成无法食用的种子（这些种子被粘在杯子底部，因此吃不到），并测量每一只鸟要花多长时间改变习惯，不再飞到它喜欢的那只彩色杯子（现在里面装的是不能吃的种子）去进食，而去吃另外一只杯子里的东西（可食用的种子），哪怕它不喜欢这只杯子的颜色。之后，她再次调换标志着“可食用的种子”和“不可食用的种子”的颜色。

这种方法叫作反转学习，经常用来测试一只鸟能够以多快的速度改变想法并学习新的模式。[30]“这是它们是否具有灵活思考能力的指标。”勒菲弗解释，“这也适用于人类。那些有心智缺陷或阿尔茨海默病的人，经常会被要求做这种‘反转学习’的测验，以检测病人的思考方式是否足够灵活。”

测试结果表明：巴巴多斯牛雀学得很快，大多数尝试几次就能学会新技巧；黑脸草雀则要慢一些。它们动作迟钝，小心谨慎，但最终还是能学会，并且在选择正确颜色的杯子时，犯错的概率比巴巴多斯牛雀少。

“结果有些出人意料，”勒菲弗表示，“但从某种程度上来说，也算有所收获。至少我们发现了黑脸草雀在哪种测试中表现得较好。如果你用来做实验的某一种鸟，在每一个测试项目上的表现都不尽如人意，那么问题可能出在你身上。你可能不了解这种鸟是如何观察这个世界的。”

在实验室中测量鸟类解决问题的速度和成功率，是科学家评估鸟类智力的一种方式。科学家试图设计一些鸟类在自然环境中可能会遇到的难题，例如要排除障碍或绕过障碍物，以便找到藏在某处的食物等。他们会让鸟类推动控制杆、拉线或者转动盖子，从而打开装有食物的容器。他们会计算鸟类在解决问题时所花的时间，以及改变策略的速度。（“如果X方案不行，就试试Y方案。”）科学家想要了解鸟类之所以能够解决问题，是因为它们突然的顿悟（原来如此！），还是条件反射下渐进地试错的结果，以此判断它们是否有洞察力。

不过实施起来却困难重重。在这类实验中，有许多因素可能会影响鸟类的成败，鸟类个体的性格（胆大或胆小），可能会影响其解决问题时的表现。能够较快解决问题的鸟类，并不见得比较聪明，只是比较勇于尝试新的事物。一项用来测量认知能力的测试，可能实际上测的是勇敢的程度。黑脸草雀是否只是比较害羞而已？

31

“很遗憾，要排除其他因素的干扰，测量出‘纯粹’的认知能力是非常困难的。”内尔吉·布格特指出。她以前是勒菲弗的学生，目前是圣安德鲁斯大学的鸟类认知研究者。“就像人一样，每只鸟解决认知问题的动机、测试时感受到的压力、因环境因素而分心的程度，还有以往类似测试的经验积累量都不相同。到底该怎样测试动物的认知能力？目前行为生态学界仍有许多争议，并没有提出明确的解决方案。”

几年前，勒菲弗突然想到，或许可以尝试用另外一种测量方法，也就是在野外（而非实验室中）评估鸟类的认知能力。勒菲弗在巴巴多斯的海滩散步时，想到了这样的办法。“当时，一场猛烈的暴风雨刚刚结束。”他说，“每次大雨过后，霍尔敦的潟湖里的水便会泛滥，然后流入海里。我走在潟湖附近的海滩上时，注意到好几百条孔雀鱼被困在沙洲上的几个小水塘里。”勒菲弗看到这些鱼挣扎着要从一个水塘游到另一个水塘，这时几只灰王霸鹟（*Tyrannus dominicensis*）俯冲下来，把这些鱼叼起来带到树上，接着在树枝上将鱼敲死，而后吞进肚子里。

灰王霸鹟是一种很常见的西印度群岛鹟，本来善于捕捉飞行中的昆虫，而非鱼类。这是第一次有人看到这种鸟将平常的捕食技巧用在非常规猎物身上。

勒菲弗寻思道：“这些灰王霸鹟是如何学会利用这种回报丰厚的食物来源的？”是因为它们就像那些懂得打开牛奶瓶盖吃到乳脂的山

雀一样聪明而富有创造力吗？

他心想，或许可以观察这类事件，看看野外的鸟类会做出怎样非同寻常的事情，这也许是一种测量鸟类认知能力的可行办法。事实上，珍·古道尔*和她的同事汉斯·库默尔在30年前就提出了这样的方法。他们两人呼吁，研究人员应该观察野生动物在自然环境中解决问题的能力，从而评估它们的智力。两人认为智力的测量不应该在实验室中进行，而应该在生态环境中，方法是观察动物在其自然环境中的创新能力，看它们是否能够“发现解决问题的办法，或找出解决旧问题的新办法”。

32

勒菲弗把观察灰王霸鹟的收获发表在《威尔逊鸟类学报》的观察笔记专栏。这份学报专门发表业余观鸟爱好者和鸟类专家针对不同寻常的鸟类行为所做的观察报告。他心想：搜集各个鸟类期刊中的逸闻，也许可以提供库默尔和古道尔所说的生态证据。野外的哪些鸟类最富有创新能力呢？

勒菲弗指出：“有关认知的实验和观察固然很重要，但像这样的资料收集，将会提供独一无二的视角，并且避免动物智力研究中存在的一些陷阱。”例如测试时使用的装置，并非动物在自然环境中可能遇到的东西。

勒菲弗用“不寻常的”、“新奇的”或“首次发表的案例”等关键词，查阅了75个年份的鸟类期刊，收集到超过2 300个案例，涵盖好几百种鸟类。其中有些案例是鸟类大胆尝试奇特的新食物：一只走鹃（*Geococcyx californianus*）栖息在楼顶的蜂鸟喂食器旁边，伺机捕食蜂

* 珍·古道尔（1934—　），英国灵长类动物学家、动物行为学家、人类学家，长期致力于黑猩猩的野外研究和保护工作，著有《在人类的阴影下》《贡贝黑猩猩的行为模式》《大地的窗口》等。

鸟；南极有一只北贼鸥（*Catharacta skua*）混在刚生下来的海豹群中，吮吸母海豹的奶水；一群鹭猎杀了一只兔子或麝鼠；伦敦有一只鹈鹕吞下了一只鸽子；一只鸥吃了一只冠蓝鸦（*Cyanocitta cristata*）；新西兰有一只黄头刺莺（*Mohoua ochrocephala*），本来是吃昆虫的，却首次被人目击到吃百合花的果实。

还有一些鸟想出了巧妙的觅食方法。南美的牛鹂会用一根细细的树枝去戳牛粪。还有许多人观察到美洲绿鹭（*Butorides virescens*）会把虫子轻轻地放在水面上，用它们当诱饵来吸引鱼群。一只银鸥（*Larus argentatus*）把它平常砸甲壳动物的办法稍作变通，结果抓到了一只兔子。更有创意的例子是，亚利桑那州北部的一群白头海雕（*Haliaeetus leucocephalus*）竟然在冰面上钓鱼。有人目击到它们发现一窝冻死在结冰湖面下方的呆鲦鱼后，便在冰上钻了几个洞，然后在湖面上跳来跳去，用它们的体重把那些鱼推到洞口。勒菲弗本人最喜欢的案例之一是关于津巴布韦秃鹫的报道。在当地的解放战争期间，这些秃鹫会蹲踞在布雷区旁的铁丝网上，等到瞪羚或其他草食动物无意中走进来，踩中地雷被炸飞之后，它们就有现成的肉可以吃。不过，勒菲弗补充道："偶尔也会有一些秃鹫自食其果，被地雷炸得粉身碎骨。"

33

勒菲弗收集了这些报道后，便依据涉及鸟类的科目进行分类，然后计算每一个科鸟类表现出创新性行为的比例。此外，他还考虑了一些可能会导致计算误差的变量，调整了分析结果。这些变量中影响最大的，便是观察研究的次数：有些鸟种观察的人较多，因此目击到它们做出创新性行为的概率自然要高一些。

"老实说，刚开始的时候，我并不认为这种办法可行。"他说。通常情况下，针对逸闻进行的分析是不科学的，用业内的行话形容，这些只是“弱数据”。“如果以个别报道做出的观察记录并不科学，针对2 000个报道的记录总结又怎么会可靠呢？当然我认为这些数据还是有一定价值。哪怕数据中包含一些漏洞，这些漏洞也是随机分布在所有族群中，因此并不会影响到整体结果。我一直在等，会不会有什么问题出现，使得整个分析系统作废，但这种情况并未发生。”

那么根据勒菲弗的度量表，什么鸟类最聪明呢？

可想而知，答案是鸦科鸟类（尤其是渡鸦、乌鸦）以及鹦鹉。其次是辉拟八哥、猛禽（尤其是鹰和隼）、啄木鸟、犀鸟、鸥类、翠鸟、走鹃和鹭。（猫头鹰并不在人们的搜寻范围内，因为它们是夜行性动物，其创新性行为很少有人直接看到，有的只是边缘证据的推论。）此外，麻雀科和山雀科的鸟类排名也很靠前。排名垫底的是鹌鹑、鸵鸟、鸨、火鸡和夜鹰。

接下来，勒菲弗进一步分析：那些在野外表现出创新性行为的鸟类，是否有相对而言较大的脑容量？就大部分案例而言，二者之间确实有一定的关联。以体重都是320克的两种鸟为例：创新次数多达16次的短嘴鸦，大脑有7克重；而只有1次创新的鹧鸪，大脑仅有1.9克重。再以体形较小、体重同样都是85克的两种鸟为例：创新次数为9次的大斑啄木鸟（*Dendrocopos major*），大脑重2.7克；但创新次数只有1次的鹌鹑，大脑只有0.73克重。

当勒菲弗在2005年美国科学促进会的年会上公布研究成果后，媒体争相报道，称之为全世界第一份全面的鸟类智商指标。勒菲弗认为这样的说法“有点噱头”，“但何乐而不为呢”。

消息传开后，感兴趣的记者不断向勒菲弗提出问题。其中一位问他世界上哪一种鸟最笨。勒菲弗回答道：“鸸鹋最笨。”结果第二天报纸头条报道：“加拿大研究员声称澳大利亚国鸟是世界上最笨的鸟。”

[鸸鹋 (*Dromaius novaehollandiae*) 和袋鼠被选为澳大利亚非官方动物代表，象征着国家进步的力量，这是由于很多人误以为这两种动物无法轻易后退。] 因此勒菲弗在澳大利亚不怎么受欢迎。不过，勒菲弗在接受澳大利亚广播电台的一次采访时，发生了一件使其名声有所好转的事情。一位听众打电话给节目组，讲述了他在澳大利亚内陆和土著相处的故事，他说那些土著告诉他：如果他躺下来，把一只脚翘起来，这些鸸鹋就会跑过来查看，误把他当成它们当中的一分子。

勒菲弗承认，用鸟类大脑 (或大脑中的重要部位) 的大小来评估其智力的办法并不是那么准确。“以小滨鹬 (*Calidris minuta*) 为例，相对体形而言，它的脑袋挺大的。但这种鸟只会在海面上随着波浪飞来飞去 (它们仿佛在说：别弄湿了膝盖，别弄湿了膝盖)，并啄食那些无脊椎动物。”

我们早就知道脑袋大并不一定是“聪明”的代名词。牛的脑袋比老鼠大100倍，但一点都不比老鼠聪明。有些脑袋很小的动物，也具有令人惊讶的心智能力。蜜蜂的脑袋只有1毫克，但它们辨识方位的能力，并不亚于哺乳动物；果蝇具有互相学习的能力。因此比较有意义的指标似乎是脑袋大小和体形的比率，即“脑化指数”，但这个指数和智力有多大的关联还不清楚。

35

“这不仅仅是脑袋大小的问题——至少不是所有动物都是如此。”勒菲弗解释，“我们在测量脑容量时，是否也意味着我们在测量信息处理能力？恐怕不是这样。”

如今许多科学家都同意，鸟类的创新能力可作为研究认知能力的一项指标。但如果脑袋大小和创新能力无关，那么究竟是什么因素决定了这种能力呢？有创新能力和没有创新能力的鸟有什么区别？巴巴多斯牛雀和黑脸草雀的脑袋几乎一样大，但前者显然比后者聪明，这两种鸟的区别究竟在哪里？

“这需要我们进入它们的大脑一探究竟。”勒菲弗回答，“目前为止，研究人员关注的焦点都在大脑特定区域或整体的大小上面。但这并非关键所在。创新和认知能力与大脑容量无关，而是和神经元的活跃程度有关。”

这不禁让人联想到神经科学家埃里克·坎德尔，他曾因为研究记忆如何储存在神经元中而荣获诺贝尔奖。他的老师哈里·格伦德费斯特曾经告诫年轻的坎德尔说：“听着，如果你想要了解大脑，你得把它还原到最基本的单位，一个细胞一个细胞地研究。”坎德尔说：“我的老师说得一点没错！”

就像其他研究鸟类认知的科学家一样，勒菲弗在“往神经的方向走”，希望能了解鸟类学习新事物和解决问题的行为，如何反映在大脑的活动、神经元及神经元彼此的接合点（突触）上。神经元彼此之间是通过突触进行沟通的。勒菲弗表示：“我相信动物表现出灵巧而富有创意的行为，与在突触层面上发生的神经活动有关。”

36

是什么因素使得巴巴多斯牛雀或新喀鸦如此聪明，有创造力？黑脸草雀和鹭鹤真像它们表现出来的那样死脑筋吗？

“我们正试图从不同角度探索这些问题。”勒菲弗表示，“不妨从野外调查开始，到实地探访，仔细观察要研究的鸟类。因为想要真正了解鸟类，就必须熟悉它们在野外的种种行为，然后再试着深入鸟类的大脑中。因此我们现在的做法是先在野外观察鸟类的行为，比较每一种鸟的能力，然后再用抓来的鸟类个体做实验，以便找出我们在野外观察到的行为和在实验室中得到的基因以及细胞活动之间有什么关联。”

这就是目前鸟类智力方面正在进行的大型科研项目。这是一项了不起的工程，把对生态和行为的观察、实验室中进行的认知研究，以及对鸟类大脑的深入探索有机地结合起来，从而揭开鸟类心智的奥秘。

37

第二章

鸟有鸟法

——重新审视鸟类大脑

有一次，我在美国纽约州的阿第伦达克山脉滑雪，途中在一片林间空地上停下来午餐。当时，地上的雪很厚，天气寒冷刺骨。我刚把用锡箔纸包着的花生酱三明治打开，便用余光注意到有什么东西在移动，并听见一阵很熟悉的鸟叫声，接着便看到它跳到空地边缘的一根树枝上。原来是一只黑顶山雀（*Poecile atricapillus*），这种鸟是会打开瓶盖吃乳脂的青山雀的近亲。一只又一只的山雀飞过来，不久我的脚边就聚集了一群鸟儿。我把一片面包屑放在一根手指上，立刻就有一只山雀飞过来把它叼走。过了一会儿，这只小精灵便直接停在我的手臂上，吃我手里拿着的面包。

黑顶山雀也许不是鸟界中最聪明的。它身躯较小，毛茸茸、圆滚滚的样子十分可爱，有着俊俏的灰色羽毛和帅气的黑色头顶，鸟喙很短，头部大得像外星人ET。它不像莺或绿鹃那般修长优雅，也不像乌鸦那样精明傲慢。黑顶山雀最为人称道的是它积极的觅食态度和惊人的飞行技巧。正如鸟类学家爱德华·豪·福布什*所言："我曾经见过一只山雀为了抓一只昆虫，在一根树枝上后空翻，抓住虫子，接着又

* 爱德华·豪·福布什（1858—1928），美国鸟类学家、作家，马萨诸塞州奥杜邦学会的创立者之一，代表作有《新英格兰的鸟类》等。

39 在空中翻了一个跟头，落回到倾斜的树干上，恢复先前的姿态。”

但山雀可不只是活泼灵巧，它也有着很高的天赋：好奇、聪明、善于抓住各种机会、记忆力优秀，福布什形容它是“令人赞叹不已的鸟类杰作”。在勒菲弗的鸟类智商测量表上，山雀科的鸟类和啄木鸟一样聪明。

最近，科学家们在分析山雀尖细的哨声、复杂的鸣叫（“fee-bees”，“zees”，“dee-dee-dee”），以及咝咝声（“stheep”）之后，宣称它们的叫声是最复杂、最严密的陆生动物沟通系统之一。克里斯·坦普尔顿和他的同事发现，山雀的叫声便是它们的语言，有其独特的语法，这种语法能够形成无数类型的叫声。它们会用几种特定的叫声，告诉同伴自己所处的位置，或者报告哪里有好吃的东西。此外，它们也会用另外几种叫声警告同伴捕食者来了，并告知捕食者的种类和威胁程度。轻柔而高频的“seet”声，以及尖锐的“si-si-si”声，表明捕食者是飞行中的鸟［例如伯劳或纹腹鹰（*Accipiter striatus*）］。它们标志性的“chickadee-dee-dee”的声音，则意味着捕食者静止不动，例如一只栖息在树梢的猛禽，或躲在上方枝干上的东美角鸮。那听起来像打水漂一般的“dee”声，重复的次数代表捕食者的体形（即危险的程度）。“dee”声越多，表明捕食者的体形越小，也更加危险。这听起来似乎有些违反直觉，但小而敏捷、行动自如的捕食者，其实比大型而笨重的捕食者更具威胁性。因此一只鸺鹠可能会引发四声“dee”，而一只美洲雕鸮（*Bubo virginianus*）可能只会引发两声“dee”。这类叫声的目的都是请求支援，要求其他鸟类根据威胁程度集结，以便骚扰或者围攻捕食者。由于山雀的叫声传递的信息十分可靠，其他鸟种也会留意它们发出的警告。

知道这件事以后，当我走在树林里时，山雀发出的“dee”声对我而言就有了不同的意义。我想它们或许正在评估我，看我的体形有多大，是否具有危险性。

但它们可能把我当成一个笨拙的伐木工人，虽然有着庞大的身躯，却不构成威胁。因为我的存在几乎没有在它们的对话中激起一丝涟漪。

山雀通常并不怕人。它们就像巴巴多斯牛雀一样，十分好奇而大胆，有一种“根深蒂固的自信”，会研究自己领地内的所有事物，其中包括人类。到了狩猎季，它们会据守在猎人的小屋附近，以便啄食猎人丢在卡车车厢里的动物尸体上的脂肪。它们通常是最先光临喂食器的鸟类，甚至会直接飞到人的手上进食（正如我在树林里体验到的那样）。和巴巴多斯牛雀一样，山雀很擅长发现并利用新的食物来源。有一次，坦普尔顿看到一只山雀飞到了悬挂着的蜂鸟喂食器上吃花蜜。到了冬季，山雀会吃蜜蜂、栖息的蝙蝠、树的汁液和死鱼。 40

20世纪70年代，美国西部引进了瘿蜂，以遏制入侵物种斑点矢车菊的迅速蔓延。山雀抓住了这一新机遇。坦普尔顿发现它们很快就学会辨别哪些矢车菊果序里有大量的瘿蜂幼虫（这是营养极其丰富的食物）。而且它们几乎不费时间在植物上方盘旋，而是在飞行时依靠一些我们不知道的隐秘线索做出判断，并且几乎每次都能找到包含最多瘿蜂幼虫的果序，然后把整个果序叼走，带回树上，把幼虫挖出来吃掉。

坦普尔顿为之震惊，写道：“山雀在没怎么花时间打量果序的情况下，便能够做出如此正确的决定，这太了不起了。”同样令人印象深刻的是它们学会利用全新的食物来源的速度，毕竟这些寄居在斑点矢车菊上的瘿蜂不久前才出现在山雀的栖息地内。

除此以外，山雀的记忆力也非常惊人。它们会把种子和其他食物藏在几千个不同的地点，以供来日享用，并且6个月之后，仍然清楚地记得什么食物放在哪里。

山雀做到这一切，依靠的只是约为豌豆2倍大小的脑袋。

不久以前，我在家附近茂盛的松树林中发现了一只山雀的头骨。泛白的头骨很轻盈，可以轻易地放在手掌里，好似一块超薄的蛋壳。头骨是由球状的眼窝和尖细如针的鸟喙组成。头骨的背后是两个形状相同的窟窿，看起来像是由半透明的骨头吹成的泡泡，这就是山雀生前大脑的位置。山雀体重约为11克或12克，大脑只有0.6克或0.7克重。在如此小的脑袋里，是如何完成如此复杂的心智活动的呢？

显然大小并不是衡量大脑的唯一标准。长久以来，人们一直误以为鸟类的脑袋很小。事实正好相反，许多鸟类的脑袋相较于身体而言还是挺大的。尽管鸟类和人类的演化路径完全独立，但两者都演化出了相对较大的脑袋。

鸟类的大脑各不相同：小的如古巴翠蜂鸟（*Chlorostilbon ricordii*），只有0.13克；大的如帝企鹅（*Aptenodytes forsteri*），有46.19克。如果和巨头鲸7 800克的大脑相比，鸟类的大脑很渺小；但如果和体形差不多的动物相比，鸟类的大脑可一点都不小。矮脚鸡的体形和蜥蜴差不多，但前者的大脑重量是后者的10倍左右。如果从大脑和身体的比例来看，鸟类其实更接近哺乳动物。

人类的大脑平均重量约为3磅（约1 360克），平均体重大约是140磅（约63.5千克）。狼和羊的体重与人类差不多，但它们的大脑的重量只有人类的七分之一。新喀鸦就像人类一样，是动物中的特例。它们的体重只有0.5磅（约227克）多一点，但大脑却重达7.5克，和小型猿猴（例如狨猴或者小绢猴）的大脑差不多大，比起丛猴的大脑更是大了

50%，而上述动物的体形都和新喀鸦差不多。

而山雀的大脑又有多大呢？和其他体重相近的鸟类相比（例如䴓和燕子），它的大脑是这些鸟的2倍大小。

如果从这个角度来看，许多种鸟类的大脑相对它们的体形而言都大得惊人，就像人类的大脑一样。科学家把这种大脑称为“超膨胀”大脑。

过去几个世纪以来，我们一直都认为鸟类缩小大脑的体积是有原因的。因为只有这样，白尾鹞（*Circus cyaneus*）才能在天空中兜着大圈子盘旋，烟囱雨燕（*Chaetura pelagica*）才能一辈子飞个不停，山雀才能在不到30毫秒的时间内转向。

42

大脑组织很重，而且十分耗能，其能耗仅次于心脏。神经元虽然较小，但制造和维持其运转要耗费大量的能量。就体积而言，大脑消耗掉的能量大约是其他细胞的10倍。所以我们才认为鸟类的大脑会在自然演化的过程中变得越来越小。彼得·马修森*曾经写道：“我们都认为鸟类的飞行能力是它们最了不起的成就，但讽刺的是，这样的演化也让鸟类在智力上远远落后于哺乳动物。”我们以为鸟类不是靠智慧解决问题，而是以飞行的方式回避问题。

飞行的确会消耗大量能量。鸽子大小的鸟在飞行时所耗的能量大约是休息时的10倍。而诸如雀科的小型鸟类在短途飞行时由于需要频繁振翅，其消耗的能量几乎是休息时的30倍。（相较而言，鸭子之类的水鸟在游泳时消耗的能量仅为休息时的3到4倍。）为了满足飞行的需要，鸟类的骨架已经演化得既轻盈又坚固，从而大大减轻了体

---

* 彼得·马修森（1927—2014），美国作家、博物学家，著有《云雾森林》《雪豹》等多部自然文学作品。

重。一些骨头已经融为一体，乃至消失不见了。原本较重、牙齿较多的嘴已经被更加轻巧的喙（成分主要是角蛋白）取代。其他骨骼——例如翼骨——则有气腔，内部只有类似支柱的骨小梁，其余的地方都是中空的（骨小梁可以强化头骨，避免后者弯曲变形）。只有位于必要部位的骨骼，例如腿骨和位于深处、用来固定翅膀的实心胸骨才比较密实，甚至比体形相近的哺乳动物更加密实。（鸟类往下拍打翅膀的力道大得足够使比自己重1倍的身体上升。）生物学家在检测鸟类体内和骨骼系统有关的基因时，发现鸟类拥有的骨骼重造以及骨质再吸收的基因是哺乳动物的2倍。鸟类的骨头大多是中空的，而且骨质很薄，但却出奇地坚硬牢固。这样矛盾的现象有时令人颇为不解，其中一个例子是，一只军舰鸟的翼展达7英尺（约2.1米），但它的骨架却比羽毛还轻。

43　　在演化的过程中，鸟类体内一些不必要的部位也被简化淘汰了。膀胱就是其中之一，肝脏缩小到只有0.5克。鸟的心脏和人类一样，有4个腔室，分成左右两侧，但是非常小，心跳也比人类快得多（黑顶山雀的心跳大约每分钟500到1 000次，人类平均只有78次）。它们的呼吸系统也很特别。就比例而言，它们的呼吸系统比哺乳动物更大（鸟类的呼吸系统是自身体积的五分之一，哺乳动物是二十分之一），效率高得多。鸟类的肺部位于它们那坚硬的、无法伸缩的躯体内，大小固定，空气直接从肺部流过（哺乳动物的身体则是有弹性的，肺部能够扩张和收缩），并且连接到一个由许多气囊所组成的复杂网络（该网络负责在肺部之外储存空气）。此外，雌鸟只有1个卵巢，位于身体的左侧，右侧的卵巢在演化过程中消失了。鸟类和大多数爬行类动物不同，只有在繁殖季，它们的生殖器官才会变大变重。大多数时候，鸟类的睾丸、卵巢和输卵管小得几乎看不见。

除此以外，鸟类的基因组也非常精简，这可能是为了提高飞行能力而演化的结果。在所有的羊膜动物（即在陆地上产卵的动物，包括爬行类和哺乳类）中，鸟类的基因组是最少的。哺乳动物的基因组一般有10亿到80亿个碱基对，但鸟类只有10亿个左右。这是由于在鸟类的碱基对里，重复的元素比较少，而且有很多DNA（脱氧核糖核酸）在演化过程中被抹去了（即所谓的“基因缺失”）。较为精简的基因组，或许让鸟类得以更加迅速地调节基因，以便满足飞行的需要。

鸟类的构造之所以如此精简，乃是演化的结果，而这一了不起的演化过程从鸟类的祖先——恐龙的时代就开始了。

托马斯·赫胥黎最早发觉现代鸟类是由恐龙演化而成的（这一点让公众越发觉得鸟类很愚蠢）。赫胥黎的外号是“达尔文的斗牛犬”，据他的学生H. G. 威尔斯所说，赫胥黎是一个“脸色发黄的老人，长着一张国字脸，棕色的双眼小而明亮”。他见过的恐龙化石虽然不多，但他发现这些化石具有鸟类的特征，而当时刚发现的有着1.5亿年历史的始祖鸟化石，却有着恐龙的特征。事实上，赫胥黎在文章中写道：“如果我们能把孵化了一半的鸡的整个后半部，从髂骨到脚趾的部位放大，骨质化再变成化石以后，我们就能看到爬行类变成鸟类的最后一步，因为这些特征表明它们和恐龙有密切的关联。”

44

赫胥黎说得一点不错。鸟类是在1.5亿年前到1.6亿年前的侏罗纪从恐龙演化而来的。事实上，爱丁堡大学的古生物学家斯蒂芬·布鲁萨特指出：“我们发现恐龙和鸟类之间并没有明显的差异。恐龙并非在一夜之间就变成鸟，而是先有鸟的体形，而后在1亿年的演化过程中逐渐有了其他部分。”

我们很容易在鸟类的身上看到爬行类的特征，包括它们那又圆又亮的小眼睛和猛然前进的动作，以及马来犀鸟 (*Buceros rhinoceros*) 那有如翼手龙一般的翅膀，还有歌鸲抬头凝神聆听周遭的动静时那有如蜥蜴一般毫无表情的面部。此外，大蓝鹭 (*Ardea herodias*) 缓慢而费力的拍动翅膀的动作、弯曲灵巧的脖子以及粗哑的嘎嘎声，也令人想起古时生活在潟湖地区的恐龙。但像恐龙这样的庞然大物怎么可能演化成体形迷你、动作迅捷有如闪电的山雀呢？这实在令人难以想象。

在中国东北部一个偏远的角落里，有一片土地说明了这样的转变是如何发生的。这个地区在白垩纪初期被火山灰烬所覆盖，形成了后来辽宁、河北和内蒙古境内含有许多化石的热河群岩层。

将近20年前，我来到辽宁省一个名叫四合屯的小村庄附近的一处化石遗址。当时那里的村民才刚开始挖掘那些有如千层糕般的岩层。地上到处都是化石，包括古代的鱼、淡水的甲壳动物和蜉蝣的幼虫。这些化石个个都被嵌在又薄又脆的粉砂岩板上。我之所以来到此地，是为了记录1年前一位喜欢搜集化石的农夫在探索一处峭壁的岩层时所发现的东西。那是一个被嵌在岩石里的小型生物的化石。它的头往后仰、尾巴僵硬地往上翘，呈现典型的死亡姿势，看起来像一只大蜥蜴。它身长大约1英尺 (约30厘米)，有两只脚，但最特别的是，它的背脊上有一缕类似头发、由构造简单的细丝所形成的鬃毛。

这是一只兽脚类的恐龙，名叫“中华龙鸟” (*Sinosauropteryx*)，是鸟类与恐龙之间的一个关键性环节。(所谓的“兽脚类”恐龙指的是一群双足恐龙，体形有大有小，大的如暴龙和恐爪龙，小的如只有1英尺高的伤齿龙。) 我看着一位摄影师为这块小小的恐龙化石照相。为了清楚呈现那些被嵌在岩石里的纤细的原始羽毛，他那天足足花了10小时的时间拍照。看到那只恐龙的尾巴上长出了黑色的细丝是很令人震撼的一件事。那是最原始的羽毛。

在此之前羽毛一直被认为是现代鸟类才具备的特征之一，但这些古代的热河群岩层化石改变了这个观念。近20年来，考古学家们从这处岩层中挖掘出许许多多的恐龙化石，年代大约在距今1.2亿到1.3亿年之间。这些恐龙有着各式各样的羽毛——从原始的细毛或鬃毛到完全成熟的飞羽。在那段时期，有一种长有羽毛的恐龙颇为常见，那便是近鸟类恐龙（其中包括因电影《侏罗纪公园》而闻名的迅猛龙）。当时它们已经在尝试各式各样的飞行模式，例如滑翔、像跳伞般降落、从一棵树跳到另一棵树等。其中一些成功地升空，从此鸟类便诞生了。

恐龙之所以会变成山雀和鹭，部分原因是体形不断地缩小。这种有点像是《爱丽丝漫游奇境》的过程叫作持续小型化现象。在2亿多年前，为了适应各种新的生态环境，恐龙开始迅速发展出各式各样、大小不一的体形，但只有后来变成鸟类的那一支持续这种快速的转变。在5 000万年的时光中，兽脚类恐龙的身体不断缩小，从163千克变成不到1千克，几乎所有的部位都变小了。在身体变得又小又轻之后，它们便可以试着寻找新的食物来源，并且通过爬树、滑翔和飞行等方式避开捕食者，它们为了适应环境而改变的速度比其他恐龙快上许多。它们有着小巧的身体、灵活的演化策略和若干前所未见的改变（发达的羽毛使得它们能够有效地保温，飞行的能力使它们可以扩大觅食的范围）。也许就是这些因素使鸟类能够在地球环境发生巨变时生存下来（它们的许多恐龙近亲都在这场浩劫中灭绝了），并且演化成地球上最兴盛的陆栖脊椎动物。

46

然而鸟类的大脑是否也缩小了呢？

并不尽然。那些演化成鸟类的恐龙在尚未发展出飞行能力时，就已经有了所谓的“超膨胀”大脑。当时，由于它们的大脑已经变大，而且为了避免在树林里跳来跳去时撞到树，它们必须拥有良好的视力，因此大脑里的视觉中枢就跟着变大了，从而眼睛也变得更大。它们大脑里处理声音和动作协调性的区域也是如此。为了开拓新的生态位，并且避开捕食者，鸟类的神经和肌肉系统必须有着高度的协调性，因此它们的大脑便逐渐演化。换句话说，在它们还没有变成鸟之前，就已经有了鸟类的大脑，正如它们在没有变成鸟之前就已经有了羽毛一样。

一种生物，怎么可能在身体其他部位都缩小时，仍旧保持着一颗大脑袋呢？鸟类解决这个问题的方法和人类一样，那就是保持婴儿般的头和脸。这种演化过程被称为幼体发育，也就是生物朝着“让自己即便在成熟后仍保持着幼年的特征”的方向演化。

不久前，一个国际性的科研团队比较了鸟类、兽脚类恐龙和鳄鱼的头骨，结果发现大多数恐龙和鳄鱼的头骨形状会随着年纪而改变。“幼年期的非鸟类恐龙在向成年过渡时，口鼻和脸部会变大，但它们大脑变大的幅度就小得多。”该团队的成员之一——哈佛大学的阿克哈特·阿布扎诺夫指出，“蜥脚类和剑龙类就是很典型的例子。和庞大的身躯相比，它们的脑袋显得小得多。”相较而言，原始鸟类和现代鸟类在成熟后，头骨仍然维持着幼年时期的形状，留下足够的空间，可以容纳巨大的眼睛和越来越大的大脑。阿布扎诺夫表示：“我们看着鸟类的时候，就像看着幼年期的恐龙。”

47

我们人类也可能采取了这种类似彼得·潘的成长策略。成年后，我们仍然像灵长类的婴儿一般，有着大脑袋、扁平的脸蛋、较小的下颚以及参差不齐的体毛。这种幼体发育的特征，或许正是我们和鸟类得以发展出更大的大脑的原因。

当然，并非所有的鸟类都有较大的大脑（相较其体形而言）。和其他所有动物一样，鸟类的国度里有智者也有傻瓜。还记得之前做过的比较吗？乌鸦和鹑类的体形相似，但前者的大脑重7到10克，而后者的大脑只有1.9克。此外大斑啄木鸟和鹌鹑同属体形较小的鸟类，前者的大脑有2.7克，而后者的大脑只有0.73克。

鸟类脑子的大小和它们所采取的生殖策略有关。早成鸟（即雏鸟刚生下来时眼睛是睁开的，并且过一两天就能够离巢，这种鸟占所有鸟类的20%）的大脑比晚成鸟更大。后者出生时没有体毛，眼睛看不见，没有能力照顾自己。它们要等到长得像亲鸟一样大、羽翼丰满后才会离巢。早成鸟（例如鸻鹬类）通常一生下来就可以自己生活了。虽然它们出生时脑袋较大，出生后几天就可以自己抓虫子吃，或者跑一小段距离，但之后它们的大脑增长幅度并不大。因此到头来，它们的脑子大小还是比不上晚成鸟。

巢寄生鸟类也是如此。这类鸟［例如杜鹃、黑头鸭（*Heteronetta atricapilla*）、响蜜䴕］为了减轻哺育下一代的负担，会在其他鸟类的巢穴里产卵。它们的幼鸟把宿主的后代赶走（例如杜鹃）或杀死（例如响蜜䴕）后不久即离巢。此时，由于它们有足够大的大脑，可以独立生活，但之后它们的大脑就不大会增长了。

为什么巢寄生鸟类的大脑这么小？近年来一直在研究响蜜䴕大脑的勒菲弗认为，有两种可能的原因。或许它们必须比被寄生的那些鸟更早发育，因此演化出较小的大脑。也可能是因为它们寄生在别的鸟巢里，不大需要耗费精力去养育自己的后代，所以大脑才会变得比较小。勒菲弗指出：“人类都知道养育孩子是多么费力的事情。如果我们把自己的孩子丢到黑猩猩的窝里，便可省下很多处理麻烦事的精力。”

48

晚成鸟占所有鸟类的80%，其中包括山雀、乌鸦、渡鸦、松鸦等。它们刚出生时可能大脑较小，无能为力，但它们的大脑随后便长得很大，这要部分归功于亲鸟的辛勤养育。

换句话说，自己抚养幼雏的鸟类，它们的大脑会发育得比放弃哺育的鸟类更大。

鸟类脑子的大小，也和它们在长出羽毛后待在巢里，向亲鸟学习的时间长短有关。幼年期越长的鸟类，其大脑越大。或许是因为只有这样，它们才能把所有学到的东西都记下来。大多数聪明的动物幼年期都很漫长。

有一年夏天，我通过康奈尔鸟类学实验室安装的网络摄像头，观察5只大蓝鹭在纽约州萨普萨克树林的一座10英亩（约4公顷）的池塘边的枯树上慢慢长大的过程。我曾经见过旅鸫、蓝鸲和鹪鹩在巢中生活的情景，但时间都不长。如今，由于科技的发展，我得以长期深入地观察大蓝鹭幼年时期笨拙的模样和生活习性。

我向来喜欢大蓝鹭，很欣赏它们依靠宽阔的翅膀慢慢飞行的优雅模样，但我从来不知道近距离观察它们的成长，是一件如此令人喜悦、赞叹的事情。如同全世界166个国家的50万名爱好者一样，我痴迷于这些优雅的大蓝鹭。

我们的网络聊天室是一个虚拟社区，有一个管理员监督，成员彼此之间的关系颇为紧密。有一个班的学生会在每天早上上学时一起收看，还有一个饱受疼痛折磨的人在推特上表示，观赏这些大蓝鹭减轻了她的困扰。

我们一起看着这些雏鸟在4月底从蛋里孵出来，然后睡眼惺忪、柔弱无助地蜷缩在亲鸟的羽翼下，躲过暴风雨和猫头鹰的攻击，大口吃着亲鸟反刍过的鱼，吃饱后便昏昏欲睡，而且看到什么东西就想去啄，无论是小树枝、摄影机、昆虫、双亲的鸟喙还是其他雏鸟（为了以后能够又狠又准地抓鱼，这样的练习很有必要）。等到第五只雏鸟（也是最后一只）孵出来，看到它体形显得比其他雏鸟更小，而且不大会争抢食物时，虚拟社区里的人都不禁对它牵肠挂肚起来：

“第五号没有吃到任何东西，真令人担心。”

“第五号的叫声越来越频繁，还时常闹脾气，我担心它吃不饱才这样。”

然后我们的管理员就说：“我看第五号挺好的呀，为何大家总是编造故事，不看好它的表现呢？”

在没有什么好戏可看时，大家就会自己充当编剧。

“第五号让我想起《推销员之死》这部戏剧里面的邻家男孩。在第一幕时他还只是一个笨头笨脑的书呆子，到了第二幕就成了一个成功的律师，在最高法院出庭。”

到了晚上，我会观察那些大蓝鹭睡觉。有些鸟可以长时间不用睡觉，例如斑胸滨鹬（*Calidris melanotos*）。这种鸟在北极夏天极昼的情况下，可以不停地活动，连续好几个星期都不睡觉。但大多数鸟类（包括苍鹭在内）似乎都像人类一样，需要固定的睡眠。而且就像人类一样，睡眠对它们发育中的大脑非常重要。

鸟类睡眠时也像人类一样，有着慢波睡眠和快速眼动睡眠。科学家相信：鸟类和人类的大脑之所以能长这么大，睡眠时的脑部活动模式扮演了一个关键性的角色。鸟类在一次睡眠中会经历上百次快速眼动期，但每一次很少超过10秒；[50] 人类每晚睡眠会经历好几次快速眼动期，每次大约10分钟到1小时。对哺乳动物和鸟类而言，快速眼动期的睡眠可能对脑部的早期发育更为重要。新生的哺乳动物（例如小猫）的快速眼动期睡眠，比成年动物多得多。人类的婴儿在睡眠时，可能有高达一半的时间处于快速眼动期，而成人只有20%的时间处于快速眼动期。研究结果还显示，幼年猫头鹰的快速眼动期睡眠比成年后的时间更长。

或许那些大蓝鹭的幼鸟也是如此。

鸟类的慢波睡眠期出现的次数和醒着的时间成正比，这一点和人类相同。此外，鸟类也和人类一样，在清醒时使用较多的大脑区域，在之后的睡眠中会睡得比较深沉。这也是趋同演化的结果。这一事实由德国马普学会鸟类学研究所的尼尔斯·拉腾伯格领导的国际研究小组发现。该研究利用了鸟类的一种特殊能力，即鸟类能够控制自己的睡眠状态。它们会睁开一只眼睛，只让一半的大脑进入慢波睡眠状态，另一半的大脑则仍然清醒（这是人类无法做到的）。这么做的目的，想必是要在睡眠中注意到捕食者的侵袭（在4月一个昏暗的清晨，那几只大蓝鹭在睡觉时遭遇到一只美洲雕鸮袭击，此时这种能力就很有用了），也可能是需要在一边飞行一边睡觉的情况下辨识方向。于是研究小组为几只鸽子搭建了一座电影院，然后把每只鸽子的一只眼睛蒙住，让它们只用一只眼睛观看大卫·爱登堡的纪录片《飞禽传》，8小时以后再让它们睡觉。此时观察它们的大脑活动，我们会发现脑内和受到刺激的眼睛相连的视觉处理区域，出现了比较深沉的慢波睡眠状态。

拉腾伯格指出，人类和鸟类都有这种大脑局部受到影响的现象，这显示慢波睡眠可能有助于大脑维持在最佳的运作状态。他表示：[51]“总的来说，哺乳动物和鸟类都具有慢波睡眠模式，这表明二者之所以能够演化出大而复杂的大脑，或许和这种睡眠模式有关。”

我喜欢这个概念：人类和鸟类虽然如此不同，但在大自然力量的影响下，却发展出同样的睡眠模式，以至于后来都演化出了较大的大脑。

每天早上观看那几只大蓝鹭醒来，就像是在阅读一部很棒的成长小说，而且每天都有新的篇章。到了5月和6月，幼鸟的羽毛逐渐丰满，并且开始笨拙地在巢里走来走去。双亲忙着喂饱幼鸟迅速成长的身体［幼雏出生时只有2.5盎司（约71克），7周后就长到了5磅（约2.27千克）重］。逐渐地，这些大蓝鹭幼鸟就像被父母背在背上的婴儿一般，开始留意周遭的动静：飞机、鹅、蜜蜂，以及它们的双亲在池塘里觅食，掂量着要从哪一个角度下手的模样。羽翼丰满后，它们便开始跳起来学习飞行，之后便试着从鸟巢往下跳。（它们第一次这么做的时候在网络聊天室里引起了一阵骚动："第四号小鸟看起来像是在练习高空跳水的小孩，正在鼓起勇气往下跳。""我完全被迷住了。"）然后，它们开始尝试在池塘的浅水处猎食。尽管行动多半以失败收场，但它们仍然坚持不懈，一直到夜色降临才回到巢里。这段时期，它们的双亲始终密切地注意着它们的一举一动。回巢时，双亲会在那里迎接它们，并拿青蛙和鱼给它们吃，以补充营养。

这种生活方式和早熟的鸻鸟相映成趣，后者从蛋里孵出来之后，几乎羽毛一干就开始站起来跑跳。这种差异乃是取舍的问题，就看你要选择一出生就能完全独立运作，还是宁可在长大后具有较强的脑力。

除此以外，鸟类为了迁徙，也必须牺牲一部分的脑容量。候鸟的大脑比留鸟小，这自有其中的原因。因为大脑如果消耗太多的能量并且发育得太慢，对一只经常要旅行的候鸟而言并不划算。此外，根据在西班牙的生态学与林学应用研究中心工作的丹尼尔·索尔的说法，

52

候鸟必须往返于截然不同的栖息地，因此对它们来说，先天的、与生俱来的本能行为，或许比经过学习而得到的创新性行为更有用。它们不用花太多精力搜集某个地方的信息，因为一旦这些信息到了另外一个地方后，或许就派不上用场了。

令人意外的是，即便是同一种鸟类，它们的大脑（至少是脑内的特定部位）可能也不一样。内华达大学的弗拉迪米尔·普拉沃苏多夫和他的团队比较了10个地方的山雀，结果发现住在气候较严苛的地区（如阿拉斯加、明尼苏达和缅因州）的山雀脑内的海马体（脑内掌管空间学习和记忆的部分），比那些住在艾奥瓦州或堪萨斯州的山雀更大，里面的神经元也比较多。那些出没于美国西部山脉的北美白眉山雀（*Poecile gambeli*）——黑顶山雀强悍的"小兄弟"——也是如此。生活在高海拔地区（气候较冷、较常下雪）的北美白眉山雀大脑内的海马体比那些住在低海拔地区的同类更大。举例来说，那些住在内华达山脉最高峰的北美白眉山雀脑内海马体的神经元数量，比那些住在650码（约594米）之下的同类多了将近1倍，解决问题的能力也更强。这也难怪，由于高海拔地区天气寒冷的时间比较长，因此那里的鸟必须储存更多的种子并且记住储存的地点。但在气候较温和的地区，由于食物终年充足，那里的鸟自然不需要这么做。

姑且不说脑子的大小，这些有着分散贮藏习性的鸟真正令人瞩目的地方，在于它们脑内的海马体会定期长出新的神经元，以加入（或取代）旧的神经元。至于它们为何会出现这种"神经发生"的现象，目前仍然是个谜。或许是因为这样可以让鸟类在必须学习新的信息时，有新的神经元可用。也或许这个现象有助于防止新的记忆干扰旧的记忆。诚如普拉沃苏多夫所言，山雀"每天都要储存食物，再把这些食物挖出来，并且重新埋藏，尤其在冬天的时候。因此，它们必须记住旧的和新的埋藏地点”。根据“防止干扰”的概念，鸟类在记忆不同的贮藏地点时可能需要用到不同的神经元，以便将旧的事件与新的事件做个区别。普拉沃苏多夫的研究已经证明，山雀由于居住在气候严苛地区，不得不贮藏更多的食物，因此会长出较多新的神经元。

53

无论如何，这个“神经发生”的现象已经使我们对脊椎动物（包括人类在内）的大脑产生了不同的看法。长久以来，科学家一直相信，我们出生时有多少脑细胞，长大后就有多少。但这并非事实，人脑的海马体也会长出新的细胞，有些旧的细胞则会死亡。普拉沃苏多夫表示，现在我们已经明白，神经元改变并再生的能力以及神经元之间的连接，“使得大脑有能力自我修正，可以在每一毫秒、每一分钟或每个星期学习新的事物”。这种可塑性或许可以使得像山雀这样必须贮藏食物的鸟类，能够用有限的脑容量来适应严苛的生存环境对它们的心智所造成的挑战。

科学家们过去一直认为脊椎动物（如鸟类和哺乳动物）的脑部越大越聪明，但这种观念终于被巴西的神经科学家苏珊娜·埃尔库拉诺-乌泽尔所率领的研究小组推翻。他们用一种简单而巧妙的新方法评估智力。2014年时，他们计算了11种鹦鹉和14种鸣禽的脑内神经元和其他细胞的数量。埃尔库拉诺-乌泽尔说，鸟类的脑子虽小，但“里面的神经元数量多得惊人，其密度至少和灵长类很接近。鸦科和鹦鹉的神经元更多”。

神经元所在的位置很重要。埃尔库拉诺-乌泽尔指出，大象脑内的神经元数目是人脑的3倍（它们有2 570亿个神经元，而我们平均只有860亿个），但其中98%都位于它们的小脑内［这个区域可能是负责控制它们那重达200磅（约91千克），并且有着精细的感知能力和行动能力的附肢］。但另外一方面，大象的大脑皮质虽然是人类的2倍大，里面的神经元数量却只有我们的三分之一。埃尔库拉诺–乌泽尔认
54
为，这表明了决定认知能力高低的并非整个大脑中的神经元数量，而是大脑皮层（就鸟类而言，则是它们脑内相当于我们的皮层的部分）内的神经元数目。举例来说，埃尔库拉诺–乌泽尔和她的团队发现金刚鹦鹉脑内的神经元有将近80%都位于脑内类似皮层的部分，只有20%位于小脑。该比例和大多数哺乳动物刚好相反。

简而言之，埃尔库拉诺–乌泽尔等人认为，鹦鹉和鸣禽（尤其是鸦科动物）的大脑中相当于皮层的部分有大量的神经元，表明它们有“很强的计算能力”。这或许可以说明这几个科的鸟为何能够展现出如此复杂的行为和认知能力。

事实上，鸟类的头脑此前之所以名声不佳，不光是因为它们的大小，也是因为它们的构造。一般认为鸟类的大脑很原始，勉强比爬行类复杂一些。已研究鸟类大脑半个世纪的加州大学圣地亚哥分校神经科学家哈维·卡滕表示：“人们都把鸟类视为会动的可爱玩具，只会做一些刻板的动作。”

这种解剖学上的错误认识，源自19世纪末被誉为“比较解剖学之父”的德国神经生物学家——路德维希·埃丁格的看法。他相信演化的过程是一条直线，而且始终向更高级演化。他就像亚里士多德一样，把生物按等级排成一个“自然阶梯”，最下面的是进化程度最低的鱼类和爬行类，进化程度越高的动物排名越靠上，而位于顶点的无疑是人类。在这个阶梯上，每一个等级的生物都比下一级更优秀。在他看来，大脑的演化过程也是阶梯式的。原始的大脑上面叠加了新的部分之后，就变得越来越复杂。从低等动物到高等动物，大脑就像地层

一样层层往上堆叠，越往上的部分越聪明。同时，越高等的动物，它们的大脑也越大、越复杂。鱼类和两栖类的大脑最原始。最复杂、最聪明的则是位于演化阶梯顶点的人类大脑。

55

他认为，底层的旧脑里的神经元是一簇一簇的，负责本能的行为（例如进食、性行为、生育后代、保持动作协调等）。上层的新脑则是由6层细胞组成。这6层细胞把旧脑包裹住，是行使高等智力的地方。人类的大脑由于这部分太大太复杂，只好变得弯弯曲曲、充满沟壑，这样才能装进头骨里。

大脑最上层新添加的部分便是高等思维发生的地方。埃丁格认为，鸟类缺乏产生复杂行为必备的部分。它们的大脑里没有上面那层弯曲折叠的部分，只有平滑的“下层脑”，几乎完全是由象征着古老而低等的爬行类的一簇簇神经元组成。因此鸟类基本上只有本能（内建的、反射性的行为），不具备高等的智力。

埃丁格为这些构造取的名字，反映了他的错误认识。他用paleo-（最老的）和archi-（古老的）前缀为这两个鸟脑的构造命名，用neo-（新的）这个前缀为哺乳动物大脑中的部分构造命名。鸟类的旧脑因此被称为paleoencephalon，即现在的“基底核”，而neoencephalon则是现在的“新皮层”。这种称呼暗示鸟类的大脑比哺乳动物的原始，从而使人们很大程度上轻视了鸟类的心智能力。而这便是语言文字的力量。人类喜欢给事物命名，而所取的名称，往往会影响我们对事物的看法，以及我们认为值得做的实验。这也使得科学界长期缺乏从事有关鸟类学习行为方面的智力研究的兴趣。

这是一个新的三段式推论：

- 新皮层是智力所在。
- 鸟类没有新皮层。

• 因此，鸟类智商很低，甚至根本谈不上有智商。

埃丁格的观念流行了100多年，一直到20世纪90年代为止。到

56 了60年代末期，哈维·卡滕等科学家开始深入研究鸟类和哺乳动物的大脑。他和研究团队仔细研究不同动物大脑里的细胞、细胞回路、分子、基因，比较其中的异同。此外，他们也检视了胚胎发育的情况，了解大脑不同区域的发育顺序，并探究神经元的连接方式。

他们的研究成果完全颠覆了埃丁格的理念。原来鸟类的大脑并非原始的、不发达的。它们已经脱离哺乳动物，独自演化了3亿年以上，因此它们的大脑看起来和哺乳动物不一样。事实上，鸟类的大脑也有类似皮质的复杂神经系统，所以它们能够做出复杂的行为。在鸟类学中，该系统被称为背侧室嵴（简称DVR），它和哺乳动物的皮质一样，都是源自胚胎脑部发育过程中一个叫作大脑皮层（在拉丁语中意为“大披肩”）的地方，之后才逐渐成熟，形成和哺乳动物的大脑皮质结构完全不同的组织。

与此同时，科学家们做的实验也相继证实鸟类的确能够做出复杂的行为。例如鸽子擅长区分有人的图片和无人的图片，无论图片里的人是否穿了衣服；非洲灰鹦鹉擅长把数字相加，给物品分类；有几种鸦科的鸟类能够记住其他鸟隐藏食物的地点。

然而，尽管有了这些突破，人们对鸟类的大脑仍然存在偏见。其中一个原因便是埃丁格为鸟类大脑区域所取的错误名称。

到了2004年和2005年时，总算有人出来为鸟类大脑正名。当时，由29位神经解剖学家组成的国际研究团队，在两位神经生物学家——杜克大学的埃里希·贾维斯和田纳西大学的安东·赖纳的领导下，发

表了一系列的论文，彻底推翻了埃丁格的论点，并改写了他为大脑各个区域所取的那些不合时宜的名称。(这是一件非常困难的事情。据一位参与此事的有关人士形容，要让这些鸟类专家建立共识，简直就像是让一群猫走在一起一样困难。) 这个鸟类大脑命名委员会不仅为鸟脑的各个部位取了更通俗易懂的名称，还说明了这些部位相当于哺乳动物大脑中的哪些区域，从而让鸟类生物学家能够和哺乳动物生物学家谈论这两类生物极为相似的大脑区域。

57

贾维斯指出："我们的前脑大约有75%是皮质。鸟类也是如此，尤其是那些鸣禽和鹦鹉。它们的'皮质'和我们一样多，只不过结构和我们的不同。" 哺乳动物的新皮质中的神经细胞分成6层，层层相叠，就像甲板一样，而鸟脑中类似皮质的组织是一簇一簇的，就像蒜瓣一样。但这些细胞基本上和哺乳动物并没有什么不同，也能够快速并重复放电，而且它们运作的方式也同样复杂、灵活，而且懂得变通。此外，它们用来传递信号的神经递质也和哺乳动物相同。但最重要的一点也许是：鸟类大脑中的神经回路 (连接大脑中不同区域的路径) 和哺乳动物的大脑相同，而实验表明，这样的神经回路是产生复杂行为的必要条件。事实上，真正决定智力高低的是脑细胞之间的连接方式。从这方面来看，鸟类大脑和人脑并没有太大的差异。

艾琳·佩珀伯格用电脑类比二者之间的差异。她说，哺乳动物的大脑就像是PC (个人计算机)，而鸟类大脑就像苹果电脑，二者处理信息的方式不同，但结果类似。

贾维斯指出，重点在于产生复杂行为的方式并非只有一种，"哺乳动物有那些属于它们的方式，鸟类也有属于自己的方式"。

以工作记忆为例 (这是那只名叫007的新喀鸦在解决八步谜题的挑战中所展现的认知能力之一)，这种记忆又被称为暂存式记忆，指的是在解决一个问题时能够暂时记住一些事情的能力。正是因为有了这种记忆力，我们才能在打电话时记住电话号码，007也才能在完成诸多步骤的同时，记住自己的最终目标。

58 鸟类和人类使用工作记忆的方式似乎非常相像。在人脑中，工作记忆发生于那一层层的皮质。但鸟类并没有分层的皮质，那么乌鸦的大脑该如何储存这些临时信息呢？

为了找到答案，德国图宾根大学神经生物学研究所的安德烈亚斯·尼德和他领导的研究小组，教导四只小嘴乌鸦（*Corvus corone*）玩一种配对的游戏（这是一种考验记忆的游戏，玩家必须在心中记住某张图片，并找出另外一张一模一样的图片）。他们让这些乌鸦看一张随机选出的图片，并要求它们从四张图片中挑出一张与之相同的（因此这些乌鸦必须记住这些图片1秒钟），找到后就用它们的喙轻轻地敲一下那张图片。回答正确的乌鸦，可以得到一只面包虫或一颗饲料。当这些乌鸦在答题时，研究人员便观察它们的脑内电波。

结果这些乌鸦表现出众，轻而易举地完成了配对任务，动作十分熟练。那么它们的大脑里发生了什么事情呢？当乌鸦看到最初的图像时，它们脑内的一个叫作弓状皮质尾外侧的区域（相当于灵长类的前额皮质）有一簇细胞（多达200个）启动了，而当它们在寻找配对图片时，这个部分仍然处于活跃状态。人类之所以能够在执行一项任务时记住相关的信息，也是因为我们有同样的机制。

因此，很显然没有层层叠叠的皮质的大脑也能够产生工作记忆。人类和鸟类“唯一的不同点，仅仅是人脑里有处理语言的部分”，德国波鸿鲁尔大学的神经科学家奥努尔·京蒂尔金表示，“二者的神经产生工作记忆的过程似乎相同”。

至此，鸟类总算得到了人们的尊敬。它们的大脑或许比较小，但心思绝不狭隘。

因此，我们要问的也许不是“鸟类是否聪明”，而是“它们究竟为何这么聪明”，尤其是在鸟类有飞行的需求，大脑不能太大的情况下。在演化过程中，是什么因素使得它们如此聪明？

相关的理论很多，但主要有两个。一派观点认为，鸟类大脑之所以变大，认知能力增强，是由于它们必须应对生态环境的挑战，尤其是与觅食有关的问题。例如，它们要如何面对严寒季节的挑战？要如何确保自己一年到头都能找到足够的食物？要如何记住自己把种子藏在了哪里？要如何获得难以取得的食物？一般认为，生活在严酷或者动荡环境中的动物具有较强的认知能力，更善于解决问题，也更愿意探索新的事物。

59

另一派观点认为，鸟类在社会压力的驱使下，演化出了灵活、聪明的大脑。这些社会压力包括和别的鸟相处、占领地盘及捍卫地盘、应对窃贼、找到配偶、照顾后代、分担责任等。(即便是野生鹮在迁徙途中也会轮流带队飞行，显示它们已经演化出相应的社会认知能力，即它们了解互利互惠的概念，这样全体都能从中获益。)

还有一种理论（最早由达尔文提出）认为，动物的认知能力是物竞天择的结果，也是性选择的产物。挑剔的雌鸟是否决定了某种特定鸟类的智商呢？

我们还未完全找到上述问题的答案，但乌鸦和松鸦、嘲鸫和燕雀、鸽子和麻雀都提供了一些吸引人的线索。

60

第三章

天生怪才

——鸟类制造工具的奇观

一只名叫阿蓝的鸟有麻烦了。此刻它站在鸟舍里的一张桌子上，旁边放着一根塑胶管，里面塞了一块肉。可惜阿蓝的喙够不到这块肉。阿蓝就像007一样，也是一只新喀鸦，这种鸟以善于制造工具解决问题而著称。

阿蓝打量着眼前的局势，在管子周围跳来跳去，不时转动头部，朝管子里面看看。接着它飞到鸟舍的地板上，把散落在那里的各色物品啄了又啄（包括树叶、小树枝和一两件塑料制品），可惜那里并没有它想要的东西。接着它飞到了桌子上，来到一只罐子旁边，罐子里插着一把杂乱的树枝。阿蓝停下来，抬头左看看，右瞧瞧，思量着有哪些东西可以用。最后，它挑选了一根细小的树枝，把它从主干上折下来，然后又有条不紊地把小树枝的杈子悉数折断，制成一根又直又长、十分趁“口”的棍子。它把这根木棍伸进管子里去戳那块肉，很快便把肉取了出来。

阿蓝干净利落地用树枝制作了一件完美的小工具，这一幕真让人惊叹不已。在野外，新喀鸦能够使用小树枝、树叶边缘和其他材料做出精巧的工具，把藏在倒木树洞里，树皮或叶子背面，叶柄及各种缝隙、孔洞里的幼虫或昆虫挖出来。新喀鸦还会随身携带这些工具，表

63

明工具在它们眼里很重要；它们如果发现一件工具好用，还会把这件工具留下来以供日后使用。

鸟类怎么会创造出这么好用的工具，而且还能想到重复利用呢？这样的行为可谓离奇。许多动物都能够使用工具，但能做出如此精巧的工具的却很罕见。事实上，据我们所知，地球上只有4个物种能够制作复杂工具以供自己使用，即人类、黑猩猩、红毛猩猩和新喀鸦，而会把自己制作的工具保留下来供日后使用的物种就更少了。

阿蓝的表现也许能够证明一个猜想：鸟类之所以如此聪明，是因为它们必须解决在环境中遇到的问题，尤其是如何从难以接近的地方获取食物。这一猜想叫作科技智能假说。也就是说，生态环境的挑战，会促进鸟类演化出高智商。

在英国俚语中，boffin意思是“科技极客”，指代在某个特殊领域里的奇才。新喀鸦就是其中之一。它使用工具的能力，其他鸟类都比不上，而它制造工具的能力，甚至可以媲美黑猩猩和红毛猩猩这样的灵长类动物。

这样的能力为何重要？会使用、制造工具意味着什么？

以前我们认为，制造和使用工具的能力代表着高智商或复杂的认知能力，就像语言或意识一样，是人类专属的能力。我们认为要使用工具的前提是具备相应的理解力，包括因果推理、理解因果关系等，而这是人类独有的能力，这种能力在人类演化和发展的道路上扮演了重要角色，因此人类变得如此特殊。本杰明·富兰克林把人类称为*Homo faber*，即“制造工具的人”。根据奥克兰大学的亚历克斯·泰勒和罗素·格雷的说法，我们所发明的各类工具“代表着人类的全部历史。石斧、火、衣服、陶器、轮子、纸张、混凝土、弹药、印刷机、汽车、原子弹、互联网等工具的制造，掀起了一次又一次的社会革命，因为每一种发明都改变了人类与环境或他人互动的方式”。[64]

当珍·古道尔发现坦桑尼亚的贡贝国家公园里的黑猩猩也能使用工具后，“只有人类才会使用工具”这种观念就过时了。此后，科学家们又发现红毛猩猩、猕猴、大象，甚至昆虫都会使用工具。雌性地蜂会用上颚咬住一颗小石头捶打地道口的土壤和石块，从而将地道封住。织叶蚁会以自己的幼虫为工具，建造并修补它们那坚固的蚁穴。它们的工蚁会拿着那些吐丝的幼虫来回穿梭，用吐出来的丝把蚁穴里的树叶粘在一起。不过，会使用工具的动物还是非常少见。据文献记载，只有1%。

长期以来，人们一直认为灵长类动物是最擅长使用工具的动物，但在过去的10年里，新喀鸦的表现使得它们有资格挑战这一称号。这是很了不起的成就，尤其是在灵长类动物使用的工具如此繁杂的情况下。就以红毛猩猩来说，它们所需要的工具包括牙签、洁牙器、自慰器、用以抵御捕食者的投掷物、用叶子做的餐巾、用苔藓制成的海绵、用多叶的树枝做成的扇子和勺子、铲子、钩子、清洁指甲的工具和蜜蜂防护器具（用树枝或叶子覆盖在身上以防止蜜蜂叮咬）等。此外，黑猩猩也会巧妙地把三根棒子或竹竿绑在一起做成“钉耙”，用来扒东西，或者把树叶做成盘子，然后再做成水杯。

即便和这些聪明的灵长类动物相比，新喀鸦仍然显得很突出。它们或许无法像黑猩猩或红毛猩猩那样制造并使用如此之多的工具，却能够用许多种不同的材料，精确地制造出长度和直径都符合自己需要的工具，并把工具加以修改，用来解决新的问题。它们也会创新，并且会依照先后次序使用工具，例如影片中那只解开了八个步骤谜题的007，就会先用一件短的工具取得一件较长的工具，以便用来拿取食

物。但最令人印象深刻的是，它们会制造并使用钩状的工具。除了人
65 类之外，它们是唯一能够这么做的动物。

我第一次在野外看到新喀鸦使用工具，是在新喀里多尼亚岛的南部，从福卡罗到法里诺的一条很陡的坡旁边。当地政府不久以前才在这条路的高地上修建了一道精巧的木头护栏，吸引了许多游客从公路前来此处观赏山林美景，以及莫安杜海湾湛蓝的海水。但在4月的一个清晨，那里的鸟儿比游人还多。

亚历克斯·泰勒之所以带我前往那里，是想让我见识那些乌鸦在早晨觅食时把坚果敲开的场景。这些鸟每天的作息很有规律，就像是朝九晚五的上班族：从黎明开始一直到上午（视气温而定），它们会十分活跃。中午时分有一段午休时间。从下午开始，它们又会变得活跃，一直到黄昏为止。

"现在它们正在认真地觅食。"泰勒解释说，"这是一天当中，它们难得愿意冒险的时候。"

果然，我们看到了新喀鸦的四五个家庭在道路下方的灌丛里活动。它们不停地穿梭在枝杈间，小声地叫着"wak-wak"。刚才有人从路边丢了一堆垃圾下去，这时它们在这堆垃圾里挑挑拣拣。

新喀鸦就像老鼠和人类一样，是杂食性动物，喜欢以各种动植物作为食物，包括昆虫及其幼虫、蜗牛、蜥蜴、腐肉、水果、坚果、人类丢弃的剩饭剩菜。此刻，这里可以吃的东西实在太多了，所以这些乌鸦似乎不大可能会费事地把坚果敲开。它们爱吃的坚果来自石栗树（这种树上长有多汁的甲虫幼虫，乌鸦们会用工具把它们挖出来吃掉），颇为坚硬，很难敲开。但没过多久，我们身后的路面便传来一阵刺耳的声
66 音。我们转身一看，好几只乌鸦停在路边的几棵树上。其中一只栖息

在悬垂于路面上方的一根枝杈上。只见它把石栗树的栗子扔到了地上，等栗子啪的一声裂开后，便飞下来把碎壳里的果仁叼走。

新喀鸦不仅会用这种方式敲开坚果，有些比较讲究的，还会用同样的办法把蜗牛壳敲开。这种蜗牛（*Placostylus fibratus*）是新喀里多尼亚本地的稀有种类。新喀鸦们会把这种蜗牛砸在雨林里干涸的溪流岩床上，从而吃到里面鲜美的蜗牛肉。

许多鸟类会用类似的方法敲开坚果、贝壳和蛋。加拉帕戈斯群岛的吸血地雀（*Geospiza septentrionalis*）会用喙抵住地面，再用双脚把巨大的鲣鸟蛋朝着岩石的方向用力踢，让蛋壳裂开，或者让它滚落到悬崖底下。澳大利亚的黑胸钩嘴鸢（*Hamirostra melanosternon*）会用石头砸向鸸鹋的巢，白兀鹫（*Neophron percnopterus*）则会用石头来砸鸵鸟蛋。小嘴乌鸦遇到特别坚硬、扔到地上也砸不开的坚果（例如胡桃）时，会利用路过的车辆来把坚果碾开。有一部现在很火的视频，主要讲的是日本某座城市的小嘴乌鸦。视频中有一只乌鸦停在斑马线上方。红灯亮时，它便会把坚果放在斑马线上，然后飞回原地等待。绿灯亮起后，如果经过的车辆把那颗坚果碾开了，它就会等红灯再次亮起时，飞下来叼走里面的果仁。如果坚果没有被碾开，它就会把坚果放到别的地方。

严格意义上说，把食物摔在坚硬的地面或者石头上，并不算是使用工具的行为。但这里的新喀鸦玩出了新花样。我们看到马路的另一边有一只乌鸦停在刚建好的木头栏杆上。它把一颗坚果丢进栏杆上一个嵌着大金属螺栓的圆洞里，将坚果卡在洞口和螺栓之间，如此它便可以把裂开的坚果固定住，从而用喙撬开它，吃到里面的果仁。真是太聪明了！

除了新喀鸦以外，其他一些鸟类也会使用在附近找到的工具。只要阅读相关的鸟类期刊，或者罗伯特·舒梅克写的那本精彩的《动物使用工具行为纲要》，就能看到一些有趣而令人惊讶的故事——鸟类如何用找到的物品来盛水、挠背、擦身子、引诱猎物等。例如，有一只白鹳（*Ciconia ciconia*）会衔着一团潮湿的苔藓，拧出其中的水，喂到幼鸟的喙里。非洲灰鹦鹉会用烟斗或瓶盖从盘子里舀水。一只短嘴鸦会用飞盘装水，把已经干了的食物弄湿，另一只短嘴鸦会把塑料弹簧玩具衔到自己的栖木上，再用弹簧上未固定的一端给自己的头挠痒痒。曾经有一只吉拉啄木鸟（*Melanerpes uropygialis*）用树皮做了一只木勺，用来舀蜜蜂，以便带回家给幼鸟吃。还有一只冠蓝鸦以自己的身体作为餐巾，把蚂蚁身上有毒的蚁酸擦干净，让这些蚂蚁适合食用。

67

还有一些鸟会用某些物品当武器。在俄克拉何马州斯蒂尔沃特镇，一只短嘴鸦看到一位科学家试图爬到它的巢时，便把三颗松球扔到他的头上。俄勒冈州有两只渡鸦也采取了类似的手段应对两位想要接近幼鸟的研究人员，只不过用的武器更加坚硬。“一颗高尔夫球大小的石头掠过我的脸颊，落在我的脚边。”其中一位科学家写道。研究人员以为那是一只栖息在鸟巢上方悬崖的渡鸦不小心把石头踢了下来，但后来他们看到一只渡鸦嘴里衔着一颗石头。只见它迅速地把头一甩，便把石头向目标扔了过来。接着，它又连续丢了六颗石头，其中一颗砸到了一位科学家的腿部。石头上的痕迹表明，这颗石头原本是半埋在土里的，但被那只渡鸦挖了出来。

此外，有好几种鸟会用一些物品当诱饵，以此吸引鱼上钩。美洲绿鹭便是其中的佼佼者。它们会利用面包、爆米花、种子、花朵、活体昆虫、蜘蛛、羽毛，甚至鱼饲料来引诱鱼。穴小鸮（*Athene cunicularia*）喜欢用粪便作为诱饵，把一块块的粪便撒在巢穴的入口，然后一动不动地守在那里，就像埋伏在暗处的强盗一般，等待不知情的蜣螂落入它们设下的陷阱。

鸦科鸟类会用喙衔着剥落的树皮，把树干或树枝上的皮撬起来，以便吃到底下的虫子。有人曾看到一只栗背山雀（*Poecile rufescens*）用一根刺把喂食器中的种子挖出来吃。此外，有些鸟也会利用木棒和各种或粗或细的树枝。例如，棕树凤头鹦鹉（*Probosciger aterrimus*）常常用树枝当鼓槌，敲击空心的树干，以便宣告自己的地盘，或让雌鸟注意到一个可以用来生育幼鸟的树洞。小葵花鹦鹉（*Cacatua sulphurea*）和非洲灰鹦鹉会用树枝抓挠背部、头部、颈部、喉部。此外，还有人看到一只白头海雕用喙衔着一根木棒捶打一只乌龟。最罕见的例子是，有人看到一只乌鸦和一只松鸦在争抢种子时，把树枝当作刺刀来攻击对方。 68

最后这个例子是第一个鸟类以物品作为武器攻击另一只鸟的文献记录，因此值得说明一下。不久前的4月的一个清晨，鸟类学家罗素·贝尔达在亚利桑那州弗拉格斯塔夫市观看一只短嘴鸦悠闲地在一座平台上进食。那里每天都有种类丰富的种子供当地的鸟类食用。暗冠蓝鸦（*Cyanocitta stelleri*）也是其中之一，它们常常前往该地，把这些唾手可得的种子叼走，拿到附近储藏起来。这天早上，一只暗冠蓝鸦显然对另一只短嘴鸦慢条斯理的进食速度很不满，于是便开始对这只体形比它还大的短嘴鸦叫嚷，并从空中朝着它俯冲下来，想要把它赶走，但却无功而返。于是暗冠蓝鸦只好飞到附近的一棵树上，使劲地用喙拉扯一根枯树枝上的细枝条。好不容易把这根枝条折断，它便用喙衔着枝条的钝端（尖端朝外）飞回平台上，像使用长矛一般挥舞着细枝条，向着那只短嘴鸦刺了过去，不过偏了1英寸（约2.5厘米），没有刺中短嘴鸦的身体。当短嘴鸦返回时，它便把细枝条丢到地上。接着，短嘴鸦把枝条捡了起来，尖端朝外，又刺向了暗冠蓝鸦。暗冠蓝鸦飞走以后，短嘴鸦还衔着细枝条穷追不舍。

上述多为偶发性的鸟类使用工具的例子，但除了新喀鸦以外，还有少数几种鸟类也经常性地使用工具，其中便有加拉帕戈斯群岛上的拟䴕树雀 (*Cactospiza pallida*)。

当年达尔文在加拉帕戈斯群岛发现了许多种燕雀。这些燕雀为了获取群岛上丰富的食物资源，各自演化出不同形状的喙，拟䴕树雀便是其中之一。这种树雀体形较小，胸部呈暗黄色，有着镐一般的喙，强劲有力，能够凿开树皮和陈木，让躲在里面的幼虫和甲虫无处可藏。它们凿洞时，会有薄木片掉下来，拟䴕树雀便用这些木片伸进它们的喙够不到的树洞或缝隙里，看看里面是否有虫子。此外，它们还会用小树枝、叶柄或仙人掌刺把节肢动物从隐秘的角落或裂缝里拉出来。维也纳大学行为生物学家萨拜因·特比希15年来一直在研究拟䴕树雀，她发现只有那些住在气候干燥多变、食物稀少的栖息地的拟䴕树雀才会使用工具，而且它们在觅食的时候，有一半的时间会这么做。而那些居住在相对潮湿、食物丰富且易得地区的拟䴕树雀就很少使用工具。

69

特比希是通过实验研究鸟类如何学会使用工具的先驱。她发现拟䴕树雀天生就有使用工具的能力，并不需要成鸟教导。当然，在经过不断磨炼之后，它们的技巧会越发娴熟。

特比希观察她抓来的一只鸟，以便了解它是如何逐渐掌握使用工具这一技能。这只拟䴕树雀叫作维士，是她在圣克鲁斯岛上的一棵树菊属的大树上发现的。当时这只拟䴕树雀才出生几天，腿部被蝇幼虫不断叮咬，无法动弹，只好栖息在枝杈间一个由苔藓和草编织成的半球形鸟巢里。接下来的几个月，它一直留在达尔文研究站里，由那里的几位科学家负责照顾。其中两位以生动的文笔记录了它的成长历程。

起初，这只拟䴕树雀对周围物品兴趣寥寥，但到了2个月大的时候，它就开始折腾花茎和小树枝，把它们含在喙里玩弄。没过多久，好奇心便驱使它探索周遭事物。它会拽纽扣、咬铅笔、把科学家的一缕头发从宽边软帽的透气小孔里拉出来，还会用喙和其他工具把别人的脚趾掰开，检查别人的耳朵和耳环。到了3个月大的时候，它便能够熟练使用各式各样的工具来探索某个缝隙，包括小树枝、羽毛、水磨玻璃的碎片、木片、贝壳碎片以及大青草蜢的后腿。它还把一根小树枝插进了袜子和靴子之间。

“维士一看到有裂缝的地方好像就要把它掰开，”记录员写道，“连人脸都不能幸免。它飞到科学家的脸上，抓着鼻梁，然后又倒悬着观察鼻孔。如果那个人的脸上长了胡子，它可能会停在胡须上，好像站在长满苔藓的树干上一般。接着它把喙伸进那人的嘴唇中间，迫使他把嘴巴张开。如果嘴巴张开了，它便用喙尖检查他的牙齿。”

70

特比希和她的同事最近观察了两只野生拟䴕树雀（一只是成鸟，另一只还未成年）的创新过程：它们发现了一种新的工具，对其进行修改以后让它变得更好用。那只成鸟从黑莓树丛里折下来好几根带刺的小树枝，把上面的叶子和杈子去除，并且让树枝上的刺朝着正确的方向，以便当工具使用，从而有效地将猎物（节肢动物）从树菊的树皮底下掏出来。另一只亚成鸟先在一旁观摩，不久也有样学样地用这个工具捕食。

除了拟䴕树雀以外，也许还有其他鸟类比我们想象的更善于使用工具，只是尚未被发现而已。以戈氏凤头鹦鹉（*Cacatua goffiniana*）为例，这种鹦鹉原产于印度尼西亚塔宁巴尔群岛的热带旱林里，体形小巧、浑身雪白，冠羽像是“主教帽子”一般，以好奇、爱玩著称。被关在室内时，它们十分擅长开锁。尽管从未有人看到野生的戈氏凤头鹦鹉使用工具，但维也纳大学的阿莉塞·奥尔施佩格和她的团队曾目击到一只名字叫费加罗的被关起来的戈氏凤头鹦鹉，用喙从笼子的木梁上撕下几片细长木片，用来把它原本够不着的一颗坚果扒进笼子里。在之后的几次实验中，研究人员发现费加罗会使用不同的材料和方法制造出棒状的工具，并做出必要的调整，从而拿取它够不着的坚果，而且从未失手。

然而，据我们所知，就野外制造工具的能力而言，没有任何一种鸟能够匹敌新喀鸦。

几年前，圣安德鲁斯大学的克里斯琴·鲁茨和他的研究团队在野外的7个地点架设了动作感应摄像机，拍摄乌鸦使用工具的详细情景。
71
在大约4个月的时间里，一共拍摄到300次乌鸦到访的画面，以及150次乌鸦使用工具撬出树皮下的幼虫的情景。那些乌鸦灵巧得难以置信，它们捕捉幼虫的方法和珍·古道尔在贡贝国家公园看到的黑猩猩捕食白蚁的手法很像。乌鸦反复用工具去戳幼虫，直到幼虫用上颚紧紧咬住工具的末端。接着它们轻轻地挪动工具，轻柔地左右拍打，将幼虫带到树皮表面，然后再小心翼翼地把工具抽走，以免让猎物跑掉。这听起来好像很容易，其实不然。即便手指灵巧的人类，也不一定能办得到，鲁茨和同事就曾经亲自尝试，结果发现这需要有“相当强的感知运动控制能力”，而且“很难做得好”。

谈到制作工具方面的能力，能够媲美或超过新喀鸦的动物，只有黑猩猩和红毛猩猩。这两种灵长类动物虽然厉害，但也无法制造钩状的工具。况且，乌鸦所能制造的钩状工具还不止一种，它们可以分别用树木的细枝和露兜树带刺的叶缘，制造出两种不同的钩子，这简直是在炫技。

在用小树枝做钩子时，它们会选一根叉状的树枝，把其中的一侧弄断，再从分叉处下方把另外一侧折断。然后新喀鸦把所有旁枝都去除，再用剩下的一小段树枝做成一个小钩子，并将钩子的尖端磨利，直到它适合用来把小虫子挖出来为止。

至于以露兜树做成的工具，则是用露兜树那有刺的带状树叶制成，共有三种样式——宽的、窄的和阶梯状的。根据亚历克斯·泰勒的说法，阶梯状的版本是最复杂的，它的顶端又宽又坚固，很好抓握。下面逐渐变窄，末端又细又可以弯曲，适合用来探测虫子。要制作这种钩子，手法必须精准，而且步骤颇为繁复。要先在叶子上撕开一个小口，然后将同侧的叶缘撕开，再在另外一处开个小口，并从那里撕开。如此连续几次，最后的成品看起来很像是一把小小的锯子，可以用来把藏在角落和裂隙深处的蚱蜢、蟋蟀、蟑螂、蛞蝓、蜘蛛等无脊椎动物钩出来。

72

值得注意的是，乌鸦们在开始用露兜树的叶子制造钩子之前，就已经先决定了钩子的形状和样式。这点和其他动物制造工具（例如黑猩猩制造刷子）的程序不同。它们先在叶子上把整个钩子做好，然后才将它从叶子上撕下来用作工具。有些科学家认为这点显示新喀鸦可能是根据它们心中的某个范本制作这种钩子。

还有一件很酷的事情：乌鸦把工具取下来之后，会在叶子上留下一个形状一模一样的印子，也就是这个工具的“副本”。奥克兰大学的加文·亨特和罗素·格雷研究了他们在新喀里多尼亚岛上的几十个地点所看到的5 000多个“副本”的形状，结果发现每个地方的工具形状都不太一样，而且似乎已经留传了几十年。有些地方的乌鸦喜欢宽钩子，有的地方则以窄钩子为主，但最普遍的则是阶梯式的钩子。亨特指出，新喀里多尼亚岛附近的马雷岛的乌鸦只做宽钩子。换句话说，每个地方的乌鸦所制造的工具似乎各有特色，而且代代相传。

这种地方特有工具样式的传承表明，乌鸦有它们自己的文化。

此外，亨特认为，已有证据显示新喀鸦所制造的工具一代比一代进步。这使得它们成了到目前为止，我们所知道的唯一展现出“累积性技术变迁”的非灵长类物种。在新喀里多尼亚岛，大多数地区的乌鸦只制造阶梯式的钩子，而这是所有用露兜树叶制造的钩子当中，样式最复杂的一种。“我想一只乌鸦如果从来没有用露兜树叶制造工具的经验，它应该会先从比较简单的形式开始，之后才能做出阶梯式的钩子。”亨特说。然而，这些地方的露兜树叶子上，却看不到任何比较简单的形式。“这些乌鸦似乎从没有做过样式原始的简单工具。”亨特说，“它们似乎一开始就能做出最复杂的样式，就像人类不需要从最简单的样式开始，便能直接做出最新型的工具一样。”这当然只是间接的证据，但亨特表示：“在缺乏绝对证据的情况下，我们往往会接受证据相对不充分的说法。”在他看来，现有的证据表明，新喀鸦用露兜树制造工具的技术，是经过世世代代逐渐改良而成的。

73

不过，克里斯琴·鲁茨认为，目前还没有充分的证据支持这一说法，需要进一步的研究。但新喀鸦似乎确实懂得如何使用它们的钩状工具，这显示这些工具有可能是经过一代代的改良而成。鲁茨和他的同事詹姆斯·J. H. 圣克莱尔利用从野外捉来的新喀鸦做了一组实验，结果发现这些乌鸦会注意钩子在工具的哪一端，而且使用时的方向都很正确。他们在研究报告中写道，这“意味着它们的工具可以用上一段时间”。也就是说，就算它们不记得自己把工具放下时，钩子是朝着哪一个方向，它们还是能够再次加以使用。同时，它们也能使用别的鸟类所丢弃的工具。"这可能是乌鸦族群之所以能有社会学习行为，并且能传播有关工具信息的关键因素。"鲁茨和圣克莱尔表示。除此以外，他们也认为新喀鸦所制造的工具之所以会变得越来越复杂，正是因为它们能够区分工具的哪个部分是有用的，并且稍微加以改良。

鸦科动物大约有117种，和新喀鸦一样居住在热带地区并且同样聪明的乌鸦不在少数。为什么偏偏只有它们成了使用工具的能手？是什么因素使得它们拥有如此特别的能力？是新喀里多尼亚岛有特殊之处，还是新喀鸦特别与众不同？

从任何一个角度来看，新喀里多尼亚岛都是一个不可思议的地方。它位于新西兰和巴布亚岛之间，地处偏远、面积狭小，只有220英里（约354千米）长。从空中俯瞰，岛上有苍翠的高山、莹白的海滩和碧蓝的潟湖，看起来就像其他太平洋岛屿（例如夏威夷、巴厘岛或附近的瓦努阿图）一样，是由火山喷发而成的。但事实并非如此，它不像上述岛屿那般年轻，也不是火山喷发而成，而是由远古的冈瓦纳大陆演变而来，位于6 600万年前和澳大利亚分开而且几乎完全淹没在大海中的西兰蒂亚大陆的最北端。它一直位于海平面底下，一直到3 700万年前才露出水面。 74

新喀里多尼亚岛是我所到过的最安静的地方之一，它的陆地面积大致相当于新泽西州，人口却不到后者的3%。因此岛上有许多地方几乎是渺无人烟，岛上的人口中有五分之二是当地的原住民卡纳克人，而来自欧洲、以法裔为主的白人占了大约三分之一，其余则是一些来自附近岛屿的民族。岛上的道路空旷，上面经常可以看到有着鲜红的喙和紫色胸羽、体形硕大的黑背紫水鸡（*Porphyrio melanotus*）。此外，岛上四处都是参天的"库克松"，这种细高的松树是因著名的探险家詹姆斯·库克船长而得名。库克船长是最早来到新喀里多尼亚岛的欧洲人之一。1774年，当船驶近这座岛屿时，他和船员看到“一大片高高的东西”，于是互相打赌它们究竟是树木还是石柱。库克松所属的科的植物往往被称为活化石，因为它们看起来很像是恐龙时代遍布地表的古老常青树。岛屿中央有一系列的山脉，东边的山坡上是一座座苍翠的原始雨林。在昏暗的雨林中，住着幽灵般的鹭鹤，这种鸟可能是冈瓦纳大陆时期的残存物种。

新喀里多尼亚岛上一度密布原始雨林，但如今只剩下零星的几座。不过此地的生态仍然极为多样化，光是昆虫的种类就超过2万种，包括70多种原生的蝴蝶和200多种蛾。岛上的植物约有3 200种，其中四分之三是其他地方都看不到的当地特有种。因此，科学家们往往认为，新喀里多尼亚岛的植物本身就自成一个亚区。

除此以外，岛上也有许多巨大的生物，其中包括体长14英寸（约35.6厘米）、被称为“树林中的魔鬼”的大壁虎，以及体长达23英寸（约58.4厘米）的蜥蜴。此外，这里还有一种会呼吸空气的陆栖大蜗牛（*Placostylus fibratus*），它的身体足足有5英寸（约12.7厘米）长。另外，被当地人称为“诺特”的巨皇鸠（*Ducula goliath*），更是全世界最大的树栖鸽子，体重可达2.2磅（约998克）以上，大约是一般原鸽的2倍。另有一种不会飞的新喀里多尼亚秧鸡（*Porphyrio kukwiedei*），体形有一只火鸡那么大。一种不会飞的新喀里多尼亚巨塚雉（*Sylviornis neocaledoniae*）体形也很大，可以长到5.5英尺（约1.68米）长，66磅（约29.9千克）重。

75

岛屿上往往会有一些奇特的品种。除了超大型的生物之外，也有各式各样体形超小、外观艳丽或怪异的品种。我曾在婆罗洲的雨林中，见过一只寿带（*Terpsiphone paradisi*）雄鸟。它的体形只有歌鸲那么大，尾部却垂着一对长得出奇的中央尾羽，这两根尾羽是乳白色的，足足有1英尺长。当它们掠过那片翠绿的林木时，看起来就像风筝的尾巴。

岛屿如同有护城河环绕的城堡，是演化实验的大本营。内部的竞争不像在大陆上那么激烈，掠食者也比较少，因此生物在演化过程中所做的实验，不致太过迅速或残酷地受到惩罚。其中包括行为方面的实验，例如工具的使用等。(难怪除了新喀鸦之外，地球上唯一会经常使用工具的鸟类就只有加拉帕戈斯群岛的拟䴕树雀。)

根据鲁茨和他的研究团队的说法，新喀鸦很可能是在3 700万年前这座岛露出海面之后的某个时期来到这里。在位于岛上莫安杜区的梅欧黑山洞里，曾经挖出这种乌鸦的头骨和骨头的化石，但因为这些遗骸只有几千年的历史，因此并不太能让我们了解新喀鸦更早的演化过程。

鸦科的鸟类是在几千万年前分成不同的谱系，但新喀鸦这一系的历史可能没有那么悠久。鲁茨认为，这种乌鸦的祖先在来到新喀里多尼亚岛之前，很可能在海上飞行了许久，而且它们很可能来自东南亚或澳大拉西亚。现代的新喀鸦不太会飞，往往只能在各个栖木之间做短距离的飞行，当它们必须飞到较远的地方时，动作往往缓慢而吃力。但鲁茨认为，它们的祖先既然能够来到这座小岛，就表示它们当时可能很善于飞行，要不就是运气很好。此外，它们很可能是在几百万年前来到这座岛屿之后，才逐渐演化出制作和使用工具的高超能力。

76

新喀里多尼亚岛上有许多有营养且多汁的猎物，它们藏在看不到的地方，等着那些够聪明的动物发掘。其中包括天牛的幼虫和一些会钻进木头深处的无脊椎动物。这类幼虫富含蛋白质以及营养丰富的脂质。根据鲁茨的说法，一只乌鸦一天只要吃几只幼虫，就可以满足营养需求。除了食物来源丰富之外，会和这些乌鸦竞争食物的动物也不多。因为岛上既没有啄木鸟，也没有猴子、猿、指猴、条纹袋貂或其他善于从洞里挖掘食物的动物。

至于天敌，无论在地上还是天上，新喀鸦的对手都不多。岛上确实有一些会飞的掠食者，如啸鸢（*Haliastur sphenurus*）、游隼（*Falco peregrinus*）和白腹鹰（*Accipiter haplochrous*），但一般认为这几种鸟通常都不致对它们构成威胁。此外，岛上几乎没有蛇（只有会挖地道的盲蛇，但它们都住在邻近主岛的小岛上），也没有原生的肉食性哺乳动物，只有9种本土的蝙蝠（它们是许多雨林树木主要的种子传播者）。当年库克来到这座岛屿时，根据他心爱的苏格兰的一个地区的名字，将该岛取名为新喀里多尼亚岛，并带来了两只狗，作为送给卡纳克人的礼物。但这并不是个好主意，如今岛上到处都可以看到猎狗和其他入侵物种，例如猫和老鼠。那些狗已经杀死了许多鹭鹤，但对乌鸦倒不构成什么威胁。

竞争对手和掠食者稀少所造成的影响是，乌鸦们无须时刻保持警觉。换句话说，它们有时间可以从容安心地用枝条和叶子制造工具，77 尽情戳弄、探测、撕咬，而不必提防对手或敌人进犯。同时，它们的童年也会过得比较悠闲，因此小乌鸦们可以安心在父母亲的监督下尝试制造工具。长期下来，它们自然可以逐渐精进技艺，而且在此过程中也无须挨饿。

小乌鸦并不是一离巢就可以制造出完美的工具。若干证据表明，它们天生就像拟鴷树雀一样，有使用工具的倾向。曾有实验发现，被关在笼子里的小乌鸦即使没有成鸟陪伴，也可以自行学会制造和使用简易的棒状工具。但如果要制造比较复杂的工具，显然就需要成鸟的示范或教导。

举个例子，它们唯有待在成鸟身边一段时间之后，才能用露兜树的叶子做出像样的工具。不过，尽管有父母亲陪伴，它们的学习过程往往还是充满挫折。跟随格雷和亨特做研究的奥克兰大学博士生珍妮·霍尔茨海德曾经花2年的时间，在新喀里多尼亚的雨林里观察野生的小乌鸦们如何学习用露兜树的叶子做出工具并且加以使用。她和格雷两人还曾经为一只名叫黄黄的小乌鸦（因为它的脚上戴了两个黄色的脚环）拍摄了一部纪录片。观赏这部片子时，你会感觉像在看一个一两岁的孩子学习如何在不把食物洒出来的情况下用汤匙吃饭的过程。进度非常缓慢，而且充满了意外和失误。

格雷在一场有关“认知能力的演化”的演讲中，描述了黄黄逐渐进步的过程。刚开始时，它并不知道自己在做什么。但到了两三个月大时，它就开始密切注意它的母亲潘多拉的行动，观看后者如何用工具把虫子钩出来。之后，它便开始借用母亲的工具，并试着把工具横着插进洞里，看起来它似乎明白这种工具的用途，只是不知道该如何使用。但在跟着母亲一段时间，并且借用母亲的工具之后，它似乎逐渐明白什么样的植物和枝条可以做出好的抓虫工具，并且大概知道这些工具可以用来做什么。

当开始试着自己制造工具时，它并未模仿母亲的步骤，而是依照母亲所做的样式，试着做出类似的东西。这或许有助于说明为什么每个地方的乌鸦所制造的工具都有属于自己的风格。根据格雷的解释，小乌鸦在观察父母制作工具并且亲自使用工具的过程中，“或许在心中形成了一个范本，并且依照这个范本做出了同样的工具”。他说：“我们知道鸟类在学习鸣唱时，心中也有一个范本。小鸟会经由摸索、

78

尝试和学习的方式，唱出和成鸟相同的曲调。或许小乌鸦在利用模板制造工具时，也用到了同样的神经回路。”

之后，黄黄开始不断地做实验。在接下来的那几个月中，它试着用爪子（或喙）把露兜树的叶子撕开，但撕得东一块西一块的，似乎没有什么章法。不过至少它越来越能掌握其中的诀窍。

5个月大时，黄黄已经能做出工具的形状了。问题是，它经常使用叶子上无刺的部位，因此做出来的工具并不能用。不过，它还是会叼着那工具，将它翻来覆去，试着用用，但最后当然是徒劳无功。几个月之后，它终于学会了制造的程序，所有的步骤也都做对了。它先在叶子上的适当部位切割，而后小心翼翼、按部就班地一片片撕下来。可是因为它一开始下手的部位不对，所以做出来的工具是上下颠倒的，刺的方向不对。

黄黄所做的工具当中，有半数不能用来抓虫子。一直到将近18个月大的时候，它才能用露兜树的叶子做出可以媲美成鸟的工具，从而有效地把自己喂饱。这样的学习期可说颇为漫长，它之所以能够这样慢慢地学习，正是因为它拥有来自父母亲的支持。它们让它跟在身边，并允许它使用它们的工具。当它无法喂饱自己时，它们就会将一两只肥美的虫子丢到它嘴里，让它能够渡过难关。除此以外，岛上的环境也使它得以在不受干扰、安全无忧的情况下，花许多时间磨炼技能，逐渐从笨拙的学徒变成技术普通的工匠，最后成为制造工具的专家。

在这方面，新喀鸦或许可以提供一些线索，使我们得以进一步了解人类的生存策略。在灵长类动物中，人类的小孩依赖父母亲照顾的时间特别长。我们的生存策略也特别注重学习。根据奥克兰大学研究团队的说法，人类和新喀鸦的觅食技术都很高明，未成年时，依赖父母养育的时间也很长，这显示二者之间可能有因果关系。这种理论被

79

称为早期学习假说。或许生物之所以多花时间学习，是为了掌握制造工具的技能，因此青少年期必须更长。就这方面而言，新喀鸦可以提供一个很好的模型，让我们得以探讨工具使用对生物（包括鸟类和人类）的演化所造成的影响。

新喀鸦之所以能够使用工具，可能是因为岛上有许多食物都藏在洞穴或缝隙里，并且竞争对手和掠食者都不多。但正如鲁茨指出的那样，光是这些因素，并不足以导致这个结果。太平洋地区有许多生活环境类似、也有露兜树叶可用的乌鸦并不会制造工具。以新喀鸦的亲缘物种——分布于澳大利亚东北部的澳洲鸦（*Corvus orru*）为例，这种乌鸦的生活环境里，到处都是澳洲天牛的幼虫，而且也没有竞争对手和它们抢夺这些营养丰盛的食物。但它们并未想出用工具把这些虫子挖出来的方法；所罗门群岛的白嘴乌鸦（*Corvus woodfordi*，它们可能是和新喀鸦血缘最近的一个种）也是这样。

新喀鸦在身体或大脑的结构上是否有什么特殊之处？它的身体或大脑是否有某种特质，因此在鸦科动物当中显得如此与众不同？

我第一次见到这种乌鸦是在某个清晨，当时我正走出我在新喀里多尼亚岛中部的拉福阿的住处，它停在我前方几英尺的一株矮树的低枝上。就某方面来说，我很高兴它看起来和那些常在我们社区出没的短嘴鸦差不多。它的喙、脚和羽毛都是乌黑色的，上层的羽毛颇有光泽，会随着光线的变幻显出深紫、墨蓝或碧绿的色泽。它的体形大约像一只小型的乌鸦，但比短嘴鸦稍微结实一些，又比一般的松鸦或寒鸦（*Corvus monedula*）更加健壮。

它转头看着我，眼睛大而凸出，深棕色的眼珠子又圆又亮，看起来 80

很聪明。眼睛的位置靠近头部前方，能够在它用工具挖虫子时，一边看着前方，另一边滴溜溜地转，创造出一种比其他鸟类更厉害的双眼视野“重叠”的效果。这样宽广的视野，使得新喀鸦在用工具探测时，能够用喙精准地把虫子啄起来。

此外，牛津大学的亚历克斯·凯瑟尼克所率领的研究团队在一项新的研究中也发现，乌鸦在用眼时还有一个习惯。它们就像人类一样，有一只眼睛的视力比另外一只眼睛好，因此它们会把工具放在喙的某一侧，以便让视力较好的那只眼睛能够看到工具的末端，以及想抓的虫子。凯瑟尼克指出：“如果你用嘴巴咬住一支牙刷，而且你的一只眼睛比另外一只更能测出牙刷的长度，那么你在咬住牙刷的时候，就会让牙刷的末端朝向你视力比较好的那只眼睛。乌鸦也是这样。”

新喀鸦的喙线条笔直，呈圆锥形，造型简洁。其他鸦科动物的喙有着花哨的钩子或弧度，新喀鸦不同，因此它更能将工具衔紧，让钩子的末端落入它那宽广的视野中。

喙是鸟类用来探索食物世界的器官。一般来说，喙的形状决定了一只鸟所能吃的食物种类。隼和鹰都有钩状的喙，能够撕咬兔子；鹭有钳状的喙，能够钳住滑溜溜的鱼儿；啄木鸟有十字镐般尖锐的喙，可以在木头上啄洞；有些乌鸦有钩状的喙，有些有钳状的喙，有些则有矛状的喙。

光靠自己的喙，新喀鸦能够找到的食物有限。但它们却想出了办法，凭借着工具，扩大它们的喙所能触及的食物范围。

我们不清楚它们是先懂得制造工具，还是先具备适合制造工具的特殊身体构造。它们是不是因为先有了这种形状的喙以及这样特殊的视力，才逐渐发展出制造并使用工具的能力？抑或它们是因为特殊的生态环境（有这么多藏在不可见之处的美味虫子），才逐渐演化出这样的视觉构造和喙？这真是让生物学家们又爱又恨的神秘因果关系问题。

81

无论如何，科学家们表示，这两个特征（特殊的视觉系统和笔直的圆锥形喙）让新喀鸦得以在某种程度上控制它们所使用的工具，而这是其他鸦科动物办不到的。这一点也和人类很相近，我们之所以能够灵巧地运用工具，也正是因为我们有双眼视觉、灵活的手腕和对生的拇指，这些特质让我们得以精准地抓握并拿捏物品。

诚如加文·亨特所言，新喀鸦的生活方式在其他好几个方面也和人类相似。其中包括受父母亲照顾的青少年时期延长，使未成年者有充分的时间学习制造和使用工具。此外，亨特也表示："人类和乌鸦都遗传了使用工具的习惯，而且在这方面表现得非常灵活，因此二者使用工具的行为都非常普遍。使用工具的行为在两个物种中似乎都呈不均衡的分布，所以，即便新喀鸦当中的社会学习少于人类，传承过程也会导致极其相似的结果。"

此刻，那只乌鸦同样看着我，眼睛晶亮，充满疑惑，仿佛在问我有什么好惊讶的。我心想它那乌黑的头部里面装着怎样的脑子，是否有什么地方和其他鸦科鸟类不同。事实上，研究结果表明，二者之间或许有些轻微的差异。有研究发现，新喀鸦的大脑比较大，至少比小嘴乌鸦、喜鹊和松鸦更大一些。（不过，我在前面已经提到，用脑子的大小评估智力是很粗糙的做法。）它们的前脑中负责精细动作控制和联想性学习的部位较大，这可能使它们比较灵巧，也更专注。而这种特质使得它们在应付任务挑战时具有很大的优势。此外，正如罗素·格雷所言，新喀鸦的脑子里的神经胶质细胞，比其他鸦科鸟类多了一些。一般认为，人类的神经胶质细胞和学习与记忆的机制（被称为

“突触可塑性”）有关。格雷表示，大致上来说，新喀鸦的脑子里“并没有什么新奇的组织，只是原有的构造在演化过程中，逐步有了微幅的调整”。

不过，它们是否能做高阶的思考？是否能够理解自然界的定律（例如因果关系）？能不能进行推理和规划？是否具有洞察力？
82

过去大约10年间，奥克兰大学的研究小组和他们的同人一直在研究新喀鸦的心智，以了解它们是否具有特殊的理解能力。他们的重点并不在于探讨这些乌鸦的整体智力有多高，而是要了解它们在解决问题时，用到哪些特殊的认知机制。这些机制可能是人类复杂的认知能力（如洞察力、推理、想象和规划能力）的基础，其中包括注意到自己的行为后果的能力，了解因果的能力，以及评估各种材料的物理特征的能力。

泰勒解释：“这些乌鸦在解决问题时，可能用到介乎‘简单的学习’和‘人类的思考’之间的认知模式。”乌鸦的行为中所表现出的认知能力可能是处于某个中间的阶段，尚未形成像人类那般复杂的认知能力，例如想象事件的情节或推论因果关系。“所以我们才会对这些乌鸦那么有兴趣，把它们当成模式物种。”泰勒表示，“找出它们所使用的认知机制，有助于我们了解人类的思考能力，以及一般性智力的演化过程。”

想想007在那部影片中的表现，它之所以能解决问题，似乎是凭着它的洞察力。面对问题，它似乎先做全盘的考虑（“那只箱子里有食物，可是我用我的喙够不到。”），然后在脑海中设想种种情况，于是便想出解决问题的方法。它不仅规划了解决问题的步骤，并逐步执行，而且从头到尾都记得它最终的目标。

根据格雷（那个实验是他和泰勒一起做的）的说法，007实际上或许没有这么厉害（虽然它的表现还是很吸引人）。格雷表示，它确实对问题做了全盘性的考虑，但或许并没有像人类那样运用自己的想象力或设想可能发生的情节，也可能不是凭着洞察力解决问题。事实上，它或许只是依据在现场看到的一些熟悉的物品行事。它知道这些物品是用来做什么的，也密切注意它的工具如何与那些物品互相作用。它根据自己过去和那些物品打交道的经验，遵循适当的程序采取行动，终于达成了目标。格雷指出，就算它曾经在脑海中设想任何情景，那也非常有限，根据的是背景和经验。

83

泰勒表示，007的行动可能比以上所说的复杂，但也可能更简单。“只是在每一个瞬间做出的决定，完全没有运用任何心思。”他说，“这点我们还不清楚，这两种相反的假说还有待我们加以验证。”

奥克兰大学进行鸟类心智实验的大型鸟舍，坐落在福卡罗一座小型的研究站后面。那是一片树木茂盛的田野。雨季时，有一条溪流蜿蜒而过。遇到暴风雨时，这条溪流会泛滥得很厉害，但现在溪床已经干涸，躺卧在迎风摇曳的白千层树和稀疏散布的露兜树的浓荫下。鸟舍四周有网篱环绕，目前有7只乌鸦栖居在此。除了它们低沉而沙哑的“哇哇”声外，这里非常安静。偶尔会有几匹马经过附近的田野。当它们靠得太近时，便会惊动鸟舍里的乌鸦，引发一阵喧哗。

有几只成为研究焦点的乌鸦，都曾经在这座鸟舍待过，其中包括007和阿蓝（它之所以叫这个名字，是因为它的左脚上套了一个蓝色的脚环）。奥克兰大学的研究团队会让这些鸟在鸟舍里待几个月，然后再把它们放回野外。以007为例，它后来就被放回家乡——新喀里多尼亚岛柯吉山的森林里。他们用彩色的脚环分辨鸟类的身份，并暂时充当它们的代号，直到他们想出比较有创意的名字为止。泰勒表示，他已经帮150多只鸟取了名字，包括伊卡洛斯、马娅、拉兹洛、路易吉、吉卜赛、科林、卡斯帕、露西、鲁比、小丑、布拉特等，如今他已经黔驴技穷，因此请我给他一些建议。于是阿蓝的女儿小红和小绿现在有了与我女儿一样的名字——佐薇和内尔。

泰勒等人是用“弹跳网”捕捉这些乌鸦，他们试图把一整个乌鸦家族都抓起来。在乌鸦密度高（例如每平方英里有20只）的地方，这并不难。但在新喀里多尼亚岛上的许多地方，尤其是在高海拔森林地区，乌鸦的分布比较散（每平方英里只有两三只乌鸦），因此特别难抓。泰勒的同事亨特最近在帕尼耶山地区抓鸟时就不大顺利。当时正是卡纳克人狩猎巨皇鸠的季节。他们向那些巨皇鸠射击时，新喀鸦偶尔会受到波及。因此在狩猎季，这些乌鸦比较容易受到惊吓。这种情况下，亨特一只乌鸦也抓不到。不过，即便没有枪声干扰，捕捉的过程也需要耐心。

84

那些被抓来的乌鸦到达鸟舍以后，很快便适应了新环境。这也很正常，因为泰勒和他的同事埃尔莎·卢瓦泽尔会喂它们新鲜的熟番茄、牛肉丁、木瓜、椰子和蛋。（“大家都以为科学工作者一天到晚都在思考事情或做实验，但事实上我们要花很多时间把番茄剁碎，或把牛肉切成小丁。”卢瓦泽尔俏皮地说。）不久，那些乌鸦就在新居安顿了下来，而且会飞到桌上找事情做。“其中的秘诀在于要让它们觉得好玩。”泰勒表示，“你给它们的任务要够难，才能使它们一直保持兴趣，继续做下去。”

“我们想了解这些乌鸦如何思考。”泰勒表示，“它们如何解决复杂的问题？是通过洞察力、推理能力，还是比较平凡的能力？”

让我们回想一下007在解决那道八个步骤的难题时，把绳子拉起来的动作。它会自己想到把悬在栖木下方的一条绳子末端所绑的一根棍子拉上来，实在很厉害。有些科学家认为这证明它有洞察力，会在脑海中模拟问题（想象把绳子拉起来对食物的位置会有什么样的影响），然后马上执行计划以解决问题。

为了了解这种看法是否正确，泰勒和他的同事们设计了另外一个版本的实验。他们在绳子的末端绑上一块肉，作为乌鸦的奖赏。但乌鸦在拉绳子的时候，看不到那块肉正越来越靠近它，这让那些乌鸦陷入了困境。在看不到那块肉越来越靠近它们，提示它们要继续往上拉的情况下，11只乌鸦当中，只有1只所拉的次数足以使它得到那块肉。它们的表现差了很多。（不过人类的表现也没有好很多。泰勒表示，研究人员让15名大学生做了同样的测验，结果其中9名没有通过。）如果给这些乌鸦一面镜子，让它们可以看到自己的进展，它们的解题能力又会立刻增强。如果它们具有洞察力，也就是说，它们在那一瞬间看出了事物的因果关系，知道只要它们一直拉那条绳子，肉就会越来越靠近，那么它们不需要靠视觉上的回馈就能继续行动。

85

泰勒指出，新喀鸦是否具有洞察力，目前尚无定论。不过这些实验显示，它们确实具有一些不凡的能力，能够注意到自己的行动所产生的后果，也能注意不同的物品互相作用的方式。在制造和使用工具时，这些都是非常有用的心智利器。

除了以上实验之外，奥克兰大学的研究小组也尝试研究乌鸦是否能够了解基本的物理法则。泰勒表示，他们采用了一个“适合乌鸦的方式”，仿照古老的伊索寓言中“乌鸦与水瓶”的故事来做一项实验。

那则寓言讲的是一只口渴的乌鸦，遇到了一只装得半满的水瓶，由于喝不到里面的水，它便把小石头一颗一颗地丢进水瓶里，直到水位上升，让它喝得到水为止。

事实证明，这不只是一则寓言。新喀鸦确实会这么做——它们会把石头丢进装了水的管子里，让水位上升。和奥克兰大学的研究小组一起做实验的萨拉·杰尔博特还发现，如果拿重的物品和轻的物品（实心物品和空心物品）让它们选择，它们将选择那些会沉在水里而非浮在水上的物品。也就是说，它们懂得如何选择材质，而且有90%的时间能够做出正确的选择。这表明新喀鸦能够理解“水位移”这个颇为复杂的物理概念。因此它们的理解力相当于一个5到7岁的小孩。此外，实验显示它们能够了解各种物品的基本物理性质并做出相应的推论。

86

近来，泰勒、格雷和他们的研究团队一直试图探究新喀鸦是否能够理解事物的因果关系，尤其是不可见的力量所造成的后果。这种能力被称为“因果推理能力”，是我们最重要的心智能力之一。人类正是因为具备这种能力，才能理解世上各种物品是以一定的方式产生作用，而且一个事件或许是由我们所看不见的机制或力量造成的。格雷表示：“我们经常对看不见的东西做出推论。”比方说，如果我们站在室内时，看到一只飞盘从窗外飞进来，我们就知道那一定是某个人丢的。人类在年纪很小的时候，就已经发展出一种“因果推理能力”，能够推断一个现象的起因。一个只有7到10个月大的婴儿看到屏风后面丢出一只装了豆子的沙包，而且当屏风被拿开后，后面只有一块玩具积木而不是人时，就会面露惊讶的神色。正如格雷所言，这种能力是我们能够理解雷鸣、风寒感冒、磁力、潮汐、重力、神格这类事物的原因。它也有助于我们理解周遭人物的行为，使我们能够制造和使用工具，并对那些工具加以改造，从而将其运用在新的情境中。我们一度认为这样的能力也只属于人类。

乌鸦能够对它们看不见的力量（即所谓“看不见的起因”）做出

类似的推论吗？泰勒设计了一项实验来找到答案，他的灵感其实源自一只乌鸦。

相较于其他许多科学家，研究鸟类行为的科学家更需要运气，因为他们一不小心就会被研究对象打败。他们所设计的装置无论多么巧妙，都有可能一下子就被那些鸟类破坏，让他们很泄气。但如果他们够用心，有时可能也会得到丰厚的报偿。以泰勒为例，他所做的一项实验的灵感，就来自一只名叫劳拉的乌鸦所表现出的令人惊讶的行为。

87

事情发生在他的伊索寓言实验的初期。那段时间，泰勒会先把食物放在一只能够浮在水面的软木塞上，然后再把那软木塞放进装了水的管子里（他每次这么做时，都是背对那些乌鸦）。那些乌鸦一旦解决问题，让水位上升并且拿到了那只软木塞之后，就会立刻带着软木塞飞到位于笼子后方的栖木上，把软木塞上的肉扯下来，再把软木塞丢掉。为了再次在那软木塞上放饵，泰勒必须到笼子的后方去把它拿回来。“拿一次没关系，”他说，“可是拿回一百次之后，你就会很烦了。”更麻烦的是，鸟舍是针对乌鸦的习性布置的。“有一张很宽的桌子，还有很多栖木。”泰勒表示，“有点像是一座丛林，人是不可能穿越的，所以得经常爬来爬去。”

劳拉的反应和其他乌鸦不同。它虽然也会把有肉的软木塞叼回栖木上，但它把肉吃掉之后，会飞回那张桌子，把软木塞放在靠近泰勒站立的地方。“我心里想：‘真谢谢你呀，这真是太棒了！’”泰勒表示。因为这样一来，他不仅不必从桌子底下爬到笼子后方去取那只软木塞，还可以加快投饵的速度，让这个实验的步调变得更快。

这件事让泰勒开始思考。尽管劳拉从不曾看到他在那软木塞上放饵，但或许它已经明白，他就是那批食物之所以会出现的“起因”。

“当时我心想，或许它知道它如果把软木塞送回来给我，就可以更快地得到食物。它在这方面真的很厉害，知道我就是那个‘限制性因子’。因此如果它能让我的速度更快，它就可以更快吃到肉。”

劳拉的这一行为让泰勒猜想，新喀鸦是否比我们从前所想象的更具有因果推理能力？它们能否在看不到人类举动的情况下，明白他们可能是某个现象的起因？也就是说，它们能否根据某些无法观察到的机制做出推论？

为了找出答案，泰勒和他的同事们设计了一项很有创意的实验，以便了解那些乌鸦在看到某个人进入一间密室后，能否推断出后来从那里伸进伸出的一根棒子是由他操控的。研究小组在一座很宽敞的鸟舍里设置了一个隐秘的地方，用一块柏油帆布遮住。同时，他们也在一旁的桌子上放了一只小盒子，里面有一些食物，乌鸦们只要用很简单的工具就可以取得这些食物。为了得到那些食物，乌鸦们必须背对那个用柏油帆布遮住的隐秘处。帆布上有一个洞，当他们躲在帆布后面，把一根棒子从洞口伸出来时，如果有只乌鸦正在盒子旁觅食，那根棒子就会直接碰到它的头。很明显，棒子对乌鸦构成了威胁。

泰勒解释，在这项实验中，他们让8只乌鸦观看了棒子从洞中进出的两种不同状况。第一种情况是有一个人进入那隐秘处，接着棒子就从洞中伸进伸出好几次，之后那人便离开隐秘处。第二种情况是没有人进出那隐秘处，但仍然有棒子从洞口伸进伸出。

乌鸦们观察了这两种情况之后，研究人员就让它们在盒子里觅食。实验表明，它们能够将两件事关联起来，并推断出棒子之所以会动，是因为有看不见的人在操控。因此，当它们看到那根棒子在动，接着又看到那人离开隐秘处之后，它们飞到桌上背对着隐秘处觅食时，就显得比较安心。但是当它们看到那棒子没有什么明显的原因就会移动时，它们看起来就比较忐忑不安，飞到桌上后，会紧张地看着隐秘处，有时还会放弃觅食，仿佛担心那个导致棒子移动的不明力量还会使它再度移动。（这有点像是婴儿看到沙包不是被人丢出来的时候那种惊讶的反应。）研究小组表示，这些乌鸦在这两种情况下表现出来的不同行为，显示它们或许具有相当发达的因果推理能力。

然而在另外一项研究“因果介入能力”的实验中，乌鸦们的表现就没有这么好了。“因果介入能力”是比理解因果关系更高等的能力，它指的是“看着某事发生，然后采取行动制造同样效果的能力”。比方说，你虽然从来不曾摇动一棵果树，但如果有一天你看到风吹过树枝，导致上面的果子掉下来，你就会推断出“摇动可以让果子掉下来”这个事实，如果你摇晃那些树枝，你也可以像风一样让果子掉下来。

89

有一种装置正好可以提供这样的测试。那是一只小盒子，你只要把一件物品放在上面，它就会放音乐。如果你很快地对一个2岁的孩子示范一次这样的动作，然后再把那盒子和物品交给她，并问：“你能让它出声吗？”她一定可以轻而易举地照着做，乌鸦却不行。“它们只会把那件东西捡起来，敲打那盒子。”泰勒表示，“对人类来说，这件事听起来易如反掌，怎么可能会难呢？但那些乌鸦就是不行。”

但泰勒认为，它们表现不好的时候，就像表现好的时候一样吸引人。他解释说，如果你对认知机制的演化感兴趣，那么知道鸟类在哪些项目上表现得较差也是很有意思的。“我们正在研究，理解因果关系的能力当中，有哪些部分可能是一起演化出来的，哪些不是。”他说，“我做实验的目的不是要证明这些乌鸦有多厉害，而只是想了解它们的心智如何运作。如果事实证明，它们在某些方面很愚笨，在某方面很聪明，或者有些事情它们做不到，有些可以，这还是很有意思的。新喀鸦最吸引人的地方在于它们在野外的行为以及使用工具的能力，这是它们的特色。”

泰勒补充道，他对另外一个研究主题也很有兴趣。这个题目或许在学术上不是那么有价值，但还挺有意思。那便是，新喀鸦会从事什么样的娱乐活动？

“我的印象是它们有点像工作狂。”他说，“它们总是不停地寻找食物。但得到食物之后，它们只会坐在那儿休息，偶尔用嘴巴整理一下羽毛，飞上一会儿或叫几声，不像新西兰的啄羊鹦鹉（*Nestor notabilis*）那样，经常玩一些新把戏。我觉得这个现象很有趣，因为人们普遍认为好奇心、玩耍与智力有关。”

鸟类会玩吗？它们会为了乐趣而去做一些事情吗？

在伦敦玛丽王后大学教授动物智力课程的高级讲师内森·埃默里和妮古拉·克莱顿认为，大脑较大、较晚熟的鸟就像许多哺乳动物一样，确实会玩游戏。他们在论文中表示，“只是相对来说不常见而已，在大约1万种鸟类中，只占了1%，而且大致上只有那些发育期较长的鸟类（例如乌鸦和鹦鹉）会这样”。

他们指出，玩游戏不一定光是为了让鸟类能为将来的生活做好准备，或许也可以减轻鸟类的压力，帮助它们和其他鸟类建立社会联系，或者纯粹只是为了好玩。“鸟类就像我们一样，也可能为了玩乐而玩乐。”他们解释，“玩乐会带来愉悦的体验，释放内源性阿片类物质。”也就是说，玩乐本身就是一种自我奖励的“完成行为”。

根据动物学家米利森特·菲肯的说法，只有聪明的鸟类才能从事复杂的娱乐活动，而且它们会经由玩乐发现自己的行动与外在世界的联系，并加以试验。换句话说，玩乐是需要智力的行为，但同时也可以增强智力。

90

鹦鹉科的鸟类往往都很爱玩。几十年前，我的父母为家人买了只长尾鹦鹉当宠物，顺便也买了一系列的玩具放在它的笼子里，包括梯子、镜子、铃铛（全都是色彩鲜艳的廉价塑料制品），以及好几种奇形怪状的点心，这是当时鹦鹉笼里的标准配备。“哥哥”（这是我们帮那只鹦鹉取的名字）会把每一样东西都拿来玩，直到玩坏为止。现在的宠物商店也贩卖各式各样特制的鹦鹉玩具。非洲灰鹦鹉喜欢玩各式各样用纸张、硬纸板、木头和生皮制成的物品，例如卫生卷纸、广告邮件、冰棍、纸杯、塑料笔盖等它们可以撕咬或破坏的东西。有时候它们玩得太忘形了，还会从栖木上掉下来。

根据专家的说法，最会玩的鸟类是啄羊鹦鹉。这种鹦鹉体形像乌鸦一般大，分布于新西兰的南阿尔卑斯山。它们生性天不怕地不怕，具有如同灵长类的智商，因此赢得了“山猴子”的称号。有一本书说明了它们的拉丁文学名*Nestor notabilis*的意义：“Nestor是传说中的希腊英雄，以长寿与智慧著称。这个名字往往用来指睿智的顾问或领袖。”接下来便出现了一句很煞风景的评论：博物学家林奈给这一科的鹦鹉取名字时，或许“没有想到任何特定的意义”。

91

这个说法或许没错，但也很难说。

朱迪·戴蒙德和艾伦·邦德这两位科学家已经研究啄羊鹦鹉许多年。他们认为啄羊鹦鹉可能是世界上最聪明、最淘气的鸟。

“啄羊鹦鹉的玩耍不太像是一套仪式化的行为，而是它们对这世界的态度。”他们在论文中写道。啄羊鹦鹉在玩耍方面的表现，远远超过鸦科的鸟。戴蒙德表示，它们“大胆、好奇、机灵，而且很有破坏力”。有人认为它们是爱玩、滑稽的鸟，是“山中的小丑”；有人则认为它们是专门搞破坏的流氓，像青少年一般成群结伙，四处捣毁东西，拆解汽车的雨刷、橡胶饰边，以及露营人士的帐篷和背包，弄坏建筑物的雨槽和户外家具。不过它们这种爱玩东西的天性，或许有助于它们发展出一套“工具”，可以用来应对陌生情况或觅食时意外碰到的问题。

除此以外，啄羊鹦鹉也很喜欢嬉闹。它们会抬起头，把腿打直，悄悄走到一个有可能陪它们玩耍的同伴身边，邀请它一起玩闹。然后它们用喙你来我往地打斗，一会儿闪躲，一会儿刺戳对方，扭打，钳住对方的喙，互啄，对踢，还会一边躺在地上翻滚，一边摆动双脚并发出又长又尖的叫声，甚至会压住对方的肚子。但它们纯粹只是玩乐，并不在乎输赢（也就是“统统有奖”）。

啄羊鹦鹉有时也会故意恶作剧或搞破坏。根据戴蒙德和邦德的说法，它们曾经偷走人家的电视天线，并给汽车的轮胎泄气。有人曾经看到一只啄羊鹦鹉把别人家门口的一块地垫卷起来，推到台阶下面。几年前，新西兰《周日先驱报》曾报道一只啄羊鹦鹉从一位毫无戒备的苏格兰游客那儿偷走了1 100美元。当时这位名叫彼得·利奇的游客正在南阿尔卑斯山最高的山隘附近的一处休息区。当他把露营车的窗户摇下来，以便拍摄那里的风景和停在附近地上的一只绿色怪鸟时，那只鸟突然飞进他的露营车，叼起他放在仪表板上的一只小布包后疾飞而去。“它把我所有的钱都拿走了。”利奇懊恼地表示，“那些鸟现在可能正在用我那些纸钞铺鸟巢呢。”

92

啄羊鹦鹉或许很会胡搞，但鸦科鸟类也不是不懂得嬉戏玩闹。比方说，渡鸦会独自玩抛接的游戏，把一根小树枝丢到空中，然后再接住。有人曾经见过两只年幼的白颈渡鸦（*Corvus albicollis*）在玩“山寨大王”游戏，其中一只站在一个土墩上用喙挥舞着一坨粪便，另一只则扑上前去试图抓住那个玩意儿。

2月的一个晴朗和煦的早晨，博物学家马克·布拉齐尔在日本北海道的中央山脉上，看到一座堆满新雪的陡坡上有两只渡鸦，其中一只用俯趴的姿势滑下雪坡，它的同伴则抬起脚，拍动翅膀不断翻滚。“这两只渡鸦就用这种滑雪橇和翻滚的方式，沿着山坡滑了十几米，之后才飞回坡上。”布拉齐尔写道。之后它们又重复一次这样的特技表演。也有人见过乌鸦滑下斜坡，显然是在玩耍。在日本，有人拍到几只小嘴乌鸦从儿童的溜滑梯上滑下来。不久前，俄罗斯人拍到一只乌鸦用瓶盖当滑雪板，从屋顶上滑下来，结果那个短片马上火了。

阿莉塞·奥尔施佩格和一个国际科学团队最近做了一项研究，观察各种乌鸦和鹦鹉如何玩弄类似玩具的物品，以了解它们的认知性质以及玩耍物品和使用工具之间的关系。灵长类和鸟类往往都是先玩物品，然后再把这些物品当作工具使用。科学家在调查了74种灵长类动物之后发现，只有习惯使用工具的灵长类动物（例如卷尾猴和大猩猩），会在玩耍的时候把不同的物品组合起来。人类的孩童在8个月大的时候就开始把不同的东西放在一起。到了10个月时，他们就能把玩具塞进洞里，或把圆圈串在一根杆子上。大约要到2岁以后，他们才会开始把一些物品当成工具，以达成某个目的。

研究人员找来9种鹦鹉和3种乌鸦，给它们同样一组木制的幼儿玩具，这些玩具形状不同（有棒状、环状、立方体和球体），色彩各异（有红色、黄色和蓝色）。此外，他们还提供一块“活动板”。那是一块游戏板，上面有一些管子和洞，可以用来把那些木头玩具插进去，或把几个环状的玩具串起来。

93

结果他们发现，受试的鸟大多数都会玩这些木头玩具，但其中有些特别厉害。新喀鸦、凤头鹦鹉和啄羊鹦鹉最善于把两个可移动的玩具组合起来，并且把那些玩具配置在活动板上。研究人员表示，在工具的制造上最富创意、最会使用工具的鸟类（包括戈氏凤头鹦鹉和新喀鸦），把玩这些木头玩具的方式也最复杂。戈氏凤头鹦鹉喜欢黄色玩具(可能和它们翅膀底下的黄色条纹有关——这通常是它们用来向别的鸟类展示的部位)。新喀鸦最爱球形的物体(原因不明),但它们也喜欢把棒子戳进活动板的洞里。戈氏凤头鹦鹉和年幼的新喀鸦会把三个可移动的物品组合起来,只有鹦鹉会把环状的玩具套在管子或杆子上。其中戈氏凤头鹦鹉更是懂得以喙脚并用(一只脚)的方式完成这项工作。来自印尼的它们,向来擅长解决问题,被关在笼子里的时候,也会用富有创意的方式使用工具。

“我们的研究表明,这些大脑较大的鸟类玩耍物品的行为和它们的功能性行为是有关的。”奥尔施佩格表示,“但我们还不清楚玩耍的行为对它们解决问题的能力有什么直接的影响。或许,通过玩耍,它们可以练习一般动作技能或了解物体的功能特性。”(所谓的功能特性,指的是物体和鸟类之间或物体与环境之间的关系,这样的特性让鸟类有机会做出某种行动。)“也可能玩耍的行为只是它们进行探索时的副产品。”

值得一提的是,这些鸟类在玩耍时,似乎都很乐意分享,没有任何一只鸟会霸占一块以上的活动板,或两三个以上的玩具。研究人员表示:“它们当中并没有发生明显的侵略其他鸟类或独占物体的行为。”

泰勒表示,他的鸟舍里的新喀鸦似乎不是为了玩耍而玩耍,它们喜欢衔着各式各样的小东西。他说:“如果你把几个工具放在笼子里,它们就会花许多时间把棒子藏起来,并且用喙叼着棒子,用来探测东西。但这并不算玩耍,因为这是它们在野外生存的方式。”

94

不久前,泰勒想研究新喀鸦除了对食物有兴趣,是否也会纯粹为乐趣而去做一些事情,于是他给那些乌鸦一块小小的滑板,看它们是否会像日本和俄罗斯的那两种乌鸦一样,享受滑行的乐趣。不幸的是,这项实验并不成功,泰勒表示:“它们真的不喜欢滑行,所以我们后来放弃了。”

关于乌鸦的心智，奥克兰大学的研究小组和其他科学家还想探讨一个问题：它们是先懂得如何使用工具，还是先拥有那些令人印象深刻的认知能力？它们是否因为开始使用工具，才变得比较聪明？还是说它们原本就很聪明，而它们的认知能力只是提供了某种“平台”或心智资源，让它们懂得如何使用工具？

新喀鸦之所以如此聪明，有可能是因为岛上的生活环境使然。就像加拉帕戈斯群岛的拟䴕树雀那样，一个充满变动的环境可能会迫使生物演化出复杂的认知能力，以便应对环境中的挑战。这样的演化也可能提供了某种基础，使它们演化出使用工具的能力。

反过来说，使用工具的行为也可能促使生物演化出复杂的认知能力。或许这些乌鸦是在无意间发现使用棒子挖出食物的方法，这对它们构成新的心智挑战，增进了它们解决实质问题的能力。使用工具的行为，使它们在物竞天择的过程中占有优势，因为它们能够取得那些营养非常丰富的虫蛹。正因为那些虫蛹的营养实在是太丰富了，新西兰的白顶啄羊鹦鹉（*Nestor meridionalis*）甚至愿意花80分钟以上的时间，努力用它那长长的喙把一只虫蛹挖出来。一旦使用工具的技术传播开来，这些乌鸦在物竞天择的过程中就比较容易演化出极端的双眼视野（这会增进它们抓虫子的效率）之类的特征。

95

泰勒指出，这是一个“鸡生蛋还是蛋生鸡”的问题，是所有研究新喀鸦的科学家想要挑战的目标。“如果使用复杂的工具会影响智力，则那些向来能够制造复杂工具的族群都会比较聪明，这将可以证明科技智能假说。”

当然，正如加文·亨特所言，这些乌鸦得具备某种程度的心智能力，才能利用手边的资源，想出使用工具的方法。“不过，我仍然不确定新喀鸦是否一开始就比其他乌鸦聪明。”亨特表示，“但是它们开始使用工具以后，认知能力就增强了，终于发展到今天这样令人印象深刻的程度。”

因此，或许使用工具的行为就像玩耍一样，一方面需要有相当程度的智力才能做到，另一方面也能提高智力。

那只叫作007的鸟来自柯吉山的森林，那里的乌鸦都会制作复杂的钩子。007是否特别杰出呢？“就它的大胆和坚持度而言，是的。”泰勒说道，“它年纪还小。它家的三只鸟都很喜欢玩球。”有一位研究人员说，他只要用手指着007，它就会飞下来准备做实验。泰勒有时会看到它在鸟舍的门口排队，等着接受实验。“我只好跟它说：‘很抱歉，你得等会儿，我现在要测试走廊另一头的那些笨鸟。’”

不过，相较于每只乌鸦之间的差异，泰勒更感兴趣的是来自岛上不同地区的乌鸦之间的差异，它们使用工具的方式和认知能力有何不同。

接下来，奥克兰大学的研究小组打算加入一项大规模的国际计划，探讨新喀鸦的基因和不同族群的乌鸦之间的差异。其中一个方法是比较新喀鸦和几个亲缘物种的基因组，以便找出新喀鸦拥有，但其他乌鸦却没有的那些基因，然后再研究那些基因和它们在认知能力上的差异有何关联。

96

另外一个方法（也就是奥克兰研究小组的鸟舍里已经开始采用的方法）就是看看不同地区的新喀鸦在认知能力和基因上有哪些差异。举例来说，来自柯吉山（那里的乌鸦会做钩状工具）的007和来自新喀里多尼亚岛中部的拉福阿（那里的乌鸦只会做最简单的棒状工具) 的阿蓝，在基因上可能会有一些差异。来自岛上不同地区、制造的工具形状不同的乌鸦，是否认知能力也不相同？这些差异是否和遗传差异有关？

我利用待在新喀里多尼亚岛的最后一天，开车沿着狭窄的Z字形山路前往柯吉山的山顶。柯吉山是007的出生地，山坡上的原始雨林孕育出众多巨型生物，包括新喀里多尼亚巨人壁虎和高大的柯吉贝壳杉，这种树树干粗大，参天而立，直径可达8英尺 (约2.4米)，高度可达60到70英尺 (约18至21米)。

根据泰勒的说法，007现在可能已经组建家庭了。我希望能有机会看到柯吉山的乌鸦，但天色已晚。我已经习惯了黄昏时满天红霞、天色慢慢变暗的景象。但在赤道这里，天色一下就全暗了，尤其是在光线昏暗的雨林里。突然间，树林里就变得阴森森的。

每一座森林都有自己的个性，有属于它的耳语传说和气味。新喀里多尼亚岛的高山原始森林里有类似远古时期的植物和鸟类。那潮湿、不见天日的林木下层长着一种名叫无油樟 (*Amborella*) 的常青灌木，它是世上第一批开花植物的近亲。除此以外，还有一种桫椤科的巨大原始树蕨。它的样子就像2.75亿年前二叠纪时期的植物，高度可达65英尺 (约20米)，叶子有10英尺 (约3米) 长，是植物界最大的叶子之一。在卡纳克人的语言中，这种树蕨的名字意为“人类国度起源”，这是因为根据他们的创世传说，人类的第一个祖先是从一根中空的树蕨树干里爬出来的。

97

在这里，时间似乎在另一个维度里流逝。在那片璀璨的绿意中，尘世的繁忙逐渐消失了，躁动的内心也在惊叹和赞美声中安静下来。

我往前走着，不时抬头观看上方那浓密的树冠，用我的双筒望远镜对准低处的枝杈。突然间，我被一截树根绊倒了，跌到一张很大的蛛网上面。这时我才发现森林里的蜘蛛多得吓人。我猜它们是金蛛属的蜘蛛，这种蜘蛛会编织精巧的放射状蛛网，在阳光下闪闪发光，显得十分耀眼。但在这昏暗的林间，我几乎看不见它们，只感觉树木之间的每个隙缝，似乎都悬挂着格子状的蛛网。而每一张网的中央都埋伏着一只不小的蜘蛛，在那里一动不动、蓄势待发。这时我脑海里闪过了《远方》*中的一幅漫画。画中有一张巨大的蛛网，上面有两只蜘蛛，而一个胖胖的小男孩正朝着那蛛网走过去。其中一只蜘蛛对另外一只说："我们如果得手，就可以吃得像国王一样了。"

想到这里，我更加小心翼翼地选择路线，继续深入越来越昏暗的森林。

突然间，我听到右手边的树上传来低沉的哇哇声。那是年幼的新喀鸦乞求父母亲的叫声，但我什么也看不到，只感觉树叶在沙沙作响，说不定007正在那儿拿它用钩子挖出的虫子喂孩子呢。它传给后代的DNA是否能够说明，在世上所有鸟类中，为何独独它们这个族群能够制造如此精细的工具？作为一只能制造钩子的乌鸦，它的基因和阿蓝不同吗？

关于新喀鸦，目前仍然有许多问题尚未得到解答。它们究竟是先会使用工具还是先具有高度的智力？是先会制造工具，还是先拥有适合制造工具的喙形状和视力？是先拥有善于解决问题的DNA，还是因为在环境中遇到了棘手的难题，才导致它们拥有现在这些基因？

对我而言，这些都是生物学上神秘而又令人兴奋的问题。没有头绪，尚待解决，仍然有探讨的空间。在渐浓的夜色中，思索着这类奥

---

* 美国漫画家加里·拉森在1980年至1995年发表的独幅漫画系列。

秘，令人心情愉悦。时光之神将岛屿和鸟类放在一起。经过漫长的、渐进式的演化过程，不知怎的便造就了这些会制造工具的神奇鸟类。

它们可真是天才。

98

第四章

叽叽喳喳
——鸟类的沟通才能

我们通过与他人的接触，磨炼自己的大脑。

—— 蒙田

许多种鸟类在社交方面十分活跃。它们成群繁殖，一起洗澡、休息和觅食。它们会偷听、吵架、搞婚外情，也会欺骗和操控别的鸟。它们会绑架，会离婚，有时会表现出强烈的正义感，也会给其他鸟类赠送礼物。它们会用小树枝、松萝铁兰和棉纱碎片玩抛接和拔河的游戏。它们会偷邻居的东西，会提醒孩子远离不速之客，会捉弄别的鸟，也会彼此分享。它们会建立社交网络，也会争权夺位。它们还会亲吻、安慰对方，教导下一代，也会勒索自己的父母。遇到同类死亡时，它们会通知其他鸟过来观看，甚至还会因为亲友的死亡而伤心。

不久前，人们都还以为鸟类根本不可能有这类社交能力。比方说，如果有人主张鸟类能够思考其他鸟在想什么，一定会被无情地嘲笑。但近些年来，这样的观点已经改变了。因为科学研究显示，有一些鸟类的社会生活就像人类一样复杂，而且要从事这样的社会行为，需要具备非常高等的心智能力。

世上的鸟类有成千上万种，它们的社会组织形态五花八门，林林总总。有些鸟习惯独居，极具领地意识，只和自己的配偶在一起，

101 例如白腹鱼狗 (*Ceryle alcyon*) 和剪尾王霸鹟 (*Tyrannus forficatus*，亦称“德州天堂鸟”)。有些鸟则天生喜爱群居生活，例如秃鼻鸦 (*Corvus frugilegus*) 和王绒鸭 (*Somateria spectabilis*)。前者是生长在东半球的一种乌鸦，喜欢在拥挤的群体栖息地筑巢，从英国到日本都可见到它们的踪影；后者是生长在北极沿海水域的大型鸭子，喜欢成群结队地生活，有时一群可达1万只。

此外，作为欧亚大陆随处可见的一种色彩鲜艳的黄胸小鸟，大山雀 (*Parus major*) 的社会组织也很有意思。牛津大学的研究人员最近为牛津市西边的怀特姆森林 (这是一片古老林地，曾有许多科学家在此进行研究) 内的1 000只大山雀建立了一种类似脸书的网络，研究它们的交往模式，看看谁和谁来往，哪些鸟又会固定在同一个地方觅食。结果他们发现这些大山雀有一个复杂的社交网络。同样性情的鸟会形成一个松散的群体，一起觅食。就连鸡也有复杂的社会关系，它们在交往几天后，就会形成一个阶级分明的稳定社群。事实上，所谓“啄食顺序”的说法，就是源自挪威动物学家索尔雷夫·谢尔德鲁普–埃贝所做的研究，埃贝在研究鸡群的社会关系之后发现，它们的啄食顺序 (社会地位) 呈阶梯状。最上面的一级在食物和生命安全方面都拥有很大的特权；而最下面的一级，则很容易受伤且必须面对许多风险。

鸟类之所以聪明，是不是因为它们与伴侣、家人、朋友和同伴的亲密互动？它们的心思之所以如此敏捷、灵活，是否不只是因为它们必须面对环境的挑战，也是因为它们必须解决社交关系上的难题，以及相处时的种种考验与磨难？这种被称为社交智能假说的理论最近在

102 科学界已经赢得相当多的支持。

1967年，伦敦经济学院的心理学家尼古拉斯·汉弗莱提出这一理

论，认为劳神费力的社交生活可能使生物演化出更高的智力。

汉弗莱是在观察了他的实验室里的猴子之后，提出了这一概念。那些猴子被分成几组，每组各有八九只，住在简陋的铁丝笼里。汉弗莱担心这样贫乏的环境会影响小猴子的认知能力，因为笼子里没有任何物品或玩具，也没有任何一种来自环境的刺激。同时，那些猴子并不需要躲避掠食者或到处觅食（研究人员定期给它们喂食），因此似乎没有任何问题需要它们解决。然而，他发现这些猴子虽然每天生活在一个沉闷无趣、单调乏味的环境里，除了同类之外，什么都没有，但它们还是显得非常聪明，在认知能力上的表现也让人印象深刻。这使他感到颇为困惑。

汉弗莱在文章中写道："后来有一天，我再次观察它们，看到一只已经断奶断了一半的小猴子缠着它的母亲，两只青少年猴子在打打闹闹，一只年老的公猴在帮一只母猴梳理毛发，另外一只母猴则试图悄悄地接近它。这时我突然有了新的想法：笼子里没有东西根本没关系，这些猴子拥有彼此，可以互相操控、彼此探索。它们的社交环境显然让它们有机会不断地辩论思考，因此它们的智力不至于停止成长。"

汉弗莱在文中表示，这样丰富的社交环境几乎等同猴子的"雅典学派"，而且需要用到独特的认知能力和社交方面的盘算。这些猴子必须判断自己在群体中的行为可能会产生什么样的后果，并且评估其他猴子的状况。同时它们也得揣测其他猴子可能会有什么举动，掌握它们的社交关系（它们的优势、地位和竞争力），并衡量彼此互动的利弊。这些盘算都是"暧昧模糊而且经常变动的"，必须不时重新评估。这是一种"间谍对间谍"的社交游戏，可以促使它们发展出最高等的智能。他指出，社会性动物为了有效互动，非得成为"天生的心理学

103　家”不可。

如今，科学家们相信：许多鸟种在这方面并没有太大的不同，那些群居的鸟类必须挑选社交对象，安抚对方的怒气，并且避免和别的鸟类争吵。同时，它们也得密切注意其他鸟类的行为，以便决定自己要和它们合作还是竞争，要和谁沟通，要向谁学习等。此外，它们也必须能够认得其他许多鸟类，掌握它们的行动，回想这个或那个伙伴上次做了什么事，并预测它现在会怎么做。由于许多鸟种在社交上所面临的挑战和灵长类相同，因此它们的脑子或许也像我们一样，具有能够处理关系的构造。

有许多鸟种都表现出令人印象深刻的社交智能。以喜鹊为例，它们认得出自己在镜子里的影像。过去我们认为这种自我觉察能力只有人类和少数高等的社会性哺乳动物才有。当研究人员把一个红点放在6只喜鹊的喉部时，其中2只试图用脚把自己身上的红点抓掉，而不是对着镜子里的影像这么做。

非洲灰鹦鹉则很善于合作。在野外时，它们会成群栖息（一群可达数千只），结队觅食（一队约30只），并且和它们的伴侣维持终身的关系。它们很少独处，除非是在被关起来的时候。在实验室里，它们会联合解决问题，例如合力拉扯一条线，以便打开一只装有食物的盒子。此外，它们也了解互惠和分享的好处。只要知道人类朋友会回报它们的恩惠，它们宁可选择和人类一起分享食物，而非独自享用。

此外，有些鸟类（包括乌鸦在内）也经常会以赠送礼物的方式回报对方的恩情（这种互惠性的社会行为通常只有人类才有）。20年前，我初次听到一位世交提到她定期投喂的那些乌鸦会在她的门阶

104

上放置一些弹珠、小木珠、瓶盖和彩色的莓果，作为送给她的礼物时，我其实不太相信。但近年来，全国各地都陆续有人发现乌鸦会给人类赠送珠宝、五金、玻璃碎片、圣诞老人的小雕像、泡沫做的玩具标枪和唐老鸭造型的贝思牌糖果盒。有人甚至在情人节第二天收到一颗心形的糖果，上面印着“love”（爱）字样。2015年时，西雅图传出了一个8岁小女孩身上发生的故事，这个名叫加比·曼恩的小女孩从4岁起就在往返公交车站的途中喂乌鸦。后来她每天都用托盘装些花生，放在院子里给乌鸦吃。在花生被吃掉之后，盘子里偶尔会出现一些小玩意儿，例如一只耳环、螺栓和螺丝钉、铰链、扣子、一根小小的白色塑料管、一根已经开始腐烂的螃蟹爪子和一小块印着“best”（最佳）字样的金属片等。加比最喜欢的是一颗乳白色的心，她把那些没那么“恶心”的东西收进塑料袋里，并在袋子上标示她收到每样东西的日期。

“送礼的行为显示乌鸦明白回报别人的恩惠会有什么好处，同时也显示它们预期将来会因此得到奖赏。”生物学家约翰·马兹洛夫和托尼·安杰尔在他们合著的《乌鸦的礼物》中写道，“这是一项有计划的行动。这只乌鸦得先做好规划，才能把礼物带过来，并且把它留在那儿。”

乌鸦和渡鸦如果发现同类做同样的工作时得到的报酬比它们多，就会拒绝工作。这显示它们知道什么叫作“不公平”，这样的认知能力被视为人类之所以能够发展出合作形式的重要因素，但过去我们一直以为只有灵长类和狗具备这样的概念。

鸦科和凤头鹦鹉科的鸟类如果认为某项报酬是值得等待的，它们可以延迟满足。这是情绪智力的一种形式，需要有自制力、坚持度和自我激励能力。在这方面，它们所表现出来的意志力，并不亚于那些能够忍住不吃一颗棉花糖以便稍后能吃到两颗糖的小孩。奥尔施佩格和她在维也纳大学的研究团队发现，戈氏凤头鹦鹉在得到一颗胡桃之后，还愿意等待长达80秒钟的时间，以便能够吃到一颗更加美味的腰果。“这些凤头鹦鹉在等待期间，一直用喙衔住那颗胡桃，也就是说它们的味觉器官可以直接触碰到那颗胡桃。”奥尔施佩格说。这需要很高的自制力。（请想象一个孩子在等待一块巧克力期间，把一粒葡萄干含在嘴里的情景。）乌鸦们为了得到更棒的食物，甚至愿意等待好几105 分钟。不过，如果等待的时间超过几秒钟，它们就会把得到的第一种食物放在看不见的地方。“它们之所以会这么做，是因为它们原本就有贮藏食物的习性，这是它们的生态中很重要的一部分。”奥尔施佩格解释。要延迟满足不仅需要有自制力，还要能够评估后来的那份奖赏是否值得它们等待。此外它们还要有能力判断发放奖赏的那个人是否可靠。这几种能力被认为是制定经济决策的必备要件，在人类以外的动物身上很少看到。

渡鸦有一种很高超的能力，可以记住和自己来往过的鸟类。渡鸦年幼时生活在所谓的裂变融合社会*中。它们在找到伴侣、建立地盘之前，会过着群体生活，和朋友及家人形成实用的联盟，并和它们所选择的特定个体分享食物、坐在一起（近到可以碰到对方的喙的程度），并且一起整理羽毛、一起玩耍。它们组成的群体并不像鸡那么固定，会随着季节与年月变动，时而分开，时而聚拢。因此它们面临一个挑战——必须记住那些来来去去的伙伴。它们和从前的伙伴分开很久之后，还能否记得对方？

为了解答这个问题，维也纳大学的认知生物学家托马斯·布格尼

* 意指成员和规模并不固定，时而分散、时而聚拢的群体。——译注

亚尔最近做了一项研究，观察奥地利阿尔卑斯山上一个由16只年幼的渡鸦所组成的社群。科学家们从前一直认为，鸟类的长期社交记忆最久只能记住上一个繁殖季节的伙伴。但布格尼亚尔发现，那些渡鸦在和重要的朋友分开长达3年后，仍然能够记得对方。

值得一提的是：鸦科鸟类不仅能够辨认并记得其他鸦科鸟类的样子，也能够辨识并记住人类的模样。它们能够从一群人当中认出熟悉的面孔，尤其是那些对它们构成威胁的人，而且即使过了很久，仍然还能记得。不信你可以问问贝恩德·海因里希和约翰·马兹洛夫这两位科学家。海因里希曾经试着改变衣着（穿上和服、戴上假发和太阳眼镜等）和走路姿态（有时用单脚跳，有时假装腿瘸，好让他研究的那些乌鸦认不出他来），但它们并未上当。马兹洛夫则说，他走过华盛顿大学的校园时，尽管置身于数千人当中，还是会被他从前所捕捉并套上脚环的那些短嘴鸦认出来。尽管事情已经过了好几年，但那些对他非常不满的乌鸦还是认得他，并且一看到他就会骚扰他，对他叫嚣。马兹洛夫最近在为这些乌鸦做脑成像检查时发现，它们辨认人脸时使用的视觉和神经回路与人类相同。 106

蓝头鸦（*Gymnorhinus cyanocephalus*）具有高明的社交推理能力，能够推知自己在群体中的地位。它们是非常热衷于社交活动的一种乌鸦，生活在数量庞大、成员固定的群体中，社会阶级严明，就像鸡一样。它们会根据第三者在群体中的关系，来判断自己应该如何对待一只不熟悉的蓝头鸦，应该对它强悍还是顺从。你可以这么想，假设你是一只蓝头鸦，有一只陌生的蓝头鸦（姑且称之为西尔维斯特）进入了你所属的群体。你看出和你同属一个群体的伙伴皮特的地位显然比它高，同时你也知道亨利的地位比皮特高。那么，亨利和西尔维斯特这两只乌鸦当中，谁的地位比较高呢？蓝头鸦能够根据陌生鸟类对待其他鸟类的方式，来推断它的社会地位，从而避免不必要的冲突和可能的伤害。这种能够根据间接证据判断彼此关系的能力叫作传递性推理，被视为一种高等的社交技能。

我喜欢松鸦。它们草率行事，喜欢争吵，奚落对方。我所在地区的冠蓝鸦以家庭关系紧密、社会制度复杂、头脑聪明著称，同时也出了名地爱吃橡实。它们有时会突然掀起一阵骚动，尖叫、玩笑，互相嘲弄和斥责，像艾米莉·狄金森所说的“如同蓝色的小猎狗”一般吠叫。它们能以88%的准确率挑出肥美的橡实，也能数数（至少从1数到5）。此外，它们还能巧妙地模仿赤肩鵟（*Buteo lineatus*）刺耳的叫声，而它们之所以经常这么做，或许是为了让其他鸟儿以为附近有一只猛禽，从而不敢来和它们抢坚果。难怪它们会成为奇努克人和美国西北岸其他部落的骗子英雄。

107

东半球的一种鸦——松鸦——具有非常讨人喜欢的社交技巧。松鸦体色鲜艳，是聪明的鸦科家族的一员。雄松鸦似乎可以凭直觉猜到雌松鸦的心思（或至少猜到它的胃口），并送上它最想要的东西。

松鸦的学名*Garrulus glandarius*似乎说明了它们的性情。它们很聒噪，但并不像秃鼻鸦和寒鸦那样习惯在拥挤的群体栖息地筑巢并喜欢群居，而是宁可和伴侣双宿双飞。

松鸦就像其他许多鸦科鸟类一样会分享食物，但这只是为了赢得配偶的青睐。雄松鸦会挑选美味的食物送给雌松鸦，以此向它求爱。剑桥大学的列尔卡·奥斯托伊奇和她的同事最近利用松鸦这种特殊的送礼形式，探究它们是否能够了解其他鸟类（此处指的是它们的配偶）有自己的欲望与需求。这是一种高等的社交能力，被称为状态归因能力。

他们做了一项巧妙的实验，让雄松鸦通过屏风观看它们各自的配偶大吃一份特别的美食（它们一共可以吃两份）——蜡螟幼虫或面包虫（这些东西对你来说或许并非美味，但蜡螟幼虫可是松鸦心目中的黑巧克力），然后再让它们自行挑选要送什么给它们的配偶，是蜡螟幼虫还是面包虫。

鸟类就像人一样，喜欢变换口味。再美味的东西吃多了也会厌烦。这就叫作特定感觉饱足效应。这种感觉你应该很熟悉。比方说，你吃了太多奶酪，再也不想吃了，于是你就改吃水果。雌松鸦对食物的偏好，也会随着它的经验变动。所以雄松鸦必须掌握这些多变的喜好，因为如果它能给对方取回想要的食物，就能强化它们之间的连接。果不其然，当雄松鸦在实验中看到它的配偶所选择的虫子种类时，雄松鸦之后送给雌松鸦的，便是雌松鸦先前没吃的那种虫子。

不过或许那只是雄松鸦自己认为好吃的东西，如果雄松鸦看到雌松鸦吃蜡螟幼虫，并因此对这种虫子没什么胃口，这确实有可能影响到雄松鸦送礼时的选择。然而事实证明，无论雄松鸦看着雌松鸦吃哪一种虫子，都不会影响到雄松鸦自己进食时的选择。当雄松鸦没有机会送虫子给它的配偶时，它会根据自己的喜好在两种虫子当中选择一种。当它能够和雌松鸦分享食物时，它又会跳出自己的喜好，看对方喜欢什么，仿佛它了解雌松鸦的特定感觉饱足效应，然后温文尔雅地送上雌松鸦喜欢的食物，就像一位先生为他的女伴端来一块她最喜欢的巧克力蛋糕一样。

108

这或许和人类的状态归因能力（就是能够推断他人的内心状态和自己类似但并不相同的一种能力）不尽相同，但看起来已经相当接近。松鸦的行为显示出它能够了解它的伴侣的特定欲望处于什么样的状态（“她想要的是这个，不是那个。”），也能够了解雌松鸦的欲望和它并不相同（“虽然我刚刚才吃了一只蜡螟幼虫，但她并没有。”），同时还能够（也真的会做到）灵活地调整它分享食物的行为，以便满足伴侣特定的欲望。

“这些实验得到的数据很令人振奋，符合‘雄松鸦知道它的伴侣有自己的需求’这样的概念。”奥斯托伊奇表示，“不过我们还需要再做进一步的研究，以了解雄松鸦根据什么样的线索回应雌松鸦的特定感觉饱足效应。我们必须厘清雄松鸦是纯粹响应雌松鸦表现出来的行为特征，还是它能够利用那些行为特征来推断雌松鸦想要什么。”

雄松鸦有可能借着观察伴侣提供的暗示来推知它喜欢什么食物，这显示鸟类或许拥有所谓的心智理论中的一个要件，也就是了解他人有和我们不同的信念、欲望和观点的能力。

“认知他人有属于自己的欲望，不像认知他人有自己的信念那么困难。”奥斯托伊奇指出，“这是一个早期的阶段。要先具备这样的认知，人类才能够充分发展出推断他人心智状态的能力。如果雄松鸦真的了解雌松鸦想要什么，那么这将足以证明，除了人类之外，其他动物也具有这种认知能力。”

你如果问动物认知领域的专家，人类以外的动物是否具有推断对方心智状态的能力，不同的人会给你不同的答案。这些专家通常分成两个阵营：第一个是那些自称很扫兴的人，他们认为除了人类之外，没有任何物种具有一丁点这样的能力；第二个就是那些赞同达尔文的说法的人，他们主张人类的心智和其他物种的心智在本质上并没有不同，只有程度上的差别。宾夕法尼亚大学的两位科学家——罗伯特·赛法特和多萝西·切尼就属于后者，他们认为即便是人类最复杂的心智理论能力，也源自潜意识中对他人的意向和观点的认识。至少西丛鸦似乎就具备这样的特质。

109

对鸟类而言，群居生活有很大的好处。因为这样一来，就会有更多鸟类和它们一起留意掠食者的攻击，一起觅食。此外，它们也会有很多机会互相学习。这意味着它们不必浪费时间苦苦思索应该如何敲开那颗坚果，也不至于傻傻地吃下有毒的莓果。它们可以模仿其他鸟类的好点子，并跟着同类前往最丰饶、最安全的觅食处。举例来说，秃鼻鸦和渡鸦会依靠群体中的其他成员找到食物密集之处，并且会成群聚集在食物特别丰富的地方。

根据露西·阿普林的说法，山雀会利用它们的“关系网”寻找食物，也会仿效其他鸟类取得食物的策略。这些信息会在不同的群体之间散布开来，甚至跨种群传播。阿普林是牛津大学的研究员，她研究的课题是怀特姆森林里的大山雀的社会行为。为了了解这些鸟类的社交网络和交往的状况（它们的“脸书”），她和她的同事们在这些山雀身上装了微型的电子追踪器，跟踪它们前往各个喂食站的情况。同时，他们也利用一种测量鸟类的大胆程度和探索行为的测验来评估每只鸟。

值得一提的是，鸟类确实是有个性的。由于“个性”一词有将它们拟人化的嫌疑，有些科学家并不喜欢使用该词，宁可以“气质”、“应对方式”或“行为特征”之类的名词来描述。但无论如何称呼它，每只鸟在不同的时间和环境之下确实会表现出固定一致的行为模式，就像人类一样。同样是鸟，有的大胆，有的温驯，有的好奇，有的谨慎，有的很沉着，有的很神经质，有的学习能力很强，有的就很迟钝。阿普林解释：“个性上的不同，反映在了每只鸟对风险的响应方式上。”

110

科学家们最近发现，山雀确实有个性上的差异。这有助于说明为什么我们在院子里的喂食器里装满饲料之后，会发现那些飞过来觅食的鸟类反应各不相同。有的非常霸气，会把所有的饲料占为己有；有的则是小心翼翼地在一旁观望。有些山雀很大胆，勇于探索、草率鲁莽；有的则较“迟钝”、谨慎、仔细。人类有多种多样的性格，这一点我们都视为理所当然。为什么其他动物就不能有个性上的差异呢？

阿普林的团队所做的研究，不仅发现个性相似的鸟类会聚在一起，也发现比较大胆的鸟类会加入几个不同的群体，扩大它们的社交网络的规模并取得更多有关食物来源的信息。“这一点在冬天时尤其重要，因为这时鸟类能否找到新的、好的食物来源，攸关它们的生死存亡。”阿普林表示，“不过这种行为也有风险，因为它会让鸟类更容易受到掠食者的攻击和疾病的感染。”这或许是有些鸟类一直很胆怯的原因之一。此外，阿普林的研究小组还发现，不同种的山雀［包括大山雀、青山雀和沼泽山雀（*Parus palustris*）］会分享有关食物的消息。“沼泽山雀最会提供消息，”阿普林指出，“在这方面，它们可以说是关键物种。”

瑞典和芬兰的学者所做的研究显示，除了食物之外，鸟类也可能从其他鸟种那里得知有哪些地方适合居住。研究人员找了一个同时有山雀和姬鹟（一种候鸟）筑巢的地方，给那里所有的巢箱分别做上两种记号（白色的圆圈或三角形），结果发现，到了筑巢季节时，那些来得较晚的姬鹟，会选择在那些和山雀的筑巢地有着同样记号的巢箱内筑巢。

换句话说，群居性的鸟类能够利用其他鸟类（包括它们的父母、同类乃至其他鸟种）所提供的信息。科学家们相信这样的行为不仅使某些鸟类在生存繁衍的竞争中取得优势，也可能有助于它们演化出比较大的脑袋。

111

事实证明，鸟类很善于向它们的伙伴学习。

让我们回想一下20世纪初期那些学会打开牛奶瓶盖子的知名英国山雀。其他山雀后来也相继学会了这样的把戏，于是到了20世纪50年代，整个英格兰地区的牛奶瓶都遭了殃。为了了解它们的学习过程，阿普林和她的同事们设计了一项巧妙的实验。他们让怀特姆森林中的大山雀学会一些新的行为，然后看这些行为如何逐渐传播开来。

研究小组把几只鸟抓到实验室，训练它们解决一项简单的觅食问题。这些鸟必须把一扇拉门往右边或左边推，才能进入一个藏在拉门后面的喂食器。实验人员训练其中几只往右推，另外几只则往左推，之后便将它们统统放回树林里，并在树林中放置这类有拉门的喂食器，同时在喂食器上安装经过特殊设计的天线，以侦测这些山雀身上佩戴的微型电子追踪器，从而记录每一只鸟的到访情况。

结果非常令人瞩目。那些受过训练的鸟一直保持着它们在受训时的习惯，持续将拉门往同一个方向推。过了几天，研究人员就发现每一个地区的鸟类都陆续出现了同样的行为，并且迅速通过社交网络把它传给该区大多数的鸟类。就算有某只鸟发现，它往另外一个方向推，也可以得到同样的奖赏，它还是会依照当地的习惯来做。那些原本习惯往左推的鸟类在迁移到树林中一个习惯往右推的地区之后，也会入乡随俗，改为往右推。看来鸟类就像人类一样，也喜欢从众。阿普林指出，过了1年后，那些鸟还是记得它们所习惯的方式，“即使到了它们的下一代，这样的习惯仍旧没有改变”。

研究人员表示，这种社会性的学习模仿同区伙伴的行为可能是一种快速而廉价的方式，无须通过可能会有风险的摸索尝试过程，就能获得新的、有用的行为。根据内尔吉·布格特的说法，这是“第一次有实验证明不同地区的鸟会把它们所学到的不同的进食方法传给下一代。过去我们一直认为只有灵长类会这样”。 112

社会性学习显然在鸟类的生活中扮演了一个很重要的角色，而且其影响范围不仅是在进食方面。雌斑胸草雀（*Taeniopygia guttata*）会向其他雌鸟学习如何选择交配的对象。假设一只尚未交配过的雌鸟看到另外一只雌鸟和一只戴着白色脚环的雄鸟交配，之后，如果它面前有两只陌生的雄鸟（一只戴着白色的脚环，一只戴着橘色的脚环）可供它选择，它会选择戴着白色脚环的那一只。

此外，鸟类也会互相学习如何辨识掠食者，或那些可能对它们造成威胁的事物。你可能会以为对掠食者（例如一只猛禽或蛇）做出反应是鸟类与生俱来的本能。事实上，它们也的确会对一些危险做出本能的反应，但是在面对从未见过的危险时，模仿同伙的行为是很管用的。有一项实验显示，欧乌鸫（*Turdus merula*）在看到其他乌鸫围攻澳大利亚吸蜜鸟后，也学会围攻这种通常无害的鸟。

鸟类也是以类似的方式学会如何对待那些巢寄生鸟类。以华丽细尾鹩莺（*Malurus cyaneus*）为例，年幼的华丽细尾鹩莺最初看到金鹃时无动于衷。但是，在它们目睹其他华丽细尾鹩莺骚扰那些金鹃的情景后，它们再看到金鹃时，叫声就会变得和从前不同。它们会发出哀鸣和警告声通知同类前来围攻这些金鹃，自己也会去攻击它们。

过去5年间，马兹洛夫和他在华盛顿大学的研究团队做了一系列精妙的实验。结果他们发现，短嘴鸦不但很善于辨认人脸，还能够把有关它们心目中的危险人物的消息传给其他乌鸦。在其中一项实验中，研究人员分成几组，戴着不同款式的面具在西雅图的几个社区里闲逛（包括华盛顿大学的校园），而且每一组当中都有人戴着象征危险人物的面具（在校园里，他们戴的是穴居人的面具）。那些戴着危险人物面具的人抓了好几只野生的乌鸦，其他人（其中有些戴着象征中立的面具，有些则没戴面具）则只是闲逛，并未做出任何伤害乌鸦的事。

113

9年后，这些研究人员再度回到犯罪现场，结果那些社区里的乌鸦，包括当年尚未出生的，都将那些戴着危险人物面具的人视为威胁，成群地朝着他们俯冲下来，对着他们叫嚣并围攻他们。显然，当年目睹捕捉事件的乌鸦，以及后来参与围攻的乌鸦，都还记得哪些面具代表危险，并且告诉了其他乌鸦，包括它们的后代在内。这项消息甚至传到了距离那些社区约0.5英里（约805米）的地方（或许是通过乌鸦的信息网络传播的），以至连那里的乌鸦都会围攻那些戴着危险人物面具的人。

通过观察或模仿的方式学习是一回事，但通过老师的教导学习，则又是另外一回事。200多年前，康德曾宣称："人类是唯一需要教育的生物。"这样的观念（"教导是人类独有的社会性学习形式"）一直延续到现在。如今还是有人怀疑，除了人类，是否有任何动物会教导其他个体。这派人士认为，要进行真正的教学，需要具备"有先见之明""有意向性""明白另一个人是无知的"等认知能力，以及心智理论的其他方面，而别的动物并没有这样的认知能力。

但越来越多的证据显示，除了人类之外，有些动物也有某种形式的教学。以狐獴为例，它们似乎会教导后代如何应付难缠的猎物，例如蛇或蝎子（二者都有足以杀死人类的神经毒素）。成年的狐獴会把那些已经死掉或残废的猎物（例如头部或腹部被咬了一口的蝎子）拿给年纪最小、最没经验的后代。但是当小狐獴渐渐长大时，成年狐獴会开始给它们活的猎物，而且随着时间的推移，它们给的猎物会越来越难以处理。把一只蠕动不停、有可能会爬走的蝎子或蛇拿给一只毫无经验的小狐獴，或许会导致老师和学生损失一顿饭，但这样的努力最终会使小狐獴发展出狩猎和处理棘手猎物的能力。事实上，连蚂蚁

114

都懂得教学。科学家们已经观察到，有经验的蚂蚁在带领新手蚂蚁从蚁穴走向食物源时，会在路上停下来，让它的学生探索地标，并且会等到学生用一根触角轻轻地碰它一下时，才继续往前走。

然而，有关动物的教学行为的可信例子还是很少见。这是斑鸫鹛(*Turdoides bicolor*) 那明显的教学行为如此吸引人的原因之一。

斑鸫鹛是一种惹人注目的鸟，它体色雪白，翼羽和尾羽呈黑巧克力色，生长于非洲南部的灌丛和热带稀树草原。它们的家庭组织规模小而紧密，约有5到15名成员，非常喜欢交际，也很絮聒，这一点颇像哺乳类的狐獴。它们的名字在南非荷兰语中意为“白色的笑猫”，因为它们很吵，而且经常集体发出“chuck-chuck”或“chow-chow-chow”的声音。它们偶尔会离开群体，但绝不会走远，在觅食、理毛、打闹和休息时，则一定是成群结队。一只斑鸫鹛飞起来时，其他几只也会跟着一起飞。

“斑鸫鹛研究计划”的首席研究员阿曼达·里德利在南非南部的卡拉哈里沙漠研究斑鸫鹛。斑鸫鹛会合作繁育雏鸟。在一个家族中地位最高的是一对已经产卵的雄鸟和雌鸟，其他几只成鸟没有产卵，但仍然会协助它们繁育和照顾下一代。这对占支配地位的鸟无论在社交生活还是交配方面，都是采取单配制，这在鸟类中是很罕见的。在斑鸫鹛的各个群体中，95%的雏鸟都隶属于这对鸟，不过群体中的所有成鸟都会疼爱雏鸟，帮着孵化、喂食和照料它们。负责繁殖的这对鸟如果没有后代，就会从另外一个群体绑架一只小鸟回来，当成自己的孩子抚养。

115

斑鸫鹛在醒着的时候，95%的时间都是在地面的落叶中寻找甲虫、白蚁、昆虫的幼虫和会挖地洞的石龙子。对它们来说，背朝上埋头觅食是一件很危险的事，因为四周可能有非洲野猫、草地貂獴、黄金眼镜蛇、鼓腹巨蝰、斑雕鸮（*Bubo africanus*）和淡色歌鹰（*Melierax canorus*）等掠食者对它们虎视眈眈。于是它们便轮班放哨，值勤者放弃自己觅食的机会，为整个群体站岗，以防陆地上或天空中有灾祸降临。负责警戒的斑鸫鹛会栖息在一个可以俯瞰觅食伙伴的空旷地点，密切地守望，在必要时会重复发出"吱吱吱"的刺耳警告声，同时还会以"守望者之歌"的形式，不停地将四周的动静告知群体。

有些聪明的鸟类也会利用斑鸫鹛周密的哨兵制度。有一种名叫弯嘴戴胜（*Rhinopomastus cyanomelas*）的非群居性小鸟就会窃听斑鸫鹛的哨兵所发出的警告，可以说是"公共信息寄生虫"。它们会在斑鸫鹛觅食期间待在附近，注意聆听后者的警报。这样一来，这些独来独往的弯嘴戴胜就不需要那么小心翼翼地提防外敌，得以花更多的时间在更多的地方觅食，并找到更多的食物，甚至可以大胆进入空旷的地方，而不必担心受到掠食者的攻击。相比之下，叉尾卷尾（*Dicrurus adsimilis*）的作风就没有这么斯文了。这种鸟非常聪明，善于模仿。它们会模仿斑鸫鹛和其他鸟类的声音，发出假的警报，让那些不知情的斑鸫鹛为了逃命，赶紧把口中的面包虫丢下，然后它们再跑过去把食物抢走。有时它们甚至会当着斑鸫鹛的面就这么做。里德利和她的研究小组最近发现，叉尾卷尾之所以能骗过斑鸫鹛，正是因为它们会轮番更换发出的警报声，使那些斑鸫鹛难以鉴定虚实。

对斑鸫鹛来说，站岗是件有风险的工作。因为哨兵比觅食者更容易成为掠食者（尤其是隼和鹰）下手的目标。不过对所有斑鸫鹛而言，生命原本就充满了不确定性，因此它们才要进行教学。

里德利和她的同事妮古拉·赖哈尼发现，在小斑鸫鹛羽翼丰满、可以离巢的前几天，成鸟把食物带回巢内时，会开始发出轻柔的"呼噜"声，并且轻轻地拍动翅膀。这就是训练期："呼噜"声代表食物，成 116

鸟只有在幼鸟快到可以离巢的年纪时，才会开始发出这种叫声。“当幼鸟已经习惯把这种叫声和食物关联时，成鸟就可以一边拿着食物，一边发出这种声音，引诱幼鸟上钩。但除非小鸟有适当的回应，它们不会真的把食物拿给小鸟吃。”里德利指出，“幼鸟会试着去拿食物，但成鸟会退到巢外它够不着的地方，以此强迫雏鸟跟过来。这种用饵食引诱小鸟的策略，似乎是双亲‘强迫’雏鸟离巢的一种方式。”这很重要，因为当雏鸟越来越大时，在巢里受到掠食者攻击的可能性就越来越大。

雏鸟离巢后，成鸟会用这种特殊的叫声指引它远离危险并前往良好的觅食地。这听起来简单，但实际上有点复杂，成鸟所做的并非教导雏鸟一件简单的事，例如一个觅食地点的确切位置。因为斑鸫鹛觅食的地点每天都不一样，所以这样做是没有什么用处的。因此，它们要教导雏鸟具备哪些知识。例如，猎物丰富，且距离掠食者很远的地方，才是一个良好的觅食地。此外，它们在掠食者靠近时叫小鸟离开不安全的地方，就是在教导小鸟遇到威胁时应该如何应对。里德利表示：“因此，在小鸟离巢后，这种叫声有两个作用：一个是让小鸟知道什么样的地方才是良好的觅食地，另一个则是教它们如何有效地避开掠食者。”雏鸟也不光是被动地学习，根据里德利和她的同事们所做的研究，它们会运用至少两种很巧妙的策略增加所得到的食物的分量。首先，它们并不是什么鸟都跟，而是会选择跟在那些称得上捕猎能手的成鸟后面。其次，它们肚子饿的时候，会跑到比较危险的空旷场所，以此进行“勒索”，迫使成鸟更频繁地喂它们。当吃饱后，它们就会待在树上有树叶掩蔽、比较安全的地方。

斑鸫鹛是否因为拥有高等的认知能力才能进行这样的教学行为，目前尚无定论。这些教学行为或许只是一些很简单的步骤，就像狐獴的教学行为有一部分似乎是偏向反射性的反应一般。狐獴所表现

117

出的教学行为或许只是它们对孩子在成长的各个阶段所发出的乞求声所做的本能回应罢了。年幼狐獴的叫声显示它们想要已死的猎物，较大的狐獴的叫声显示它们要活的猎物。但正如里德利指出的那样，“斑鸫鹛的教学行为和狐獴不同，狐獴表现出来的比较像是机会教育(就是老师把学生放在一个有助于它学习一项新技巧的情境中)，而斑鸫鹛则比较偏向‘训练’(老师直接改变学生的行为)。斑鸫鹛的教学行为有可能是反射性反应的产物。我们不能完全排除这个可能性，因此还需要做更多的研究。不过，目前看起来，它们要进行这样的训练，必须具备几种认知能力才行”。

里德利猜想其他几种鸟类——例如阿拉伯鸫鹛(*Turdoides squamiceps*)、白翅澳鸦(*Corcorax melanorhamphos*)、西丛鸦和白眉丝刺莺(*Sericornis frontalis*)——的成鸟在带着幼鸟觅食时，也会教它们如何找到食物。“我有一些同事已经发现他们研究的鸟种有这样的行为。”她说，“因此这类教学行为或许比我们目前所知道的更为普遍。”

科学家们已经发现，有许多种鸟类都在它们的社交生活中展现了这类令人惊讶的智能。他们原本预期鸟类群体的规模和它们的脑子大小会有所关联，但并未发现这方面的证据。

根据社交智能假说，生活在大型社群中的动物面临复杂的社交压力，因此会有较大的脑袋。牛津大学的人类学家及演化心理学家罗宾·邓巴*比较了各种灵长类的脑部大小时，发现那些生活在较大型社群的物种确实拥有比较大的脑子。就猴子和猿而言，一个物种的脑子大小和它的群体规模成正比。就灵长类而言，群体的规模越大，社交

---

* 罗宾·邓巴（1947— ），英国人类学家、演化心理学家、哺乳动物行为学家，著有《人类的演化》《科学的烦恼》《梳毛、八卦及语言的进化》等。

关系也就越复杂。而这可能会导致较高等的认知能力。

最近有一项计算机仿真实验的结果为这样的论点提供了一些模拟的证据。这项实验是由都柏林三一学院的一群科学家所设计的。他们把一些人工神经网络当成“迷你脑”，用它们建立了一个计算机模型。这些“迷你脑”能够繁殖，也会演化（它们会随机产生突变，以至于有一些新的元素会进入它们的小小网络）。如果这些新元素对整个网络有益，网络就会变得更加聪明，而且还可以再度繁殖。因此它们会变得越来越聪明。当科学家们设定了程序，让这些“迷你脑”解决一连串必须互相配合才能完成的困难任务时，它们便“学会”一起合作，当这些“迷你脑”变得越来越“聪明”时，它们合作的速度就变得越来越快，而且也逐渐面临必须扩大脑容量的压力。这项实验的结果支持了以下论点：复杂的社群互动关系（如合作），使我们的灵长类祖先面临物竞天择的压力，因此才演化出较大的脑袋和高等的认知能力。

然而，邓巴和同事在观察鸟类与其他动物之后发现，“社群越大，脑袋越大”的说法并不成立。脑袋较大的那些鸟类，并非生活在大规模的群体中。相反，它们喜欢紧密的小团体，而且大多终身维持着单配偶的关系。

对鸟类而言，强化关系的质量似乎比增加关系的数量更需要用到脑力。它们所面对的挑战并不是记住种群中成百上千只鸟的特征，或处理许多非正式的关系。真正困难的任务——至少从心理或认知层面来看——是和其他鸟建立紧密的关系，尤其是在和配偶的结合以及对子女的长期照顾这两方面。

我们都曾面临这样的挑战：在规划一天中要做的事情时，我们要和配偶商量、请教、协调、妥协，并考虑他/她的需求。

鸟类也是如此。

大约80%的鸟类施行社会性单配制。也就是说，它们在整个繁殖季甚至更长的时间里，都是和同一个伴侣在一起。相较而言，只有3%的哺乳动物采用社会性的单配制，二者有着天壤之别。这主要是因为喂饱雏鸟很不容易，需要双亲通力合作。晚成鸟的双亲尤其辛苦。双亲若不能合力照顾，幼鸟很少能够活到离巢的年纪，因此需要共同承担育雏责任。它们要一起孵蛋、一起喂养并保护后代，就必须细心地互相配合。这意味着它们必须体察伴侣的脾气、需求，以及对方每天在行为上的变化。

119

根据生物学家内森·埃默里的说法，和一个伴侣建立这样密切的关系，需要用到一种特殊的认知能力，即关系智商。它指的是能够察觉伴侣所发出的微妙的社交信号，适当地予以回应，并且运用这些信息预测对方行为的能力。而这需要具备可观的智商才行。

有些鸟类会通过华丽而协调的肢体语言或声音，强化彼此之间的联系。例如，秃鼻鸦的雄鸟和雌鸟会同步鞠躬并张开尾羽。淡尾苇鹪鹩（生活在安第斯山云雾林深处的一种害羞的黄褐色小鸟）的雄鸟和雌鸟则会以很快的节奏合唱两个交替的音节，而且二者配合得很好，听起来就好像只有一只鸟在唱歌。它们的二重唱是一种复杂的听觉上的探戈，需要二者高度配合才能完成。它们也可以独自鸣唱，但是当它们这么做的时候，它们会把音节与音节的间隔拉长，而这些间隔正是它们的伴侣通常会插入一个短短的音符的地方。这显示它们都知道自己在唱歌时所要负责的部分，但同时也会根据伴侣发出的声音来决定该在什么时候唱，如何唱等。这很像是双方在交谈，要进行如此默契的二重唱，它们必须非常了解自己的伴侣，因此这或许显示了它们的关系之紧密，以及它们对彼此的承诺。

虎皮鹦鹉（*Melopsittacus undulatus*）雄鸟会巧妙地模仿伴侣的“召唤声”（这是雌鸟在飞行、喂食和从事其他活动时，用来和伴侣联络的特殊叫声），以显示它对雌鸟的承诺与支持。这种澳大利亚小鹦鹉奉行单配制，但也很爱交际，喜欢一大群聚集在一起。虎皮鹦鹉找到对象之后，只要相处几天，雄鸟就能够极其逼真地模仿雌鸟的召唤声，发出和它一模一样的声音。而雌鸟也会根据雄鸟模仿的准确性来判断它追求的诚意，以及它是否适合作为配偶。加州大学欧文分校的南希·伯利在研究这些虎皮鹦鹉之后认为，这可能是鹦鹉演化出学舌能力的原因。因为它们必须快速地学会并模仿新的声音。“这也可以说明，为什么那些养鹦鹉当宠物的人认为‘最会讲话’的鹦鹉通常是雄鸟，它们往往在很小的时候就被买来，并且被独自关在笼子里，接触不到同类。”伯利等人在论文中指出，“在这种情况下养大的虎皮鹦鹉，可能对人产生了铭印效应，并因此对人类求爱。”

鸟类在从事社交活动时，大脑里究竟产生了什么样的变化？为什么有些鸟会建立紧密的伴侣关系，有些鸟却不会？为什么有些鸟喜欢独来独往，有些鸟却像交际花一般喜欢与人往来？

为了解答这些问题，已故的詹姆斯·古德森深入研究了鸟类的脑部。古德森是印第安纳大学的生物学家，但不幸在2014年因癌症而英年早逝。他研究了鸟类在群聚时神经回路所发生的变化，想以此了解鸟类之所以会决定和谁交往，以及要加入规模多大的群体，究竟是受到怎样的大脑机制的影响。

根据古德森的研究，鸟类大脑内控制社会行为的回路和人类很像。这些回路非常古老，是所有脊椎动物共有的回路。早在大约4.5

亿年前，鸟类、哺乳动物和鲨鱼的共同祖先就已经有了这样的回路，形成这些回路的神经元会对一组名叫九肽的古老分子起反应。这些分子原本是古时的“两侧对称动物”（我们的祖先）用来调节产卵机制的元素，但后来演化出社交方面的功能。古德森发现，鸟类社会行为之所以会不同，是因为与这些分子有关的基因在表现上有微妙的差异，人类的情况很可能也是如此。

121

人脑中的九肽被称为催产素和升压素，催产素是由脑内的下丘脑负责制造，号称爱情激素、爱抚激素或信任激素，甚至被称为“道德分子”。就哺乳动物而言，催产素在分娩、泌乳和母婴联结上扮演了关键性的角色。20世纪90年代初期，神经内分泌学家休·卡特指出，催产素同样有促进夫妻联结的功能。她和其他一些研究人员发现，终身配对的草原田鼠身上的催产素，比其他无固定伴侣的田鼠高。

最近的研究显示，黑猩猩在分享食物时所分泌的催产素，会比互相梳理毛发时更多。这或许证明那句格言是对的：“要打动你的爱人的心，必须通过她的胃。”（雄松鸦会留意伴侣喜欢吃什么食物，或许正是因为这个缘故。）

实验证明，催产素能够减轻人类的焦虑，并提高他们的信任感、同理心和敏感度。举例来说，近年的研究显示，如果让一个运动队的成员吸入一定剂量的催产素，他们会更愿意合作。这样的做法也会使人们在玩角色扮演游戏时，变得更慷慨大方，更信任别人。此外，催产素可能也会增进男人大脑内对伴侣的吸引力所产生的奖励反应，让他们觉得自己的伴侣比其他女人更有魅力，从而增进彼此之间的爱情。

鸟类也有类似的神经激素，名为鸟催产素和加压催产素。这几年来，古德森和他的同事马西·金斯伯里带领着一个研究小组探索这些肽对群体规模各异的几种鸟类的影响。

以斑胸草雀为例，这种体形小巧的群居性鸣禽通常会和伴侣形影不离，并且会成百上千只聚集在一起。但古德森等人发现，如果他们让这种鸟脑内的鸟催产素无法发挥作用，它们和伴侣以及笼内的伙伴在一起的时间便会减少，而且还会避开大型的群体。相反地，如果给它们更多的鸟催产素，它们就会变得更加喜欢社交，并且会更愿意亲近自己的伴侣及笼内的其他伙伴，也会更乐于加入较大的群体。

古德森决定找出群体规模不同（大群或小群）的鸟类大脑中这些肽的受体所在的位置。因为这些受体的密度和分布位置，或许是有些鸟比较喜欢群居，有些鸟则不大喜欢的关键所在。他的研究对象包括梅花雀科的鸟类（此科鸟类数量庞大，共有132种，包括草雀、禾雀、梅花雀和文鸟），这些鸟的生态习性和交配对象都很相似，也都施行单配制，终身配对，而且夫妻会合作抚养后代。不过，它们的群体规模却差异很大。古德森不远万里跑到南非，找到了三种梅花雀科的鸟类，其中两种——绿翅斑腹雀（*Pytilia melba*）和紫耳蓝饰雀（*Uraeginthus granatinus*）不喜欢交际，只爱成双成对地出入。而另一种鸟——安哥拉蓝饰雀（*Uraeginthus angolensis*）则会适度交际。此外，他还找到两种高度群居性的鸟类，它们分别是斑胸草雀和斑文鸟（*Lonchura punctulata*），后者是生长在亚洲热带地区的一种漂亮的栗色小鸟，常常几千只聚在一起。有一个实验室将它们称为雀中的“嬉皮士”或“和平主义者”，因为这些鸟未表现出任何攻击性。

122

可想而知，古德森找出这些肽（其作用类似于催产素）的受体在鸟脑中所在的位置时，他发现不同的鸟之间存在惊人的差异。热爱社交活动、喜欢成群结队的斑胸草雀和斑文鸟在背外侧膈膜（脑内与社会行为有关的重要部位）的鸟催产素，远多于那些比较孤僻的雀类。

古德森和他的同事詹姆斯·克拉特很好奇，这些类似催产素的肽，是否也在鸟类的夫妻联结中扮演重要角色。于是他们再度检视斑胸草雀的大脑。

当你看到两只斑胸草雀并肩栖息、彼此跟随、互相理毛，或一起坐在巢里时，你就知道它们已结成一对。古德森等人发现，当他们阻断这些斑胸草雀脑内肽的作用时，它们就不会表现出这种正常的配对行为。显然只有在它们脑内的肽发挥作用的情况下，它们才会正常地结为配偶。

许多研究表明，催产素可能在人类身上扮演了类似的角色。以色列巴伊兰大学的心理学家鲁思·费尔德曼在一项研究中发现，人们体内催产素浓度的高低关乎他们的爱情的寿命。体内催产素浓度较高的伴侣，彼此之间的关系能够维持得比较持久。

123

然而，正如马西·金斯伯里所言，科学家们已经逐渐不再把人体内的催产素以及鸟类身上的类似激素视为单纯的"爱抚分子"。她指出，近年来科学家们在研究雀类之后发现，在不同的情况下，这些所谓的爱情激素，"事实上也有可能导致攻击性行为，甚至削弱配偶之间的关系"。人类是否也有这样的状况？目前尚无定论，但金斯伯里等人认为，鉴于每一个纲的脊椎动物所分泌的这类激素的构造和功能都很类似，这是很有可能的。事实上，科学家们针对人类伴侣所做的几项研究显示，情况和我们所预期的正好相反，催产素和一些负面的情绪(例如焦虑和不信任)是有关联的。

金斯伯里等人认为，没有一种神经化学物质能对大脑和身体发挥绝对良好或有利于社交的作用。无论在鸟类还是在人类身上，这些激素是否能影响社会行为，似乎要看环境和个体的差异。

即便是已经配对、爱抚激素分泌旺盛的鸟，也不见得对伴侣忠心耿耿。根据新墨西哥大学生物学家莱恩农·韦斯特的说法，这或许是有些鸟类那么聪明的另一个原因。韦斯特认为，鸟类之所以变得聪明，并不只是因为它们得设法维持和伴侣的关系，也因为它们面临着“一个复杂的情况：一方面要和配偶维持良好的关系，另一方面又要和配偶外鸟类交配”。她称呼这个现象为“两性之间的军备竞赛”。

几十年前，科学家们都以为鸟是标准的只有一个性伴侣的动物。在诺拉·艾芙隆所制作的电影《心火》中，女主角对她的父亲抱怨丈夫花心时，她的父亲的反应是：“你想要一夫一妻的婚姻吗？去嫁一只天鹅吧。”但是经过科学家们多年来的田野观察，再加上“分子指纹”鉴定技术的发明，我们现在已经知道天鹅并非终身只有一个性伴侣，大多数鸟类亦然。通过分析DNA，科学家们已经发现大约有90%的鸟类有“婚外情”。一个鸟巢中可能有高达70%的雏鸟，并非由照顾它们的雄鸟所生。已经配对的鸟类或许在行为上维持配对关系，但在性方面却很少如此。因此它们并非天生就是奉行单配制的。如果韦斯特说得没错，这可能也是鸟类之所以演化出更高智力的因素之一。

124

以云雀（*Alauda arvensis*）为例，这种产自东半球的鸟生活在欧亚大陆那些宽阔的草原、沼泽和荒原上，以能够一边飞行一边唱出极长、极复杂的歌曲（有时多达700个不同的音节）而闻名。云雀通常施行社会性单配制。雄鸟虽然不会帮忙筑巢或孵卵，但雏鸟所吃的食物有一半都是它们抓来的。在小鸟羽翼丰满后，这个比例更高。然而，科学家们发现云雀的巢内有20%的雏鸟基因都和照顾它们的那只雄鸟无关。

很明显，杂交行为对雄鸟有利。性伴侣越多，意味着子嗣也越多。但雌鸟呢？如果巢中有太多小鸟都不是雄鸟的孩子，它可能就不会照顾它们了。雌鸟为什么要冒这种风险呢？

这方面的理论很多。目前流行的观点认为，雌鸟之所以会和其他雄鸟交配，是为了使后代的基因更多元化（这应该可以提高小鸟们的存活率，只要照顾它们的雄鸟没有发现孩子不是它的），也可能是为了获得比它目前的伴侣所能提供的更好的基因。

关于雌鸟为何要有“婚外情”，行为生态学家茱迪·斯坦普斯提出了另外一个假说——重新配对假说，可类比于离婚之后再结婚。她认为，雌鸟之所以会和其他雄鸟“约会”，可能是想看看对方的地盘如何，会不会照顾孩子等。如果雌鸟看上的那只雄鸟哪一天失去或抛弃了伴侣，并且想找一只雌鸟来替代，它很可能就会找它已经熟悉而且对它很殷勤的这只雌鸟。因此雌鸟和雄鸟偷情的行为不仅可以让它自己变成第一候选，还可以让它得知雄鸟是否可以成为一个好爸爸、好丈夫，以及雄鸟的资产多寡等。

在这方面，挪威大学的两位生物学家提出了一个新的理论。他们认为雌鸟的“婚外情”会促使整个社区合作得更好。“雌鸟之所以能够从中获益，是因为这种行为会使雄鸟们不只照顾某一窝雏鸟，也会照顾整个社区的鸟窝。因为别的鸟窝里可能也有它们的子嗣。”两位学者指出，这种现象可能会产生好几个正面的效应，例如雄鸟会减少入侵同类地盘的行为，同时会倾向于集体防御掠食者。［这种说法和先前针对红翅黑鹂（*Agelaius phoeniceus*）所做的几项研究不谋而合。这些研究发现，当雌鸟拥有“非婚生子女”时，它的后代很少挨饿，鸟巢也不大会受到掠食者攻击。这可能是因为幼鸟的亲生父亲会帮忙保护鸟巢。］简而言之，雌鸟“不把所有蛋放在一个篮子里”的行为会增进公共利益，使整个社区更加安全，更有生产力。“身为母亲，雌鸟当然会照顾自己的后代，但雄鸟则不确定哪些幼鸟是自己的（或许好几个鸟

125

巢里都有它的后代)，因此它们会致力于社区的福祉和公众的利益。”两位挪威科学家表示。换句话说，对一只雌鸟有利的事，也对当地的雌鸟和雄鸟都有利。

但正如演化生物学家南希·伯利指出的那样，雌鸟的婚外情行为不太可能只有单一的原因。她表示：“雌鸟之所以会和自己的伴侣之外的雄鸟交配，在不同种类的鸟类当中，原因或许各不相同。在同一种鸟类中，想必也和每只雌鸟的个体状况有关。”

无论如何，雄鸟和雌鸟显然都会出轨，但它们也都努力维持和伴侣的关系并抚养后代。在韦斯特看来，这种双面的生活或许就是“社会性单配制”的鸟类脑袋如此之大的关键因素。它们在维持伴侣关系的同时，还要不时搞婚外情，以至于它们的社交生活变得很复杂，也导致了韦斯特所谓的“两性间的认知能力竞赛”。

试想，一只雄鸟要积极看管自己的伴侣，以防它有外遇，与此同时，自己还要设法偷溜出去和其他雌鸟交配，真得要花点脑力才行。以云雀为例，雄鸟在自己的伴侣产卵之前，必须严密地看守鸟巢，以防止外来者和雌鸟交配。除此以外，它还有一项重要的工作，即捍卫自己的地盘。因此，即便是在看守自己的伴侣期间，它还是要继续表演在空中高歌的惊人特技（这样的动作是在宣示“这个地方是我的”），包括在空中振翅、滑翔、盘旋和俯冲。特技可能延续好几分钟，而且通常是在高度超过600英尺（约183米）的空中进行。在这么做的同时，还得找时间、找机会和其他雌鸟约会，得需要有些谋略才行。

126

至于雌鸟，它们也必须有相当的认知能力，因为它们既得溜出去约会，又要评估外遇对象的基因或条件，还得记住回家的路。事实上，在非婚生子女较多的鸟类中，雌鸟的大脑都比雄鸟大。在非婚生子女较少的鸟类中，情况正好相反。鸟类在努力维持长期的伴侣关系的同时还设法搞外遇，导致的结果便是，雄鸟和雌鸟的脑袋都变大了。

还有一种竞赛也可能是导致鸟类智力增长的因素，那便是窃取食物的竞赛。

我们仍然以松鸦为例，不过这回我们讲的是西丛鸦。顾名思义，这种调皮的松鸦生长在美国西部广阔的灌丛林地。它会轻快地跳跃、猛冲、摇动尾羽，并迅速地转头环顾四周，以宣示它的地盘，并且很少失误。它像近亲冠蓝鸦一样体色碧蓝（不过没有趾高气扬的顶冠），行为也一样放肆，号称是灌丛中的小偷、流氓和豺狼。根据一位鸟类学家的说法，西丛鸦最爱玩的把戏是狠狠地啄一下猫的尾巴，然后趁机把它的食物抢走。“当那猫转身想要反击时，它就跳过去把东西抢走，然后发出得意的尖叫声扬长而去。”

西丛鸦终年都和同一个伴侣在一起，经常群居。但到了繁殖季节，每一只雄鸦都俨然成了老大：它们会急速飞冲并发出尖锐的叫声，誓死捍卫自己的地盘，以防止同类入侵。“它们会突然发出吓人的警告声——‘dzweep, dzweep’，”一位博物学家写道，“令人的血液为之凝结，而这正是它们的目的。”

127

西丛鸦有贮藏食物的习性。整个秋天它们都会在灌丛四周飞来飞去，采集成千上万的橡实和其他坚果，并捕捉各种昆虫，然后再把它们贮藏在自己的地盘中的几千个地点。

这种做法听起来非常体面、勤奋。但问题是，它们是“双面鸟”，会把自己的食物储存起来以备不时之需，但同时也会抢夺其他鸟类贮藏的粮食。它们确实会贮藏食物，但它们也是小偷，会把邻居辛苦得来的战利品抢走。

一只西丛鸦一天内损失的存粮可能高达30%。对一只必须储存足够的食物以便度过漫长寒冬的鸟类而言，此事非同小可。这类偷取别人存粮的盗窃行为是很严重的问题，显然也是过群居生活的缺点之一。

但有趣的是，藏食物的西丛鸦和偷食物的西丛鸦之间的互动，似乎已经使它们演化出一些极为聪明的行为。无论是藏食物的乌鸦还是可能偷取这些食物的乌鸦，都懂得使用很高明的骗术，以保护自己的存粮，或瞒过别的乌鸦和竞争者，取得对方的食物。

妮古拉·克莱顿和她的同事们做了一系列令人印象深刻的实验，结果发现西丛鸦会想办法不让窃贼知道它们把食物藏在哪里。一只西丛鸦在藏食物时，如果发现有别的乌鸦在看，它就会把食物藏在障碍物后面或阴暗处，而不会藏在比较明显或光线明亮的空旷处。如果旁观者可以听到它的声音，却看不到它的身影，它就会把食物藏在不大会发出声音的地方（例如土壤中，而非小石子堆里）。此外，如果有另一只乌鸦曾经看到它把食物藏在某个地方，事后它可能会回到那里去，把埋好的食物搬到（或假装搬到）另外一个地方。这有点像是设下一个骗局，让想偷食物的鸟感到困惑。它甚至还会在藏好食物之后，跑到另外一个地方去探测，假装要把食物藏在那儿，以便让小偷搞不清楚状况，不知道食物究竟藏在哪儿。这难道不是一种狡诈的骗术吗？

128

不过，并不是有任何鸟在一旁观看，它都会采取这样周密的策略。如果观看的是它的伴侣，它很可能就不会遮遮掩掩。只有在对手看到它把食物藏在某个特定的地方时，它才会感觉受到威胁。不知道西丛鸦是用什么方式，居然能够记住哪只鸟什么时候在哪里见过它藏食物。它们会记得自己在某一次藏食物时，是否被哪一只乌鸦看到了，而且必要时会回去把那些食物挖出来，换个地方贮藏。

不过，真正让人惊讶的是，西丛鸦只有在自己有过偷取同类的食物的经验后，才会想到用这些巧妙的招数保护它所藏的食物。那些从未偷过食物的西丛鸦，几乎从来不会把食物换个地方贮藏。“换句话说，”研究人员表示，“这叫作唯贼识贼。”

至于那些想偷同类食物的乌鸦，则会努力保持低调。它们会躲在某个地方观看别的乌鸦贮藏食物，并且尽可能不发出任何声音，以免那只藏食物的乌鸦之后会设法保护它所埋藏的食物。

这样你来我往，便形成了一场“情报战”。想偷对方食物的西丛鸦会设法积极地在暗中窥伺侦察；藏食物的西丛鸦则会想出越来越狡诈的招数避开它们，避免走漏任何风声，也可能会给它们提供假消息。

对克莱顿和其他许多研究西丛鸦的科学家而言，这些乌鸦的欺骗和操控行为显示它们的思考过程非常复杂，它们必须记住哪些乌鸦什么时候、在哪里看到它们藏食物（这叫作类情景记忆），也要能够运用自己当小偷的经验来预测其他小偷可能采取什么样的行动。此外，它们甚至可能有站在对方角度思考的能力，也就是它们或许能够用另外一只乌鸦的观点来看事情（例如对方知道哪些事情或不知道哪些事情），并据以修正自己的应对策略，这种能够用对方的观点来看事情（了解另外一个生物的脑袋里在想什么）的能力正是心智理论的特征之一。

目前还不清楚这类贮藏食物、偷取食物的行为，是否使得西丛鸦演化出如此高的心智能力。也可能它们原本就有这些能力。（或许是因为要照顾伴侣？）这就像乌鸦和它们的工具之间的关系一样，是一个典型的“鸡生蛋还是蛋生鸡”的问题。

129

鸟类是否具有一些人类引以为傲的社交能力或情绪能力（例如

同理心或“为他人的死亡或不幸而悲痛”），一直是科学家们想要探究的问题。但正如克莱顿和她的同事埃默里所言：“对于鸟类，尤其是像乌鸦和鹦鹉这样聪明的鸟，我们很容易掉进一个陷阱，在没有什么证据的情况下就把它们拟人化，认为它们具有人类一样的情感。”

然而，让我们看一下灰雁（*Anser anser*）的例子，它们是生存在欧洲的一种鸟，智商并不算很高，但因为诺贝尔奖得主康拉德·劳伦兹*而出了名。劳伦兹曾证明幼小的灰雁看到任何会动的东西都会产生铭印现象。其中一个例子是，由劳伦兹一手养大的小灰雁会一直跟着他的雨靴走，后来甚至企图和这双靴子交配。灰雁生活在群体中，包括由几个家庭组成的小团体，乃至有数千成员的大团体，其社交生活和乌鸦、鹦鹉等比较聪明的鸟类很像。它们会成群行动，并一起举行“欢庆仪式”，做一连串仪式化的动作并发出一些声音，以展现它们和伴侣、家人的联结。奥地利的康拉德·劳伦兹研究站最近做了一项研究。他们测量这些灰雁在遇到各种事件（如打雷、汽车经过、雁群离去或到来，以及彼此发生冲突等）时的心率（这是看它们有没有感到苦恼的具体指标）。事实证明，最让它们的心跳加速的，并非那些令它们吃惊或害怕的事情（例如打雷或汽车的声音），而是它们和伴侣或家人之间的冲突。该研究站的科学家们认为，这显示灰雁们有情感上的牵连，甚至或许还有同理心。

除此以外，秃鼻鸦也会彼此亲吻。这种乌鸦非常喜欢群体生活，通常都在拥挤的群体栖息地筑巢，因此会有很多机会发生摩擦。有一项研究发现，秃鼻鸦在看到伴侣与别的乌鸦发生冲突后，通常在一两分钟内，就会跑去亲吻那只难过的乌鸦来安慰它。研究人员将这个现

130

* 康拉德·劳伦兹（1903—1989），奥地利动物学家、鸟类学家，现代动物行为学的创始人之一，1973年获诺贝尔生理学或医学奖。著有《所罗门王的指环》《雁语者》等。

象称为“冲突后的第三方联系”，这个名称实在是不怎么浪漫，意思就是，在争吵后，有一个并未卷入纷争的旁观者（第三方）前去温柔地抚慰在纷争中遭到侵犯的受害者（通常是它的伴侣）。

就目前所知，只有几种动物会安慰遭遇不幸的同类，其中包括大猩猩和狗。但亚洲象近年也榜上有名，因为有一项研究显示，它们可能会用鼻子安慰难过的同伴。它们会轻轻用鼻子触碰对方的脸，或者把自己的鼻子放进对方的嘴巴里，就像在拥抱它一样。

不久前，托马斯·布格尼亚尔和他的同事欧拉·弗拉泽尝试研究渡鸦是否会对冲突中受害的伴侣或朋友提供类似的安慰。他们想了解它们是否会同情在冲突中遭到攻击的受害者，是否会安慰它们。

后面一点尤其重要，“因为这意味着渡鸦拥有类似人的‘同情关怀’，而这需要相当的认知能力。”布格尼亚尔等人表示。要安慰一个受害者，必须先察觉对方正在受苦，并设法减轻他的痛苦。你必须体察他人的情感需求才能做到这一点。过去我们一直认为，只有人类和他们的近亲黑猩猩以及倭黑猩猩才具有这样的特质。

这两位科学家研究了一群（共30只）年轻的渡鸦。渡鸦在找到配偶并且拥有自己的地盘之前，会一大群地聚在一起，结交朋友并建立合作关系。但冲突可能发生在任何一个社群中，年轻的渡鸦当然也可能表现出“不友善的行为”。渡鸦的争吵（尤其是同一个家族内）通常是轻微的口角。吵架的双方顶多互相啄几下。但如果是互不相识的渡鸦或不同家族的成员，为了抢夺鸟巢、食物、地盘、配偶而争吵，则有可能拖得很长，甚至可能会造成死亡。

布格尼亚尔等人花了2年的时间仔细观察年轻的渡鸦之间发生的152次争吵，记录攻击者、受害者和旁观者（站得够近，能够目睹争吵过程的群体成员）的身份，把这些争吵分为“轻微的”（以大

131 声恐吓为主）和“剧烈的”（一只乌鸦追逐或扑向另一只乌鸦，或者用喙狠狠地啄它）两个等级，并且记录这些渡鸦在争吵过后10分钟内所有的侵略或安慰受害者的行动。令人意外的是，他们发现在激烈争吵过后，不到2分钟就会有旁观的渡鸦（通常是受害者的伴侣或盟友）对受害者做出具有安抚意味的动作。这些动作包括坐在它身边，为它梳理羽毛，和它亲嘴或用喙轻轻地触碰它的身体，同时发出轻柔而低沉的“抚慰”声。关于这个现象，有一个令人扫兴的解释：这些乌鸦可能只是试着减轻伴侣或盟友表现出来的紧张迹象。但对从事这项研究的科学家们而言，这些渡鸦似乎是因为知道同伴的感受才做出那些安慰的举动。他们在论文中写道：“这些发现是重要的一步，有助于我们了解渡鸦处理社交关系并平衡群居生活所必须付出的代价。此外，这些发现也显示渡鸦可能善解对方的情感需求。”

至于哀悼，当我最近听说有科学家目击一群西丛鸦举行“葬礼”时，立刻想到几年前我在家附近的一块草地上所看到的景象：一群冠蓝鸦围着一只刚抓了冠蓝鸦的红尾鵟（*Buteo jamaicensis*）。被抓住的那只冠蓝鸦双脚拼命地乱踢，它的同伴则一边大声喊叫，一边围攻那只红尾鵟，但后者似乎不为所动。我待在附近看着，直到红尾鵟带着它那只已经瘫软的猎物飞走才离去。

但那场所谓的“葬礼”并不相同，它是加州大学戴维斯分校的特雷莎·伊格莱西亚斯率领的研究小组所设计的产物。他们想了解西丛鸦在看到一只已被吃掉的同类时会有怎样的反应，于是便在西丛鸦经常觅食的一处住宅区的某个地点放了一只死掉的西丛鸦，并且把之后发生的事情记录下来。结果他们发现，最先看到尸体的那只西丛鸦发出了令人毛骨悚然的警告声，召唤其他西丛鸦前来。附近的西丛鸦停止觅食并飞了过来，在尸体四周发出响亮、刺耳的叫声。它们的数量越来越多，声音也越来越大。 132

它们是在为同类的死亡而哀悼，还是在表达愤怒？抑或是在讨论它的死因，商讨如何清除它的尸体？乌鸦在尸体四周待了半小时才飞走。之后的那一两天，它们就不在那里觅食了。

对于这项研究，外界的反应很快从惊讶（鸟类居然会哀悼！）变成激烈的质疑。有人认为这些研究人员使用“葬礼”这个字眼并不恰当；有些人则批评他们有将动物拟人化之嫌，认为西丛鸦的这种行为和人类的“葬礼”并不相同。

这话没错，但进行这项研究的人员也并没有将它当成“葬礼”，他们只是在说明鸟类对同类的死亡会有什么样的反应。显然，它们的做法是大声地把消息告知其他鸟类，或许还会向整个鸟群示警。他们把这种行为称为“嘈杂的聚集”。

事实上，西丛鸦这种聚集行为看起来或许更像是爱尔兰人的守灵仪式。博物学家劳拉·埃里克森表示，她听到这项研究时，想到了大家为她父亲守灵的情景。她父亲是芝加哥的消防员，在一次救火行动后，立刻因为心脏病发而猝逝。在守灵仪式中，她父亲的消防员战友进来瞻仰他的遗容，并“谈论他的遗容多么好看”或“他们应该多上健身房锻炼或节食减肥等。总而言之，意思就是他们不想落得和他一样的下场”。

在后续的一项研究中，伊格莱西亚斯和同事发现西丛鸦在看到体形和它们相当的另一种鸟类，例如鸽子、旅鸫或嘲鸫的尸体时，也会聚集在一起，发出刺耳的叫声。[他们在这项研究中用的是鸽子以及两种西丛鸦所不熟悉的鸟——栗喉蜂虎（*Merops philippinus*）和黑项果鸠

(*Ptilinopus melanospilus*)。] 但它们在看到体形较小的鸟类，例如雀类的尸体时，则没有太大的反应，甚至完全无动于衷。伊格莱西亚斯表示，这显示西丛鸦的聚集行为是为了评估危险，而非哀悼。体形类似的鸟往往会招来同样的掠食者。不过，她说："这并不意味着西丛鸦在

133 这类聚集活动中，完全没有哀伤的感受。"

我不确定该如何解释西丛鸦的这个案例。"同理心" 的一个定义是"把另一个人的不幸转化为自己的悲痛"。加州大学那项实验中的西丛鸦，是否只是在发出警告？还是它们确实为同类的不幸感到愤怒、恐惧或哀伤？鸟类虽然无法像灵长类那样通过脸部的肌肉表达情绪，但它们能够用头部和身体，或通过叫声、姿势和动作来表现。康拉德·劳伦兹曾经提到一只丧偶的灰雁表现出悲伤的征兆，就像一个失去了某样东西的小孩那样。"它的眼珠子深陷在眼窝中，头低低的，看起来一副很沮丧的样子。"

鸟类究竟是否会哀悼同类的死亡，目前尚无定论，但似乎有越来越多的科学家愿意承认这样的可能性。

科罗拉多大学的荣誉退休教授马克·贝科夫说，惠德比奥杜邦学会的前任会长文森特·哈格尔曾经讲过一个故事。哈格尔在一位朋友家做客期间，从厨房的窗户看出去，看到几英尺外的地上躺着一只死掉的乌鸦。"有12只乌鸦围着它的尸体跳。" 哈格尔表示，"过了一两分钟后，有一只乌鸦飞走了。但几秒钟之后，它就衔着一根小树枝（也可能是半截干草）回来了，它把小树枝丢在尸体上，然后就飞到别的地方。后来，其他乌鸦也相继离开，并带着干草或树枝回来，将它们丢在尸体上之后就飞走。最后，所有的乌鸦都不见了，只剩下那具尸体孤零零地躺在那儿，身上盖满了小树枝。整个过程可能持续了四五

分钟。”

我也听过类似的故事。当一只乌鸦被一只高尔夫球砸死之后，有几百只乌鸦停在高尔夫球场四周的树上；在两只栖息在电力变压器上的渡鸦被电死之后，不到几分钟，就有一大群渡鸦旋风般地飞来，聚集在事故现场。马兹洛夫和安杰尔在《乌鸦的礼物》这本书中指出，乌鸦和渡鸦会例行聚集在死去的同伴四周。他们认为这种行为或许是基于社交生活的需要而非情感的表达，因为它们要厘清该乌鸦的死亡 [134] 对群体的阶级会造成什么影响，解决有关它的配偶和地盘的问题，并且就像伊格莱西亚斯所说的，讨论它们应该如何避免类似的下场。马兹洛夫发现，当乌鸦看到一个人手里拿着一只死乌鸦时，它们脑内的海马体会被启动，显示它们意识到有危险存在。“我们相信乌鸦和渡鸦之所以聚集在死去的同类四周，是因为它们必须设法了解它死掉的原因和它的死亡所造成的后果。”马兹洛夫和安杰尔在书中写道，“我们也认为死者的伴侣和亲戚可能会感到伤心。”

我也这么认为。毕竟，就像爱、欺骗或猜想自己的伴侣晚餐想吃什么菜一样，哀悼应该也不是人类独有的感受。[135]

第五章

燕语莺啼

——变化万千的鸟类歌喉

在1804年到1805年间的某个寻常的午后，如果你刚好置身于白宫内的那座阶梯底下，你可能会看到一只神气的珠灰色小鸟一蹦一跳地跟着正要回房睡午觉的托马斯·杰斐逊总统上楼。

这只小鸟便是嘲鸫。

杰斐逊总统并未像对他的马和牧羊犬那样，为他的宠物鸟取一个别致的凯尔特或法国名，但它仍然是他很喜爱的宠物。当他的女婿告知他这只嘲鸫的到来后，杰斐逊写信给他的女婿表示："我诚挚地为这只嘲鸫的到来向你祝贺，请教导孩子们尊敬它，把它当成一个以鸟的形式存在的优秀生灵。"

迪克很可能是杰斐逊在1803年购买的两只嘲鸫之一。在当时，嘲鸫的价格比大多数宠物鸟更贵（当时的价钱是一只10或15美元，大约相当于现在的125美元），因为它们不仅会唱本地树林里所有鸟类的歌，还会唱美国、苏格兰和法国等地的流行歌曲。

但并不是每个人都会养这种鸟当宠物。诗人华兹华斯称它们为"欢快的嘲鸫"。说它们性急无礼、调皮活泼倒是真的，但说它们"欢快"？它们最常发出的叫声是刺耳的一声"tschak"，听起来并不讨喜，倒像是在骂人似的。有一位博物学家甚至形容这种叫声混合了充满

137

嫌恶的鼻息声和清嗓子吐痰的声音。但杰斐逊很喜欢迪克，因为它非常聪明，很会唱歌，并且善于模仿。杰斐逊的友人玛格丽特·贝亚德·史密斯曾经在文章中写道："他每次独处的时候，都会把窗户打开，让那只鸟在房间里到处飞来飞去。飞了一会儿之后，它就会降落在他的桌子上，唱出最甜美的歌，或者停驻在他的肩膀上，吃他含在嘴里的食物。"杰斐逊睡午觉时，它坐在他的长沙发上，用鸟和人的曲调为他唱小夜曲。

杰斐逊知道迪克很聪明，也知道它能够模仿当地其他鸟类的声音和当时的各种流行歌曲，甚至可以模仿船只开往巴黎时，船上的木头发出的咯吱声。但他绝对想不到日后科学家会如何看待迪克的这种能力，包括这种能力是如何少见，含有多大的风险，需要怎样的智力，以及它如何让我们得以窥见一种神秘复杂的学习形式，同时也是人类许多语言和文化的起源——模仿。

在最近的一个秋日里，180位科学家齐聚在乔治敦大学的洛贺芬克礼堂，讨论对嘲鸫技能的最新研究和看法，以及这种技能与人类语言学习能力的相似性。这里的技能指的是它们模仿声音的能力，也就是搜集有关声音的信息并自己试着发出同样声音的能力。这是学习语言不可或缺的先决条件，被称为发声学习。这种能力在动物界中非常罕见。到目前为止，只在鹦鹉、蜂鸟、鸣禽、钟雀、几种海洋哺乳动物(例如海豚和鲸鱼)、蝙蝠和人类的身上可以看到。

此刻，这些专家正在讨论鸟类学习鸣唱时需要用到的复杂认知能力。如果"认知"的定义是一只鸟取得、处理、储存并使用信息的机制，则学习鸣唱显然是一项需要用到认知能力的任务：小鸟借着聆听同类鸣唱的方式，接收到一首歌听起来应该是什么样子的信息，然后

138

把这个信息储存在记忆里，再用它来制造出属于自己的歌声。这些科学家提到鸟类学习鸣唱的模式和人类学习语言的模式非常相似，包括模仿和练习的过程，以及相关的大脑结构和特定基因的作用。他们指出，鸣禽也像人类一样有“语言缺陷”（例如它们也会有结巴的现象），鸟类学习鸣唱的方式，也会对它的大脑构造产生影响。这些现象使我们更加了解人类在学习时神经运作的方式。

在这场会议中，荷兰乌得勒支大学的神经生物学家约翰·包休斯谈到，对一个局外人来说，科学家们把鸟类的歌声和人类的语言相提并论，想必是一件很奇怪的事。“如果我们要找和我们类似的动物，难道不应该是去找和我们的血缘关系最近的大猩猩吗？”他问，“但奇怪的是，人类学习语言的方式有许多方面都和鸣禽学习鸣唱的方式类似，但在大猩猩身上，我们却一点都看不到类似的东西。”

休息时间，我走出礼堂，听到一棵矮小的雪松（看起来倒比较像是一株灌木）上传来众鸟鸣唱的声音。此刻，校园里正吹着寒冷的西北风，橡树和槭树的叶子在风中飞舞，偶尔可以看到几只麻雀从空中飞过。除此以外，校园里看不到几只鸟。但我听到那雪松的枝叶深处传来卡罗苇鹪鹩和白胸鳾（*Sitta carolinensis*）含糊不清的声音。此外，还有主红雀（*Cardinalis cardinalis*）嘹亮刺耳、犹如子弹一般的声音，以及听起来像是歌鸲的声音。我朝着雪松的枝杈细瞧，看到一只灰色的鸟正鼓着身上的羽毛抵御风寒。那是一只小嘲鸫（*Mimus polyglottos*），此刻它正在尽情高歌。在乐句与乐句之间，它会停顿个一两秒，仿佛在思考下一段要唱什么。

我曾经看到嘲鸫这么做。它们在仲春时节宣告地盘及求偶时，就会像这样飞到最高的枝头尽情高歌。4月的一个午后，我站在特拉华

139

州平坦的沙岸上的一棵松树下面时，也曾见过一只嘲鸫。它的身影非常清晰（不像雪松上的那一只），它蹲踞在松树的最高枝，轻快地摆动着长长的尾巴，喙朝天，用全身的力气热情地唱着一首又一首的歌。

嘲鸫是雀形目嘲鸫科（Mimidae）的成员，是美洲特有的鸟种。达尔文在搭乘“小猎犬号”航行时，在南美洲的各地都曾看到嘲鸫。他当时写道：“这种鸟精力充沛，好奇而活泼……其歌声远胜当地其他鸟类。”

有人说嘲鸫只会偷学别的鸟类的曲调，而且还没有把重点唱出来。但在我听来，特拉华州的这只嘲鸫唱起卡罗苇鹪鹩的曲调，就像是美国影视明星贝特·迈德尔演绎“安德鲁斯姐妹”的歌曲一样。它虽然是个不折不扣的翻唱者，一会儿模仿北美凤头山雀的调子，一会儿唱北美山雀的曲子，一会儿又是棕林鸫那甜美清脆的歌声，但它把这些曲调统合得很好，就像俄国作曲家肖斯塔科维奇根据一首简单的民谣旋律就编写出一部交响曲一样。我听了一会儿之后，竟然被它即兴演出的歌声迷住，达到忘我的境界，以至于忘记分辨它的歌声中是否有我所熟悉的那些鸣唱和鸣叫了。在这温暖的春日里，空气中充盈着它那由无数个强弱音符和颤音组成的旋律，兴高采烈、生气勃勃。

不久，它那热情的欢唱便戛然而止，就像它开始时那般突然。之后，它便从树上飞了下来，安静地蹲在地上的落叶层中，仿佛为刚才能够一吐为快而感到高兴。

那是春天的事。在那个季节里，鸟类高歌是为了宣告领地或求偶。但现在是11月中旬，寒风刺骨。这只鸟像个逃犯似的躲在雪松树上，唱歌似乎只是为了自娱自乐。它的曲调是由几个短短的句子所组成，每句各唱四五遍，一首接一首，似乎永无止境。

它的脑袋只有我的千分之一大小，怎么能储存那么多曲子呢？那些曲子又是如何进入脑子里的？它为什么要在枝叶深处唱歌给自己听呢？ 140

“这有点像是我们在洗澡的时候唱歌一样。”威斯康星大学的劳伦·赖特斯表示。她是在这温暖的洛贺芬克礼堂中讨论这类问题的鸟鸣专家之一。

这只鸟可是花了许多时间，并用了大量的资源才学会这些歌曲的。许多人都以为鸟类天生就会唱歌，但事实上鸣禽学习发声的过程就像人类一样。它们会先聆听成鸟的示范，然后自己实验、练习，让自己的技巧不断精进，就像孩童学习乐器一样。这是那180位鸣禽专家对这个主题深感兴趣的原因之一。人类就像鸟类一样，通过模仿才学会语言、说话和音乐这类极其复杂的技能。

神经生物学家埃里希·贾维斯表示：“通过研究鸟类（包括鹦鹉这类能够模仿人类说话的鸟类）如何学习发声，我们就能够找到与这种学习相关的大脑回路、基因和行为。”

所有的鸟都会发声，它们会鸣叫、用真假嗓音交替歌唱、哇哇叫、哀鸣、咯咯叫，会发出叽叽、嘻嘻的声音，还能唱出像天使般美妙的歌声。它们鸣叫是为了警告同类有掠食者来袭，或是为了辨识家人、朋友和敌人。它们鸣唱是为了宣告或维护地盘，以及求偶。

鸟类的鸣叫通常简短扼要，而且是与生俱来的能力（就像人类的尖叫和笑声一样），无论雄鸟还是雌鸟都会用鸣叫来表达自己的意思。它们的鸣唱则通常较长、较复杂，而且必须经过学习。在热带地区，通常雄鸟和雌鸟都会鸣唱；但在温带，通常是雄鸟才会鸣唱，而且只限于繁殖季节。不过，鸣叫和鸣唱之间的区分并不是那么泾渭分明，往往有许多例外。例如乌鸦的鸣叫就分成12种，包括召集声、斥责声、集合声、恳求声、宣布事情的声音、两只鸟对唱的声音等，其中有些是学来的。此外，黑顶山雀在对着远方鸣叫时，其声音的复杂性远胜于大山雀那种具有两个音调的歌声。

141

不过，鸣唱就不一样了。在杜克大学研究发声学习的贾维斯表示："动物以声音沟通的行为几乎都是出于本能。它们一出生就会尖叫、哭泣或发出嘘声。"这类表达方式有些是与生俱来的，通过基因铭记（例如绵羊的咩咩声）。"相反地，发声学习指的是有能力在听到一个声音后，用喉头或鸣管的肌肉发出同样的声音，无论这个声音是说话时的语音还是歌曲中的音符。"贾维斯解释。

地球上的鸟类中有将近一半是鸣禽，总数达4 000种之多。它们的歌声包罗万象，例如蓝鸲的声音忧郁而含糊，牛鹂的歌声中有多达40个音符，蒲草短翅莺（*Bradypterus baboecala*）的歌声悠长、复杂难解，隐夜鸫（*Catharus guttatus*）的声音有如长笛，淡尾苇鹪鹩的雄鸟和雌鸟则能配合无间地表演令人惊叹的二重唱。

鸟类知道自己应该在哪里唱，也知道什么时候该唱。在空旷的地方，声音从草木上方约几英尺处传得最远。因此鸟类都在枝头鸣唱，以避免干扰。在森林地面鸣唱的鸟类，声音的调性比较明显，频率也比那些在树冠层中鸣唱的鸟低。有些鸟会使用那些能够避开昆虫和车辆噪声的频率。住在机场附近的鸟，早上会比其他鸟更早开始鸣唱，以避开飞机呼啸而过的时间。

诗人巴勃罗·聂鲁达在他的诗作《赏鸟颂》中问道："它那比手指还小的喉咙，如何能倾泻出这瀑布一般的歌声？"

答案就在鸟类的一个器官当中。

它叫作鸣管 (syrinx)，其名称来源于希腊神话中被田野、羊群和孕育之神潘恩变为芦苇的一个宁芙仙子。科学家们用了很长的时间才了解鸣管的构造细节；这是因为鸣管位于鸟类胸腔深处，气管在此处分叉，以便将空气送进支气管。一直到最近几年，科学家们用磁共振成像和微型计算机断层扫描技术，才终于拍到鸣管在运作中的3D高分辨率影像。

142

在那些高科技影像中，我们看到了一个很特殊的构造。原来鸣管是由纤细的软骨和两片薄膜所组成，这两片薄膜各在鸣管的一侧，会随着气流以超高的速度震动，形成两个不同的音源。善于鸣唱的鸣禽，如嘲鸫和金丝雀，能够将这两片薄膜分开来震动，同时制造出两个完全不同的音符 (左侧是低频的声音，右侧是高频的声音)，并以惊人的速度改变每一侧的音量和频率，发出极其复杂多变的声音。(这点相当特别，因为我们人类在说话的时候，声音的音高和谐波都朝同一个方向移动。)

这一切都是由一群微小而有力的肌肉控制。有些鸣禽，例如紫翅椋鸟 (*Sturnus vulgaris*) 和斑胸草雀，能够以低于毫秒的速度 (比人类眨眼的速度快100倍以上) 收缩和放松这些微小的发声肌肉。在自然界中，只有少数动物的发声器官能够这样快速地收缩，响尾蛇便是其中之一。冬鹪鹩 (*Troglodytes hiemalis*，一种以歌声轻快闻名的褐色小鸟) 每秒钟可以唱出36个音符，远超出我们的耳朵或脑袋可以察觉、吸收的速度。有几种鸟类甚至能够控制它们的鸣管，模仿人类说话的声音。

鸣管肌肉越精细复杂的鸟类，往往越能唱出精细复杂的歌。雪松树上的那只嘲鸫的鸣管就有7对肌肉，让它得以表演它的声音特技，而且看起来似乎毫不费力。当它唱到酣畅处时，甚至1分钟能唱17至19首歌。此外，它会在音符与音符之间吸一小口气以补充氧气。

它那千变万化的歌声虽然是由鸣管所操控，但却是由脑部负责启动和协调。由脑部的若干部分所组成的致密网络会发出神经信号，控制每一条肌肉，协调左半脑和右半脑传到鸣管两侧肌肉的神经冲动，以调节单侧的空气流量，从而发出成百上千个不同的乐句，模仿其他鸟类的歌声。

143

这一切看起来似乎很容易，但请你想想看，要模仿某种语言，例如德语或葡萄牙语中的某个词组，必须仔细聆听他人发出那个词组的声音，而且要听得很精确。根据加州大学圣地亚哥分校的心理学教授蒂姆·金特纳的说法，这可不是那么容易的事，尤其是在你置身于一场鸡尾酒会或在一条嘈杂的街道上的时候。因为这个时候你得从乱七八糟的声音中分辨出那个词组的声音。这就是所谓的"声音流的区分"。鸟类经常面临这种有如宴会般混乱嘈杂的局面，尤其是在鸣唱的高峰时间，例如黎明群鸟合唱之时。在乔治敦大学的那场会议中，金特纳对一群鸟类专家演讲时表示："许多种鸟都有群居的习性，必须在相当大的一个群体中彼此沟通。它们会听到许多的信号，但并不是每一个信号在任何时间对任何鸟都有用。因此它们必须搞清楚哪些声音流里有它们想要的信息。"

一旦你把目标词组从那些嘈杂的声音中分离出来，就必须把它放在心中，等待大脑把那个声音转化成一组动作指令，然后把这些指令送到你的喉头，以便发出类似的声音。但通常你不太可能第一次就发出正确的声音，你必须不断地练习和摸索，聆听自己错在哪里并加以修正。如果你想记住那个词组，就必须经常重复它，以便强化最初让你记得这个词组的大脑通路。如果你想要一辈子都记得它，就必须把它放在一个安全的、可以长期储存信息的地方。

在这方面，嘲鸫真的很厉害。只要看看相关的声波图或光谱图就知道了。科学家用这两种图把声音用可以看见的形式呈现出来（纵轴代表频率或音高，横轴代表时间），以侦测不同鸟的歌声之间的微妙差异。他们用声波图来比较鸟类原本的歌声和嘲鸫模仿它们的声音，结果发现，后者模仿鸸属、鸫属鸟类和三声夜鹰（*Antrostomus vociferus*）的曲调，已经到了几乎一模一样的程度。他们还发现，嘲鸫唱起主红雀的歌时，会模仿后者肌肉震动的模式。如果它要模仿的音符超出平常所使用的频率范围，它会用别的音符来取代它，或者干脆将它省略，但同时把其他音符拉长，以符合原本的歌的长度。如果碰到鸣唱速度太快的鸟类（如金丝雀），它会把音符分成几组，并且在中间停下来换气，但仍然维持原本的长度。这种做法或许骗不过三声夜鹰或鸫，却唬得住我。

144

当然，嘲鸫不是唯一会模仿的鸟类。嘲鸫科的另外一个成员——褐弯嘴嘲鸫（*Toxostoma rufum*）能够模仿的曲调据说比嘲鸫多10倍，只是没有那么精准。此外，紫翅椋鸟也很善于模仿。新疆歌鸲（*Luscinia megarhynchos*）更是能够模仿大约60种不同的曲调，而且只要听几遍就可以唱出来。湿地苇莺（*Acrocephalus palustris*）则会唱一种狂野急切的“国际歌混编”，其中包含了100多种其他鸟类的曲调，有些是欧洲的调子，是它在筑巢地学来的，但大多数还是非洲曲调，这是它在越冬地乌干达一带学来的。此外，它也会模仿鲍伦扇尾莺（*Cisticola bodessa*）、酒红斑鸠（*Streptopelia vinacea*）和非洲鵙（*Nilaus afer*）的歌声。从这些歌声中，我们可以知道它去过非洲的哪些地方。

琴鸟更是出名的模仿冠军。有一位博物学家曾经在文章中写道，你在澳大利亚的森林里走路时，可能会突然看到“一只长得像禽类的褐色鸟像狗一样朝着你吠”，让你吓一大跳；叉尾卷尾（会愚弄斑鸫鹛的那种聪明的非洲鸟）不仅能够模仿斑鸫鹛的示警声，也能够模仿其他许多种鸟类的示警声，把那些好不容易才找到食物的老实鸟类或哺乳动物吓走，并趁机偷走它们的食物。

除此以外，据说有一只巴巴多斯牛雀经过训练后，会唱英国国歌《天佑女王》；一只灰嘲鸫（*Dumetella carolinensis*）会发出葬礼的安息号的声音（它可能是从附近的公墓举行的葬礼中学来的）；德国南部还有一只凤头百灵（*Galerida cristata*）会模仿一位牧羊人用来指挥牧羊犬的4种不同的哨音，而且它学得非常逼真，以至于那些牧羊犬会立刻听从它的指令（包括“向前跑”、“快”、“停”和“过来”），这些哨音后来也被其他百灵鸟学会了，成了当地百灵鸟的“标语”（或许也因此使得当地的牧羊犬气喘吁吁，疲于奔命）。

145

有些鸟特别善于模仿人类说话的声音。非洲灰鹦鹉便是其中之一，八哥和凤头鹦鹉也是。这几种鸟是大家公认的鸟国名嘴。有几种鸦科和鹦鹉科的鸟类也是，其中之一便是长尾鹦鹉。《纽约客》杂志曾经报道：“韦斯切斯特有一只长尾鹦鹉在沉默了几个星期之后，所说的第一句话竟是‘说话呀，你这该死的东西，说话呀！’”

对鸟类来说，要模仿人声并不容易。人类是用嘴唇和舌头（二者都柔软灵活、有韧性）来发出元音和辅音。但鸟类并没有嘴唇，而且它们的舌头通常也不是用来发音的，因此要发出人类的各种声音并不容易。这或许能解释为什么只有少数几种鸟具有这种能力。其中又以鹦鹉最为特别，因为它们会用舌头发出叫声，并且能够控制舌头的动作以发出各种元音。这或许是它们能够模仿人类说话的原因。

非洲灰鹦鹉是鸟类中的议员，由于科学家佩珀伯格对一只叫作亚历克斯的非洲灰鹦鹉（它可能是全世界最有名的一只会说话的鸟）所做的研究，这种鸟现在已经颇为有名，大家都知道它们很会说话。佩珀伯格会逐一指着一些物品，问亚历克斯各种不同的问题，而亚历克斯也都能答得很准确。举例来说，如果佩珀伯格拿一个绿色的木头方块给亚历克斯看，它就能说出这块木头的颜色和形状。在触碰之后，它也能说出方块的材质。此外，亚历克斯也喜欢说那些常在实验室里听到的句子，例如“请注意”、“别激动”和“再见，我要去吃晚餐了，明天见”。

亚历克斯不是唯一会说话的非洲灰鹦鹉。我认识一只名叫思罗克莫顿的鹦鹉，它的名字来源于苏格兰的玛丽女王的一个中间人（在1584年因阴谋反叛伊丽莎白一世女王而被吊死）。它能够非常准确地说出自己的名字，还会模仿家中各式各样的声音，包括它的主人卡琳和鲍伯的对话声，并且还会拿来恶搞。它会用鲍伯的声音叫唤卡琳。据卡琳说，它学得像极了，以至于她根本分不出来。此外，它也会模仿卡琳和鲍伯两人不同的手机铃声。它最喜欢的消遣之一是趁鲍伯在车库时，模仿他的手机铃声。当鲍伯跑进来接电话时，它就会用他的声音“接”电话：

146

“你好，嗯……哦……嗯……”

最后它又会发出手机挂断的声音。

思罗克莫顿会模仿卡琳喝水时咕噜咕噜的声音、鲍伯一边啜饮热咖啡一边把它吹凉的声音，以及家里从前养的那只杰克拉塞尔㹴（已经死了9年了）吠叫的声音。此外，它还会模仿现在家里养的那只迷你髯狗的叫声，并且会跟着后者一起吠叫。“搞得我家听起来像是狗场一样。”卡琳表示，“而且，它学得像极了，没有人听得出来那是一只鹦鹉在学狗叫。”有一回，鲍伯感冒了，之后思罗克莫顿就开始发出擤鼻涕、咳嗽和打喷嚏的声音。又有一次，鲍伯出差回来，得了严重的胃病。此后的6个月中，思罗克莫顿就不时发出“哦，我的胃好痛”的声音。

除了说话之外，鹦鹉也会教其他鹦鹉骂脏话。不久前，在澳大利亚博物馆的咨询中心工作的一位博物学家接到民众打来的好几通电话，他们说在澳大利亚内陆听到野生的凤头鹦鹉在骂人。博物馆里的鸟类学家猜想，那些野鸟应该是向一些曾经被豢养但后来逃逸的凤头鹦鹉和其他鹦鹉学的。若果真如此，那么这真是文化传播的一个绝佳范例。

不过，嘲鸫所模仿的曲调之多、之准确，还是令人惊叹。曾经有人计算过嘲鸫所唱的曲调，结果发现一只嘲鸫每分钟可以模仿20种鸣叫与鸣唱，包括鸸鸟、翠鸟、主红雀、红隼（*Falco tinnunculus*），乃至小嘲鸫那尖细的恳求声。据说，波士顿阿诺德植物园里有一只嘲鸫能够模仿39种鸟的鸣唱、50种鸟的鸣叫，以及青蛙和蟋蟀的声音。你可以根据一只嘲鸫所唱的歌曲，判断它住在哪里。

147

每一只鸟都有自己独特的鸣唱。同一个族群的鸟，可能只有10%的曲调是相同的。鸟类学家爱德华·豪·福布什在描述嘲鸫的模仿技巧时，顾不得科学家应该保持的客观立场，赞美它们是“歌王”，胜过“所有会唱歌的鸟”。难怪南卡罗来纳州的美洲原住民会把这种鸟称为“四百舌”，这种说法并不算夸张，因为嘲鸫经常模仿多达200种不同的歌曲。我的一位鸟类学家朋友丹·比克表示，随着春天的脚步临近，要听出嘲鸫模仿哪些鸟的歌声，会变得越来越容易。“初春时，它们唱得实在不怎么样，整个糊成一团，很难辨认。但它们会聆听周遭的声音，如唧鹀、凤头山雀、卡车倒车的声音或电话铃声，并且不断练习，后来就越唱越好了。”

为什么会有生物愿意花这么多的时间和心思去模仿其他物种的叫声和偶然出现的声音呢？到目前为止，这仍然是一个谜。叉尾卷尾的模仿行为显然有个非常明确的目标，但嘲鸫呢？有人提出了一个“博·杰斯假说”，认为鸣禽的雄鸟之所以从一根栖木飞到另一根栖木，然后开始模仿其他鸟类鸣唱，是为了让它的潜在竞争对手以为这是雄鸟的地盘。博·杰斯这个名称源于加里·库珀所主演的一部好莱坞电影。在那部影片中，博·杰斯为了唬住来袭的阿拉伯人并保护自己的城堡，将他那些受伤或已经死亡的战友的身躯竖起来，靠在城堡的胸墙上，然后自己躲在后面拿着步枪扫射，好让敌人以为城堡的每一面墙都有官兵守卫。

也有人说鸟类模仿声音的行为比较像是保护性拟态，例如本来不具备威胁性的甲虫或苍蝇，通过模拟蜜蜂身体的颜色和图案，向潜在掠食者警示：“别吃我，不然我会狠狠地叮你。”举个例子，黑背钟鹊（*Gymnorhina tibicen*）会模仿那些攻击它们鸟巢的鸟类［如吠鹰鸮（*Ninox connivens*）和布克鹰鸮（*Ninox boobook*）］的声音，其目的或许是让那些鸟搞不清楚猎物的真实身份。但这无法解释它们模仿其他声音的行为，或嘲鸫模仿其他鸟的歌曲的行为。后者的目的或许比较偏向借着众多的曲调来取悦雌鸟。但无论动机为何，那都是惊人的特技。

148

早在公元前350年，亚里士多德就曾经提到鸣禽的鸣唱要经过学习：“小鸟如果不在自己的巢内长大，或者它们曾经听见其他鸟类唱歌，则长大后唱出的歌声和父母亲不同。”达尔文也曾经针对这点发表看法，他知道鸣唱是鸟类的本能，就像说话是人类的本能一样，但它们也必须经过学习才会唱那些歌，就像我们学习语言一样。他猜想鸟类可能也像人类一样，会把它们的歌曲代代相传，以至于每一个区域各自有其“方言”。但20世纪20年代的科学家或许是受到了B. F. 斯金纳[*]的影响（他认为许多行为即便是后天学来的，也已经在先天就决定了），都认为嘲鸫生来就会唱歌。当时的鸟类学家J. 保罗·菲舍尔就曾经在《威尔逊鸟类学报》所发表的文章中指出：“嘲鸫通常并不是有意识地模仿别的鸟类的鸣唱，它们只把自己原本已会的众多曲调唱出来。”

为了厘清这个“先天还是后天”的争议，20世纪30年代末期，鸟类学家阿梅莉亚·拉斯基便试着亲自饲养一只嘲鸫。在8月的一个早晨，她开车到距离家5英里（约8千米）的一座公园，从那里的一座鸟巢中把一只嘲鸫的雏鸟带回家做研究（根据某位人士的说法，拉斯基是那种可以一连好几天都目不转睛地盯着一座鸟巢看的科学家）。当时，这只名为“甜心宝贝”的小嘲鸫才出生9天。就像杰斐逊的宠物迪克一样，甜心宝贝后来也成了一家之主，直到它15年后去世为止。它在将近4个星期大的时候开始尝试唱歌。“它在没有张嘴的情况下，小声唱了10分钟。”拉斯基在文章中写道，“那是一连串几乎让人听不清楚的高高的颤音和哨音……完全没有模仿其他鸟儿。”它偶尔也会用一种非常柔和的声音唱它自己的歌，仿佛在说悄悄话，啁啁啾啾的，有些原始。“那是非常甜美的一种声音，轻柔动人，而且高低起伏，非常缓和。”

149 到了4.5个月大时，甜心宝贝的歌声中就不时穿插着它在家中可以看到或听到的那些鸟，包括绒啄木鸟（*Picoides pubescens*）、卡罗苇鹪鹩、冠蓝鸦、主红雀、椋鸟和山齿鹑的曲调。其中有哨音、颤音，也有

---

* B. F. 斯金纳（1904—1990），美国心理学家、新行为主义的代表人物，著有《瓦尔登湖第二》《超越自由与尊严》等。

鸣啭和嘎嘎声。这是它的第一个鸣唱季节。在这段时间里，往往只要家里发出声音（尤其是吸尘器的声音），它就会开始鸣唱。越接近春天，它的歌声就越嘹亮多变，而且往往持续很久——从早上5点30分开始，持续一整天。拉斯基表示："弄得家里好像养了一大群聒噪的鸟儿似的。"

9个月大时，甜心宝贝开始尝试直接模仿其他鸟类的声音。它的第一个对象是一只美洲凤头山雀。它一听到美洲凤头山雀的声音，便会立刻跟着"peto，peto"地叫起来。最后它学会了几十种鸟的歌声、楼下洗衣机嘎吱嘎吱的声音、邮差的口哨声，以及拉斯基先生叫唤狗儿的哨音。有些歌曲它唱了一阵子之后就不唱了，但到了第二年春天，它又开始唱。在6月的某一天，它热烈地唱了16分钟，总共发出143种鸣叫或鸣唱，平均每分钟就有9种，模仿的鸟类至少有24种。

我们认为这样精细的发声学习是一种高等或复杂的行为，因为它和我们人类一样，都必须经过聆听、模仿练习的阶段。近年来，科学家们一直试图通过研究澳大利亚的斑胸草雀，进一步了解发声学习的细节。

海豚和鲸鱼也很善于发声学习，但它们显然不适合被拿来在实验室中做研究。根据生物学家奇普·奎因的说法，适合拿来研究学习行为（无论是哪一种）的模式生物实在太少了，因为它"体内的基因最好不要超过3个，能够拉大提琴，或至少能够朗诵古希腊文，而且神经系统中只有10个大大的、颜色各不相同的、易于辨认的神经元"。

斑胸草雀虽然并不完全符合这些条件，但它却是研究发声学习的绝佳对象。因为这种雀（它们因喉部黑白相间的条纹而得名）容易繁殖，成熟得很快，而且很会唱歌。雄性的斑胸草雀在出生后的90天之

150

内，就会向它的父亲或其他雄鸟学唱一首情歌，学会之后就会终身反复吟唱这首曲子。杜克大学的神经系统科学家理查德·穆尼指出："要监测并操控人类在发声学习过程中所用到的神经元是不切实际的，同时也不符合伦理规范。而这些鸣禽提供了很好的替代品，让我们得以详细研究这种相对复杂的学习行为涉及的脑部机制。"其中包括学习过程的各个阶段以及鸟类在学习时所启动的各种基因。

对于斑胸草雀的幼鸟而言，学习鸣唱是一个漫长的过程。一开始它必须先聆听，就像我们在学习语言时一样。

值得一提的是，鸟类是有耳朵的。它们的耳朵不是像我们这样的长在外面的两片肉，而是头部两侧羽毛下面的两个小洞。雏鸟听到歌声后，声波会进入耳朵，使里面的毛细胞产生震动。这种毛细胞的密度是人类的10倍，而且远比我们的多样化，使得鸟类可以侦测到人类听不见的高频声音，以及昆虫在土壤或叶子底下发出的轻微的窸窣声。(鸟类的毛细胞如果因为疾病或吵闹的噪声——例如在体育馆举行的摇滚音乐会所发出的震耳欲聋的乐声——而受损，是可以再生的，但人类的就不行。) 鸟类脑干里的感觉神经接收到毛细胞传来的信号后，就会传给位于前脑的听觉中枢，之后那里的神经元形成听觉记忆，从而记住这一首歌。

雏鸟在出生后的头两周，会坐在巢内仔细聆听指导者 (通常是它的父亲) 的歌声。这时的它只是静静地吸收周遭的环境音，就像小婴儿那样。这段时期，雄鸟鸣唱时雏鸟只会聆听并记住这些声音，并不会试着模仿，但这些声音会在它脑海中形成"图景"。

在它聆听时，它的大脑会开始产生许多神经细胞网络。这些网络会逐渐形成一个致密的系统，由7个各不相同、彼此连接且专门负责制造歌声的区域所组成，这就是它的鸣唱系统。在那些尚未开始鸣唱的雏鸟的大脑中，这些区域还很小。在接下来的几个星期到几个月当中，它们会变得越来越大。细胞数目会增加，细胞的体积也会变大。 151

其中一个区域叫作高级发声中枢（简称HVC），其特化细胞会辨识雏鸟所听到的声音中的细微差别，甚至能够注意到音符与音符之间几毫秒的长度差异，并且只有在这些音符位于某个狭窄的范围时才会放电。这种辨识模式叫作分类知觉，我们人类也是采用同样的辨识模式来辨别语音中的细微差异（例如“ba”和“pa”的差别）。

在小鸟尝试鸣唱之前，它的大脑已经记住了指导者的歌声。该记忆就储存在一小群分布在它的鸣唱系统，并具有极高辨识能力的神经元当中。

生长在野外的小斑胸草雀在成长期间会听到各种不同鸟类的歌曲，就像嘲鸫一样。它有能力学会其中任何一种，但它只会学习同类特有的歌曲。外界的声音源源不断地进入大脑，但只有同类的歌曲逐渐在它的脑内刻下永久的印痕。这是基因和经验共同作用的绝佳范例。

小斑胸草雀第一次听到同类的歌曲时，心跳会加快（它进食时也是如此）。这个声音会成为它的一部分。它正在发育的脑部会受到听到的歌曲的影响，但在基因的筛选下，只有那些与它同类的歌曲有关的回路会变成汹涌的河流。这些回路的神经细胞之间的连接会大大增强，而那些非同类的歌曲则会成为较小的支流，并且悄悄消失。

科学家们发现的这个现象（即有些种类的幼鸟几乎能够学习它们所听到的所有歌曲，但在基因的作用下，它们只会学习同类的歌曲）在人类身上也能看到，幼儿就算没有受过正式训练，也绝对有能力学会全球6 000种人类语言中的任何一种。这显示我们先天就有学习语 152

言的基因。但我们只学会接触到的那种（或那些）语言，这凸显了这个过程中经验的重要性。

幼鸟如果未经成鸟指导，那么它唱出来的歌曲会难以辨识，或者唱得不好。那些在成长期从未听过成鸟鸣唱的小鸟会唱出很奇怪的歌，通常是一个很短、很简单的版本。人类也是如此，听力正常但从小都不曾听过人类说话的小孩，发出来的语音也很奇怪。

斑胸草雀学习鸣唱的窗口期是有限的，当幼鸟开始鸣唱时，它只会模仿它在幼年对歌声比较灵敏的时期所听到的成鸟的歌声。一旦成年，它就不再能够学习鸣唱了，个中原因至今仍是个谜。人类在语言学习上也受到同样的限制。

芝加哥大学的神经系统科学家萨拉·伦敦在斑胸草雀的身上发现了一个线索。她表示："成鸟的歌声其实会改变幼鸟的大脑，影响后者日后的学习能力。"她在研究中发现，听过成鸟鸣唱的幼鸟，在65天之前都能轻易学会鸣唱，但此后它们就不再具有学习能力了，并且会终身演唱同样的歌曲。而那些始终不曾听过成鸟鸣唱的幼鸟，即便过了65天之后，还是具有很强的学习能力。因此，听见另外一只鸟鸣唱的经验，显然是通过所谓的"表观遗传"效应影响幼鸟学习鸣唱的基因。伦敦指出，在这个例子里，组蛋白（即覆盖在DNA上，使得基因可以被启动或关闭的那些蛋白质）发挥了作用。

至于嘲鸫、金丝雀和凤头鹦鹉等鸟类，它们的学习窗口会开得比较久，因此它们在年纪较大时，仍然可以继续学习新的歌曲。但成鸟的学习能力会比幼鸟差。

人类的学习期也不受限制。此外，我们也像嘲鸫和金丝雀一样，年纪越大，学习语言就越吃力。婴儿学习语言的速度快得不可思议，他们在两三岁的时候，就能够轻而易举地把两种甚至三种语言说得很流利，而且从此发音都会很地道。过了青春期，我们要学习外语就困难多了，而且很难说得没有口音。我们的一些神经回路在童年时就已经定型了，而这是有原因的。如果我们的大脑一直在重组，就不可能变得稳定或有效率，我们就会出现“什么都学，但什么都记不住”的现象。不过，如果我们能在必要的时候，例如当我们已经60岁却还想学习巴基斯坦的乌尔都语时，重新启动这些学习机制不是很好吗？在我看来，嘲鸫在三四岁大的时候还能学会鸫或山雀的曲调，几乎就像是一个婴儿潮时代出生的人还能学会说广东话一样。

在学习鸣唱的第二个阶段，幼鸟会开始探索自己的声音。最初它会像甜心宝贝一样，胡乱发出一些微弱而颤抖的音符。有时是生涩、低沉的喃喃声；有时则是不规则而尖锐的声音，就像是年轻的小提琴手在测试乐器一般。这段时期，它的高级脑区域与运动区域之间的连接会增强，使它对鸣管的控制力越来越强。然后，在大约一个星期之内，它的鸣管两侧的肌肉就可以协调得很好，使它开始能够唱出可以辨识的音节。不过，这些音节并没有一定的顺序，它只是把听过并且记住的所有声音都胡乱发出来。这叫作亚鸣曲，是一些嘈杂多变、具有尝试性的声音，就像婴儿牙牙学语一样，只是用来锻炼肌肉的一种“游戏”。鸟类和婴儿都以此学习如何控制鸣唱和说话时所需要用到的肌肉。科学家已经发现，鸟类负责控制鸣唱动作的大脑回路里，有一个特殊的部位专门负责亚鸣曲，而这个部位和它们之后用来正式鸣唱的部位不同，它有一个很拗口的名字，叫作新纹状体巨细胞核外侧部（简称LMAN）。

之后的几个星期到几个月，幼鸟会开始练习学来的曲调，而且次数可能多达几万次乃至几十万次，以便进入真正的鸣唱阶段。每次练习时，它都会比对自己的声音和记忆中的歌声之间有什么差别，并且注意聆听自己哪里唱错，然后就会修正错误的地方。唱得很好时，它会得到奖赏。它的大脑会分泌大量令它愉悦的化学物质（例如多巴胺和阿片样物质）。多巴胺可能提供了鸣唱的动机，但阿片样物质是奖赏。它唱出来的歌声和脑海内所存的范本越接近，得到的奖赏就越多。

154

睡眠似乎在幼鸟学习鸣唱的过程中扮演了某种角色，这点和人类学习的过程相同。有越来越多的研究显示，人类在学习一项新的运动技能时，在训练过后以及后来的睡眠期间，他们的大脑仍然会继续处理这些信息。鸟类或许也是这样。斑胸草雀白天练习鸣唱，晚上睡觉。一旦幼鸟听到成鸟唱的歌，在晚上睡觉时，它们脑内鸣唱部位的神经元就会一阵又一阵地放电。不同的歌曲会导致不同的放电模式，表明每个模式都包含了有关某一首特定歌曲的信息。经过一夜的睡眠之后，幼鸟唱出的歌会有些退步，但在第二天练习之后又会进步。奇怪的是，退步得越多，它们后来就会模仿得越好。

幼鸟在鸣唱时的表现会因听众而异。在独自高歌的情况下，它会处于练习模式。这时它唱的是没有特定对象的歌。但如果有雌鸟在旁边，它就会呈现自己最好的版本，反复演唱，这时它所唱的是有特定对象的歌。即便这时它的唱功还不怎么样，它仍然会努力控制自己的鸣管肌肉，力求唱得完美。

“这两种版本的歌声，我听了几十年。”穆尼表示，“我怎样也听不出其中的差异，但雌鸟就可以。它们很在乎雄鸟是不是用这种比较精确而且固定不变的方式鸣唱。”穆尼指出：“显然鸟类的歌声里有许多元素是人类的耳朵听不出来的。”

贾维斯的团队利用脑成像技术所做的研究显示，当一只雄鸟独自鸣唱，并没有特定对象时，它的脑部活动和它对着雌鸟鸣唱时不同。当一只雄鸟独自鸣唱时，它的脑部与学习鸣唱、声音的自我监测和控制发声肌肉有关的回路都会亮起（当它在另外一只雄鸟旁边鸣唱时也是如此）。但当它对着一只雌鸟唱同一首歌时，只有负责控制发声肌肉的回路会被启动。这些研究显示了一个很有趣的概念：当一只雄鸟知道雌鸟正在评估它的表现时，它的心理和认知状态会有所改变。

155

幼鸟学习鸣唱时，雌鸟也会提供一些视觉上的提示，例如通过拍动翅膀或抖动羽毛来引导它，帮助它把音高调整到接近它父亲的程度。

这些都足以证明鸟类的学习行为会受到社会提示的影响。人类的学习行为亦然。婴儿虽然对异性没有如此强烈的反应，但母亲在场的时候，他们牙牙学语的表现确实会比较好。

在不断地尝试摸索，试唱了一两百万音节后，幼鸟唱出来的歌声便与它所模仿的成鸟神似了。这首歌被存在大脑复杂的神经回路中，但并非从此不变。有些鸣禽，例如金丝雀，在每一个交配季节都会学习新的歌曲。它们的高级发声中枢的大小，会随着季节而改变，在春天时变大，到了夏末时便逐渐缩小。科学家们最初以为这只是细胞与细胞之间产生新的连接所致，但后来费尔南多·诺特博姆等人发现，鸟类大脑的鸣唱回路会产生新的神经元。诺特博姆表示："大脑细胞会经常更新，高级发声中枢增加新的神经元是这个过程的一部分。"科学家们用蛋白质为这些神经细胞做记号，使它们发出绿色的荧光，如此他们便可以看到实际更替的过程。他们发现，当鸟类学习一首新歌时，脑内便有一些游离的神经元进入高级发声中枢，与其他神经元形成突触。这些游离的神经元寻找的目标是什么？是什么因素决定它们最后会跑到哪里去？这些都是在乔治敦大学的礼堂开会的这些科学家想要解答的问题。不过我们知道所有的脊椎动物（包括人类在内）可能都有这种特殊的神经发生现象。

156

达尔文曾说，鸟类的歌声是“最接近人类语言的存在”。这话确实没错。不仅鸟类学习鸣唱和人类学习语言的过程相似，而且二者都有学习的“窗口”，也就是大脑最容易被激活的时候。鸟类的歌声虽然没有人类语言那么复杂的语法，但其中部分元素确实有些相似。

麻省理工学院的语言学家宫川茂和他的研究小组提出了一个新的理论。他们认为人类的语言有可能是鸟鸣的调子和其他灵长类动物所采用的更实际且富含信息的沟通形态二者融合的结果。他说：“二者在偶然之间融合后，人类的语言就诞生了。”宫川茂认为，人类的语言只有两个层面：一个是“词语”层面，也就是一个句子的主要内容所在，类似蜜蜂的摇摆舞动或灵长类的叫声；另一个则是“表达”层面，这个层面变化较多，也更接近鸟鸣的旋律。宫川茂的意思并不是指人类的语言真的源自鸟鸣，因为这两种沟通系统并不是从同一个源头演化而成；但他认为，在过去5万年到8万年之间的某个时期，这两种沟通方式逐渐融合成现代形式的语言。他表示：“没错，人类的语言非常独特，但其中两个要素在动物界都有先例。我们认为有可能这二者融合之后，便形成了独一无二的人类语言。”如果这是真的，我们最想问的一个问题便是，它们是如何融合的？但这个问题至今仍未获得解答。不过，我倒蛮喜欢这个概念的——人类的语言表达中可能包含或反映了鸟鸣的旋律。

关于鸟鸣近似人类语言的说法，在生物学上还有更多确实的证据。鸟类和人类发声时所用到的大脑回路类似。人脑中负责感知语言的区域名叫“韦尼克区”，就像鸟脑内负责感知歌声的区域；主管人类语言产生的“布罗卡区”则如同鸟类制造歌声的区域。鸟脑和人脑最像的地方在于，二者都有负责制造歌声或语言的区域，而且感知歌声（语言）的区域和制造歌声（语言）的区域之间都有连接（通路），这是那些不具备发声学习能力的物种所没有的特质。这些通路中的数百万个细胞都彼此相连、沟通，所以我们的大脑才能在听到声音后发出同样的声音。

157

“如果二者的行为相似，大脑的通路也相似，则相关的基因就可能相似。”贾维斯表示。果然，那天下午在乔治敦大学的会议中，他就宣布了一项大规模国际性研究的成果：在为48种鸟类的基因组排序之后，研究者发现，人脑和鸣禽的脑内都有一组（超过50个）基因会在主管声音的模仿、说话和鸣唱的区域中开启或关闭，但那些没有发声学习能力的鸟类（如鸽子和鹌鹑）或不会说话的灵长类，则没有这个现象。因此，这或许是鸟类和人类在发声学习时共有的基因表现模式。

看到这则消息，我们不禁要问，人类和鸟类演化的时间相差如此之久，为何二者的大脑在学习发声方式上居然会相同？为何会有相似的基因和大脑回路？

针对这一点，贾维斯提出了一个理论。他的实验室最近用脑成像技术做了一项研究，结果发现，当鸟儿跳跃的时候，在它们的脑内那7个负责学习鸣唱的部位周围，有7个区块的基因会被启动。这样看来，鸟类掌管鸣唱和学习鸣唱的部位，似乎是嵌在负责控制动作的大脑区域中。贾维斯因而提出一个很吸引人的运动神经理论来解释发声学习的起源：大脑中负责发声学习的通路，可能是从那些负责控制动作的通路演化而来的。贾维斯所发现的那组人和鸟共有的基因中，有许多在被启动时都会在运动皮质的神经元和掌管发声肌肉的神经元之间形成新的连接。

对于经过专业舞蹈训练的贾维斯而言，这是一个很令人振奋的概念。他表示："在鸟类和人类的共同祖先的大脑内，可能有某种古老而通用的神经回路，负责控制四肢和躯干的动作。"在演化的过程中，这个回路被复制了一份，而新的回路被用来掌管发声学习。新的结构从旧有的结构或现存的基础素材中演化出来，这是演化上很常见的现象。旧有的结构发生变动，产生了新的功能。贾维斯认为，鸟类与人类在不同的时间点出现了这样的复制现象，但结果是一样的，二者都有了模仿声音的能力。

约翰·包休斯解释道："这是亲缘关系很远的分类单元，恰巧都以类似的方式来解决类似的问题的一个例子。"

如此看来，鸟类的发声学习至少经过两次（甚或三次）的演化。一次是发生在蜂鸟身上，另一次则是发生在鹦鹉与鸣禽的共同祖先身上，或分别发生于鹦鹉和鸣禽身上。至于人类，我们原先用来控制动作的大脑通路后来可能被用来掌管语言。

"人们很难接受这种说法。"贾维斯告诉我，"基本上这个理论会让人感到有些难堪，因为它贬低了语言以及发声学习回路的特殊性，但这是我所能想到的最能够用来解释现有数据的理论。"

值得一提的是，贾维斯的实验室也发现鹦鹉的发声学习回路的构造与鸣禽和蜂鸟略微不同。它们有一种超强的"鸣唱系统当中的鸣唱系统"，而这或许有助于它们学习鹦鹉所使用的不同方言。

贾维斯的这个理论或许能够解释发声学习如何演化出来，但却无法解释它为何会演化出来。在所有生物中，为何只有鸟类演化出这样别致的发声学习系统，以及那些用来辅助这个系统的既复杂又耗能的大脑回路？为何这样的发声系统如此罕见？针对这一点，贾维斯也有一个理论。

春天，一只急于展现自己歌喉的雄嘲鸫会不断寻找更高的栖木，直到它栖息在附近最高的一棵树上最顶端的枝头为止。然后，套句梭罗的话，它就会“像一个业余的小提琴家一样开始那冗长的表演”，甚至到了夜晚仍不停歇。它唱歌时，身子前倾，翅膀微开，喉咙大张，仿佛因为自己的歌声而感到亢奋。事实或许正是如此，它那美好、狂热、持续不断的歌声是某种形式的前戏。那是一首情歌，也是一首危险的歌。

159

它停在那毫无遮蔽的高枝上，整个暴露在空中掠食者的视线中，但它并未试图寻求掩护。相反地，它唱歌的目的就是为了凸显自己。如果它反复唱同一首歌，或许还有机会逃过猎食的鹰的目光。但它接连唱出不一样的歌声，等于是让自己置身于最引人注目的地方，仿佛在说：“我在这儿！我在这儿！来抓我吧！来抓我吧！”

贾维斯表示，这或许是发声学习行为如此罕见的一个原因。“动物如果发出这类多变的声音，会使自己成为容易下手的目标。”

贾维斯认为动物的发声学习能力或许存在一个连续体。“有些物种，如鸣禽和人类这类善于模仿的动物，位于最高那一端。那些不太善于模仿的，例如老鼠（或许还包括若干种鸟类），则位于另一端。”能够学习发出复杂声音的，通常是那些位于食物链顶端的动物（例如人类、大象、鲸鱼、海豚），或是善于逃离掠食者的动物（例如鸣禽、鹦鹉和蜂鸟）。“其他动物都成了掠食者下手的目标。”他说，“要测试这个假说是否正确，得让一种动物在没有捕食者的情况下繁衍许多代，然后看它会不会自然而然地演化出发声学习的能力。”这样的实验很难做，但在理论上是有可能的。

东京大学的冈之谷一夫和他的研究团队提供了一些可以支持这个理论的证据。他们以白腰文鸟驯化亚种（*Lonchura striata domestica*，是文鸟家族中被驯化的一个亚种，不以歌声见长，但因毛色美丽，普遍被亚洲人当作宠物鸟）作为研究对象。结果发现，已经被驯化250年的白腰文鸟所唱出的曲子，比野生的文鸟更多变。冈之谷一夫猜想，这些被驯养的鸟类可能是因为没有了来自掠食者的压力，才发展出变化更多，也更复杂的歌声。而无论是白腰文鸟还是野生文鸟的雌鸟，都比较喜欢这些富于变化的歌声。

160

“因此，我认为掠食者的存在，使动物不容易演化出发声学习能力，所以具备这种能力的生物才如此稀少。”贾维斯表示，“但它是有利于性选择的一个因素，或许对人类来说，情况也是如此。”

贾维斯之所以产生这样的想法，是因为有一天他坐在杜克大学的庭园附近的一座公园里看书时，突然听到一只歌带鹀（*Melospiza melodia*）在一株松树的树梢上唱歌。

“我抬起头，看到它正放胆大声地鸣唱。因为它反复唱着同一首歌，后来我就习惯了，于是我便继续看书，没有再注意它。但突然间，那歌声变得不一样了，于是我再度抬起头，想看看那是不是另外一只鸟所发出来的声音，但我发现还是同一只。5分钟后，它又改唱另外一首歌，让我再次以为是另外一只鸟。它就这样不断地引起我的注意，而我甚至不是一只歌带鹀。”

（这让我想起我的鸟类学老师有一次在课堂上让我们观赏的一幅

漫画。画面中有两只鸟栖息在高高的树梢上。树下站着两位观鸟人，他们正拿着望远镜朝着上面看。其中一只鸟对另外一只鸟说："他们还是找不到我们……我们来唱点不一样的吧！"）

对鸟类来说，鸣唱不仅危险，而且得付出很高的代价。因为这不但会让掠食者更容易注意到它，还会使它没有那么多的觅食时间。那么，鸟类为什么要这么做？

因为歌唱得好，是吸引雌性的最佳工具。贾维斯说："具有发声学习能力的鸟（和鲸鱼）之所以改变歌声，是为了吸引异性的注意。雄鸟冒着让鹰和其他掠食者看见并攻击的危险，在光天化日之下站在树梢上唱歌，是在向雌鸟宣告：'你看，我敢在这地儿纵情高歌，还能模仿这么多种不同的声音。'它们基本上就是在自我吹嘘：'你看，我唱得多好，模仿得多好，选我吧！'"嘲鸫鼓胀着胸膛进行的帕格尼尼式演出，其实就是一种引人注目的宣传花招，意思是"嗨，宝贝，请你选我吧"。

为了交配，大自然中的生物往往会做出各种奢侈的举动。

161

许多雄鸟求偶时都面临激烈的竞争，因为赌注很大。雌鸟必须精挑细选，它得选择一只基因合适而且能够保卫它的鸟巢和觅食地盘的雄鸟。而它评估追求者的一个方式，就是根据后者所唱的歌曲。如果雄鸟唱得"不对"，它就会另寻对象。

那么，关于雄鸟所唱的歌，后者最在意的是哪一点？（或者就像弗洛伊德所提出的一个问题：女人究竟要什么？）

长期以来，科学家们一直以为雄鸟能唱的歌越多越受青睐。但要评估一只雄鸟能唱几首歌不仅有难度，而且也很耗时间。不过，要评估它把一两首歌唱得多好则容易得多。研究显示，许多种鸣禽的雌鸟比较喜欢和那些唱得快而持久，或者歌声较为复杂的雄鸟交配。换句话说，重要的不是它能唱几首歌，而是它唱得好不好。

那么，怎样的歌才能挑动雌鸟的“性”致？关于这一点，不同种类的鸟似乎各有所好。沼泽带鹀（*Melospiza georgiana*）和被驯养的金丝雀的雌鸟，喜欢速度快得接近极限的颤音；斑胸草雀则偏好响亮的歌声。有些鸣禽的雌鸟无法抗拒悠长或复杂的歌曲，有些鸟类（例如金丝雀）会被“性感”（这确实是相关的科学家所使用的字眼）的音节所挑动。所谓“性感”的音节，指的是雄鸟用鸣管同时唱出的两种不同的声音，这时，它可以说是在和自己进行一场“二重唱”。这些性感的双声音节远比单声音节更能吸引金丝雀的雌鸟。

有些雌鸟钟爱“邻家男孩”的歌声，它们很在意雄鸟所唱的是不是正宗的地方歌谣。

许多鸣禽都有方言，这些方言都有很明显的“腔调”。就像波士顿南部人的口音，或阿肯色州人说话时慢吞吞的腔调一样，这些方言是后天学来的，并且像传家宝一般代代相传。科学家们让主红雀聆听录音时发现，它们对当地主红雀歌声的反应，远比对来自1 800英里（约2 900千米）外的主红雀的反应热烈。德国南部的大山雀的方言和阿富汗的大山雀明显不同，以至于前者认不出后者是它们的同类。就算在美国同一个州内，不同地区的鸟所唱的曲调，也可能全然不同。根据鸟类学家唐纳德·克鲁兹马的报告，住在马萨诸塞州外海的马撒葡萄园岛的黑顶山雀所唱的曲调，就和住在马萨诸塞州大陆的黑顶山雀不同。居住在两个地区的同一种鸟类即便彼此相距只有1英里（约1.6千米），甚至不到1英里，它们的歌声可能也不一样。加利福尼亚州的白冠带鹀便是一个例子。一个地方的白冠带鹀所唱的曲调和几码外另一个地方的白冠带鹀可能就有明显的差异。有些居住在两种方言交会地带的鸟儿会说两种语言。

162

人类语言的发音、字词的拼法和词汇，会随着时间而发生变化。

鸟类在这方面也是如此。举例来说，如今的稀树草鹀（*Passerculus sandwichensis*）所唱出的曲调，就和30年前它们的祖先所唱的明显不同。前一阵子，罗伯特·佩恩所率领的团队记录了靛彩鹀（*Passerina cyanea*）20年来歌声演变的过程，他发现，每一只鸟所唱的都是它所学来的地方曲调，但其中都会有一些创新的成分。佩恩以这些成分为标识，追踪靛彩鹀的歌声如何代代相传。他发现，一只鸟所创新的部分，即便在它死后，还是会持续影响整个族群，最后便形成当地的鸟儿可以辨认并区分的传统曲调与区域方言。

这和雌鸟有什么关系呢？就像波士顿南方的口音在阿肯色州可能吃不开一样，那些不符合当地口音的歌曲或许也会让鸣禽的雌鸟失去"性"致。这可能是因为一只外来的鸟或许比较难以捍卫它的地盘。

贾维斯认为，这一切是和音调的调节有关。无论雄鸟唱的是又长又复杂的歌还是短而性感的音节，最终它能够掳获雌鸟的芳心，靠的是它对速度的拿捏和音高的把握。"这就像是一个超级兴奋剂。"他说，"就像一颗大鸡蛋对母鸡的吸引力一样。"（动物行为学家尼古拉斯·廷伯根*发现，母鸡喜欢大颗的鸡蛋：你如果拿一颗很大的蛋给一只母鸡孵，即便它是一颗假的，那母鸡也会宁可孵这颗大蛋，而不孵小蛋。显然在它的心目中越大的蛋越好，即便这颗蛋看起来并不自然。）对鸣禽的雌鸟来说，音高准确、形式繁密的歌声最迷人。

163

鸟类歌声之精准委实令人惊讶。为了证明这一点，理查德·穆尼在乔治敦大学的会议中展示了两张并排的声谱图。左边那张显示的

---

* 尼古拉斯·廷伯根（1907—1988），荷兰裔英国生物学家、鸟类学家，现代动物行为学的奠基人之一，1973年与康拉德·劳伦兹、卡尔·冯·弗里希共获诺贝尔生理学或医学奖。著有《动物的社会行为》《银鸥的世界》等。

是他请一个人把一个简单的句子重复说100次时的声音模式。右边那张则是他实验室里一只斑胸草雀一再唱着同一曲调的声音模式。(“你请人来做这件事,得花钱才行。但斑胸草雀却一毛钱也不拿。”穆尼打趣道。) 事实上,他找来的可不是一般人,而是一位攻读神经系统科学的博士候选人。这个人当天也和我们一起坐在观众席中,而且他还是每一科都拿“A”的学生,口齿非常非常清晰。穆尼表示:“我请这个学生尽可能准确地重复‘I flew a kite’(我放风筝) 这句英文。”(他说他之所以选择这句话,是因为它的音高接近斑胸草雀所唱的一个音节。)“至于斑胸草雀,我什么也没交代。”

在比较这两张并排的声谱图之后,结果相当明显,无论那位勤奋的学生多么努力地尝试,他重复念诵的那些句子差异还是很大。而斑胸草雀每次唱出的乐句几乎一模一样。穆尼表示,就准确度而言,“这只鸟就像一台绝不会出错的机器”。

这便是所谓的声音的一致性,也就是在每一次演唱时完美地复制一首歌的声音特色 (音符的高低、旋律的变化、停顿时间的长短) 的能力。对鸟类来说,这些细微的差异关系重大。

是哪些因素造就这样的准确度?鸟类的神经系统必须一再发出同样的指令给控制发声肌肉的系统;鸣管左右两侧以及呼吸系统的肌肉,必须在每个毫秒里进行精确的协调;此外,它们的肌肉还必须很有耐力,才不会疲劳。总的来看,这确实可以显示一只雄鸟高超的发声技艺。

至于雌鸟,它们似乎也把精准度当成衡量雄鸟发声技能的可靠指标。在实验室中进行的研究显示,斑胸草雀的雌鸟特别青睐那些歌声具有较高一致性的雄鸟。雄性的大苇莺 (*Acrocephalus arundinaceus*) 若能唱出较一致的哨音,它的“后宫佳丽”也会更多。同样地,歌声

164

一致的雄斑苇鹪鹩（*Thryophilus pleurostictus*）和栗胁林莺（*Setophaga pensylvanica*）也有更多的婚外情和非婚生子女。嘲鸫也一样，歌声较严谨稳定的雄嘲鸫有较多的后代，地位也比歌声较松散的嘲鸫高。

科学家们仍试图厘清雌鸟为何会如此在意雄鸟的歌声是否精确、地道。或许雌鸟认为雄鸟在这方面的杰出表现，显示它的身体很健康。雄鸟或许是想借着它那嘹亮、持久且始终一致的歌声向雌鸟宣示，它很能控制自己的肌肉，健康状况也很好；因为一只精力较差的鸟是无法有这种表现的。至于它歌声中的其他特色——所谓的"结构性的特色"，包括它唱得像不像它所模仿的雄鸟、歌曲的语法是否合理以及有多么复杂等，则可能透露出它幼年时是否营养充足，没有压力（或者能忍受压力），以至于它的大脑结构良好，运作正常。举例来说，金丝雀要唱出"性感"的音节，鸣管左右两侧的肌肉必须高度协调才行。金丝雀雌鸟可以借着聆听雄鸟唱出的音节是否非常"性感"来排除那些鸣管两侧肌肉协调不良的雄鸟。

由于鸟儿的鸣唱是一种极其精细复杂、难度很高的行为，它或许成了一个方便、可靠的指标，让雌鸟可以以此衡量雄鸟的整体健康状况和脑力。

杜克大学的学者史蒂夫·诺维茨基表示，谈到这点，就要回头谈谈雏鸟的成长关键期。在这段时期，雏鸟脑内会产生大量的连接，以形成它的鸣唱系统。此时，它的身体也迅速地成长。一般来说，鸣禽的雏鸟在出生后的10天之内，体重便会达到成鸟的90%左右，成长的速度快得不可思议。要长出这么多的神经元、肌肉、羽毛和皮肤，需要大量的营养供应。因此这是它特别容易受到伤害的一个时期。如果这段时间内发生了什么事情，例如父母亲无法为它提供足够的食物，它染上了疾病或受到其他方面的压力（例如来自手足的竞争），它脑内的鸣唱回路就无法发育好。被关在笼子里且食物不足的鸟儿脑内的鸣唱组织会发育不良，使它们无法准确地学习成鸟的歌曲。举例来说，有一项研究显示，食物充足的斑胸草雀在学习成鸟的歌曲时，可以达到95%的准确度，而食物不足的斑胸草雀却只能达到70%。二者之间的差异听起来或许不是很大，但对雌鸟来说，却是天壤之别。它能够“嗅出”雄鸟歌声中的错误，并因此而鄙视它。换句话说，歌声的好坏决定了一只雄鸟的价值。它的歌声会泄露它一生的经历。

歌唱得美妙而准确，也可能显示雄鸟脑力高超，而且学习能力很强。这种“认知能力假说”认为，雌鸟可能是以智力的高低作为选择伴侣的标准，而歌声只是智力的衡量指标。换句话说，它们认为歌唱得比较好的雄鸟学习能力较强。这种理论认为，歌唱得好的雄鸟不仅能够更好地学到、记住并忠实再现它所模仿的歌曲，也可能比较善于执行其他需要脑力的任务（包括学习各种事物、做出决定和解决各种问题，比如在哪里觅食、何时进食、要吃什么、如何避开掠食者、如何吸引异性等）。雌鸟期望能得到“好的”基因，也希望自己未来的伴侣能为后代提供充足的食物，因此对它而言，以上这些特质都很棒。不过，目前科学家们还不清楚很会唱歌的雄鸟是否也很擅长执行那些需要认知能力的任务。目前这方面的证据并不明确。

圣安德鲁斯大学的内尔吉·布格特在实验室中研究一批单独关在笼子里的斑胸草雀雄鸟，她给它们出了一道简单的题目：把一个木制水槽上的塑料桶盖子撬开，才能拿到食物。结果她发现歌声比较复杂（每一个乐句中包含更多元素）的雄鸟的解题速度，比歌声中含有较少元素的雄鸟更快。这显示雌鸟可能是根据雄鸟的歌声判断它的觅食能力，即它是否能够很快学到去哪里觅食以及如何觅食。

但事情没有这么简单。布格特的研究小组后来让歌带鹀的雄鸟从事更多需要用到认知能力的任务，例如反转学习、空间与色彩连接任务，那些比较会唱歌的雄鸟表现有好有坏。在某些测试项目上，它们表现得比较好，但在其他一些项目上，它们的表现较差。最近，一项关于置身于群体中的斑胸草雀（这更接近它们原本的环境）的研究发现，歌曲是否复杂与其他认知能力的高低没有关联。歌唱得最好的那些雄鸟在解决问题时的表现，并不比那些歌声平平的雄鸟更好。布格特认为，这可能是受到一些因素的影响，例如压力、动机、注意力被分散，以及社会地位的高低等。

166

在野外，要测试雄鸟的歌声优劣与认知能力的高低之间的关联，或许更不容易。不久前，有着冒险精神的科学家卡洛斯·博特罗想出了一个很特别的研究方法。当时任职于北卡罗来纳州国家演化综合研究中心的他，携带着灵敏度极高的录音设备行走于南美洲好几个国家的沙漠、丛林和灌丛，把野外的嘲鸫的歌声录了下来。在存录了由29种鸟所唱出的100首歌后，他发现住在气候变化无常地区的嘲鸫所唱的曲子比较复杂。这些地区由于气候不稳定、降雨不规则、气温变化大而环境多变，食物来源并不可靠。生活在这些地区的嘲鸫不仅会唱更多的歌曲，也比较善于模仿其他鸟类的鸣唱与鸣叫，并且它们的音高更准，曲调更一致。博特罗表示，或许雌鸟认为雄鸟的鸣唱技能显示后者足够聪明，能够应对环境中的种种变动。这显示雄鸟的歌声中有许多方面很可能反映它的整体认知能力，而这是受到性选择影响的结果。

天色已近黄昏，距离鸟鸣会议的第一次休息时间已经有几个小时了。我再度走到外面去察看那株雪松，那只嘲鸫仍然栖息在枝叶深处，演唱着各种曲调，但这回它的声音很轻柔。

鸣禽的雌鸟是否根据雄鸟的歌声来判定它聪明与否？这点目前尚无定论，但在演化的过程中，显然雌鸟使得同类的雄鸟发展出了复杂、精确且异常美妙的歌声，以及用来制造这些歌声的致密大脑回路。正如鸟类学家唐纳德·克鲁兹马所言，雌鸟聆听雄鸟的歌声并且为它打分数的行为，已经“塑造”了雄鸟的样貌，导致雄鸟用歌声来向雌鸟显示：它够资格成为雌鸟孩子的父亲。雌鸟选择交配对象的条件使得“会唱歌”的基因留传下来，至于怎样才叫“会唱歌”，则是由每一种鸟类的雌鸟心灵深处的某种东西来决定。如此说来，雄鸟之所以会演化出一个极其复杂的鸣唱神经网络，以及一个在它唱得很准确时会给它奖励的大脑，都是拜雌鸟所赐，也就是所谓的交配意向假说。在雌性生物逐渐演化出鉴别雄性复杂的展示行为的能力时，雄性也越来越能意识到，雌性会如何评估它们的展示行为。在这个过程中，两性的大脑结构都受到了影响。

167

这只在雪松枝杈间低声吟唱的嘲鸫，并未看到任何雌鸟，它的秋季之歌或许为它提供了另外一种奖赏。鸟类在春秋两季唱出美妙的歌声时，它们的大脑会分泌多巴胺和阿片样物质这两种令它们感到愉悦的激素，只不过两个季节分泌的数量不同，目的也不一样。赖特斯指出，阿片样物质不仅能引发愉悦感，还可以止痛。为了了解哪一个季节的歌声更能让鸟类大脑分泌具有止痛作用的阿片样物质，赖特斯观察了在春秋两季鸣唱的雄椋鸟，然后把它们抓起来，并将它们的脚泡在热水中。她预测在秋天唱歌的椋鸟能够忍耐得比较久。结果也确实如此，她发现，秋天的鸣唱更能引发阿片样物质的分泌。达尔文曾在书中写道，“鸟类之所以鸣唱，主要是为了在求偶的季节吸引异性”，但过了求偶的季节之后，“雄鸟……会继续以歌声自娱”。或许它们是为了消除疼痛。

雪松树上的这只嘲鸫小声地唱着，此时它虽然仍旧模仿着各式各样的曲调，但声音却轻柔优雅，显然是在唱给自己听。或许它是为了抵挡这刺骨的寒气。也有可能，当它把那些曲调唱得准确而优美时，它不仅不会感到疼痛，而且甚至会充满愉悦。 168

第六章

艺术大师

——鸟类的审美趣味

我蹲伏在一棵圆果杜英树的板根后面，通过枝叶的缝隙观察。在这座雨林的地面上有一小片光线斑驳的区域，里面有一只鸟。它的大小有如鸽子，但羽毛是蓝黑色的，焕发着光泽，眼睛是亮紫色的。它的身后有一座用树枝搭建的典雅的小亭子，高度约有1英尺，由两面平行的拱墙所组成，而这两面墙则是由笔直的枝条构筑而成。亭子整体看起来倒像是某个孩子搭建的一座圆锥形玩具帐篷。这只鸟四周的地面上散置着各种色彩鲜艳的物品，在它们底下那层暗黄色树枝的衬托下，显得异常醒目，仿佛在林内这暗淡的光线中熠熠生辉。那些物品包括花朵、果子、莓果、羽毛、瓶盖、吸管、鹦鹉的翅膀、一只很小的玩具滑板和一个很像是蓝绿色玻璃眼珠的东西。那只鸟衔起一朵花，把它丢到附近，接着又挪动一根羽毛，推了推几颗珠子并拨弄一根吸管，显然正在依照颜色、大小和形状将它的战利品加以分类。在整个过程中，它不时往后跳一步，仿佛要察看自己刚才做出来的成品如何似的。察看完毕后，它又再度跳到前面去调整物品的位置。

如果几个星期之前你就在这里（位于澳大利亚东海岸的一个地方）观察这只鸟，你会看到它正在勤奋地工作。它先是拼命地把一块

171 地［面积约为1平方码（约0.84平方米）］上面的瓦砾碎石清除，然后便开始勤奋地搜集各种树枝和青草，并将它们均匀地铺在地上，作为它的"平台"。之后，它再从其中挑出上好的树枝，将它们分成两排，整整齐齐地插在清晨的阳光照射得到的地方，形成一条通道。接着，它又把细小的树枝均匀地铺在通道的北端，以作为那些装饰物的背景以及自己的舞台。最终，它将在这个舞台上面表演华丽的舞步和歌曲。

接下来，它就要开始收集宝物了。在这方面，它可不是随便什么东西都喜欢。这只鸟偏爱蓝色，它所搜集的东西包括几根蓝得像矢车菊一般的鹦鹉尾羽、一些半边莲的花朵、圆果杜英树的宝蓝色果实、紫色的矮牵牛、从附近一座农场偷来的飞燕草的蓝花、几块钴蓝色玻璃或陶器碎片、几条海军蓝的发带、几小块蓝绿色的油布、一些蓝色的公交车车票、几根吸管、几支圆珠笔以及那个玻璃珠，外加它从邻居那儿偷来的一个粉蓝色奶嘴。它把这些东西都巧妙地铺在泛黄的草地上。如果花朵枯萎或莓果皱缩了，它就会换上新鲜的。如果你再看几天，可能就会看到它把干燥的南洋杉针叶嚼碎后，涂抹在树枝通道的内部跟它的胸口一般高的地方，形成一道条纹。

难怪早期欧洲的博物学家在澳大利亚的森林深处发现这些创作的时候都很迷惑，以为是原住民的孩童或他们的母亲所盖的别致娃娃屋。

我们对会盖房子的动物充满敬畏，这或许是因为人类本身也会盖房子。因此我们看到鸟巢（我们最熟悉的一种鸟类建筑），尤其是若干种鸟类所做出来的华丽鸟巢，总是赞叹不已。举例来说，织布雀会把植物交错缠绕并打结，造出精巧的巢。橙腹拟鹂（*Icterus galbula*）会迅速地衔着一根根植物纤维（有数万根之多）来回穿梭，将它们编织成鸟巢。家燕（*Hirundo rustica*）也会衔着泥土来回数万趟，在谷仓的椽上或码头和桥梁的下方造出杯状的巢。 172

"鸟巢之所以呈圆形，正是因为鸟儿的身体。"儒勒·米什莱*写道，"它的家就是它的自身、它的形体……也可以说是它的苦难。"

我在婆罗洲的丹戎普廷区的一处河岸上看到露兜树的一根叶柄顶端有一只白喉扇尾鹟（*Rhipidura albicollis*）的杯状鸟巢时，不禁想到了米什莱的这句话。白喉扇尾鹟是当地的广阔森林中很常见的鸟种，但它那小而紧密的鸟巢却结构巧妙、做工细致，令人为之惊叹。这些鸟巢形状浑圆、尺寸小巧，只能勉强供雌鸟和雏鸟栖身。不知道这些鸟是否曾用自己的胸部对着巢壁施压，并用它们的身体按压和揉捏那些建材，使它们变得柔软而容易弯曲。这座鸟巢是用蜘蛛丝、粗糙的青草苞片固定在露兜树叶柄的顶端，巢壁则是以细草、互相交叠的微小叶片、树蕨的茸毛和一些丝状的细根编织而成，形成了一个小巧舒适的圆形杯状物。

最佳鸟巢建筑奖应该颁给银喉长尾山雀（*Aegithalos caudatus*）。这种鸟很常见，是山雀的近缘物种，生活在欧洲和亚洲。它的巢是一个有弹性的袋子，由有如钩子般的小叶苔藓组成，并用一圈又一圈带有绒毛的蜘蛛卵囊丝线织在一起，产生了类似尼龙搭扣的效果。此外，这种体形小巧的鸟还会用数千根细小的羽毛铺在袋子的内侧，以达到防水的效果，最后再用数千片细小的地衣薄片覆盖在袋子外侧，把它的巢掩蔽起来。整个结构一共由大约6 000个不同的部分所组成。

---

* 儒勒·米什莱（1798—1874），法国历史学家，著有《法国史》等史学著作及大量散文作品。

“一只鸟的鸟巢最能反映出它的心智状态，也最能具体呈现它的推理和思考能力。毫无疑问，鸟类在这些方面具有很高的天分。”英国的鸟类学家查尔斯·狄克逊*在1902年写道。然而，很久以来，我们一直认为鸟类筑巢行为完全是出自本能。刚出生时，一只鸟的基因里就有某种鸟巢“样板”，它并不真正清楚自己想做什么。就算在筑巢的过程中要动脑，那也只是在遵守一套简单的行为规范，所有的动作都已经设定好了。诺贝尔奖得主尼古拉斯·廷伯根曾经指出，银喉长尾山雀在建造它们的圆顶状鸟巢时，会连续用到多达14个动作。但他接着又表示，他很惊讶“如此简单而一成不变的动作加起来居然能形成这么棒的结果”。

173

近年来，这种看法已经有了改变，因为科学家们已经发现越来越多令人信服的证据，显示鸟类的行为除了本能之外，也需要用到各种才能，例如学习能力与记忆力、经验、决策能力，以及协调与合作的能力。他们发现，银喉长尾山雀之所以能造出华美的巢，是配偶双方从头到尾互相合作的结果。在这个过程中，它们需要针对筑巢的地点、材料和建造方式做一连串的决定。

难怪苏格兰圣安德鲁斯大学的心理学家兼生物学家休·希利率领她的“学习与筑巢研究小组”，研究斑胸草雀在筑巢过程中会用到的大脑区域时发现：在筑巢期间，不仅它们脑内的运动回路被启动，连那些与社会行为和奖励有关的通路也被启动了。

2014年，希利的团队发表了一项实验的结果。这项实验的目的在于了解斑胸草雀是否能够根据经验，学会选择更有效的筑巢材料。野生的斑胸草雀会把巢建在浓密的灌木林中，所用的材料是草茎或

---

* 查尔斯·狄克逊（1858—1926），英国鸟类学家，对鸟类的迁徙有较深入的研究，著有《乡村鸟类生活》《鸟巢》等。

细小的树枝。在实验室中，研究人员给它们两种筑巢材料，一种是又轻又软的棉线，另一种则是硬得多的棉线。他们在这些鸟筑了一会儿巢之后，把这两种棉线拿出来，让它们选择。结果发现，那些曾经用过轻软棉线的鸟会选择那些比较硬的棉线。筑巢的经验越多的鸟，越倾向于选择较硬的那种棉线。显然，学习的结果影响了它们对建材的选择。

为了进一步了解这些鸟是否会刻意选择特定的材料来掩蔽它们的鸟巢，研究小组在斑胸草雀雄鸟的笼子里贴上不同颜色的壁纸，然后再给它们两种筑巢材料（包括和笼里的壁纸同色的纸带，以及另外一种颜色的纸带），让它们自由选择。结果大多数鸟都选择和它们笼里的壁纸同色的纸带，这显示它们会考虑筑巢材料的特性，不是随便有什么就用什么。

同样地，斑背黑头织雀（*Ploceus cucullatus*）在有了经验之后，也会变得越来越善于选择筑巢材料。年轻的鸟类喜欢用比较柔软细长的纤维来筑巢，但在有了经验之后，它们会变得越来越挑剔，拒绝使用任何人造之物，例如线绳、酒椰纤维或牙签等。此外，它们年纪越来越大，也会变得越来越善于切割和编织，同时犯的错越来越少，造出来的鸟巢也越来越紧密。 174

不过，此刻那只毛色闪亮的鸟用树枝和各色物品所造出来的东西，可不是一座鸟巢。它不像银喉长尾山雀那样会和自己的配偶合力筑巢，而是把筑巢工作完全交给它的女伴。它之所以会造出这座奇特、精巧的亭子，目的只有一个——引诱雌鸟。这种具有超凡手艺和智力的鸟名叫缎蓝园丁鸟（*Ptilonorhynchus violaceus*）。

园丁鸟科的鸟类非常特别，以至于鸟类学家托马斯·吉拉德曾经表示，鸟类应该被分成两种，一种是园丁鸟，一种是其他所有鸟类。园丁鸟具有高智商的特征：大脑袋，寿命很长，有相对较长的发育期（它们出生后要过7年才会成熟）。此科鸟类共有约20种，全都住在新几内亚和澳大利亚的雨林和树林中，其中17种会建造亭子。或许除了人类之外，它们是世界上唯一会以陈列大量物品的方式来引诱伴侣的动物。

一只雌鸟站在那里，一身晦暗的橄榄棕色羽毛，体形和那只正在追求它的雄鸟差不多。它已经在这附近巡视了一阵子，察看其他三四只雄园丁鸟的手艺，并为它们所做的装饰打分数。在这婚配市场中，它是买方，因此它正在到处挑选最适合它的物品。它停在我们的男主角所造的亭子南边的林地上，显得有些迟疑。它似乎还挺喜欢眼前所见到的景象。或许那亭子的对称性结构让它满意，也可能它喜欢那个粉蓝色的奶嘴。过了一会儿，它跳进了那座舒适的小亭子，对着里面的枝条啄了几下，并尝了一下雄鸟小心翼翼涂抹在亭子内侧墙壁上的东西。

175

雌鸟降落后，雄鸟立刻停止整理的动作，变得活跃起来，它开始狂热地跳跃舞动，并且用它的喙从那些宝贝收藏品中衔起几样物品，丢在它的舞台各处。然后它突然开始变得像一台机器一般，发出嗡嗡、呼呼呼的声音，看起来像是一个会摇摆的发条玩具。它不像别的鸟儿那样低声唱起情歌或昂首阔步、展现雄风，反倒像是一个动作不平稳的机器人或假人。它先是快速地来回摆动翅膀并张开尾羽，然后便以一种戏剧性的姿态从平台的一端跑到另外一端，仿佛要攻击某个侵略者。接着，它又突然开始模仿其他鸟儿的歌声，先是笑翠鸟（*Dacelo novaeguineae*）绵延不绝的大笑声，然后是利式吸蜜鸟（*Meliphaga lewinii*）那有如机关枪一般的声音，接着又是葵花鹦鹉（*Catatua galerita*）、澳洲渡鸦（*Corvus coronoides*）和黑凤头鹦鹉（*Calyptorhynchus funereus*）等鸟类比较轻柔的叫声。它一会儿咯咯笑，一会儿嗡嗡叫，一会儿又发出吱吱吱、嚓嚓嚓的声音，并展示自己灿烂的羽毛。它那两只突起的眼睛闪闪发亮，并且泛着红光，看起来有些怪异。之后，它停顿了一会儿，眼睛凝视着某处，然后又跳来跳去。过了几分钟，它突然再度展示自己，把脖子往前伸，再次拍动翅膀，接着便衔起一个小装饰品——一片黄色的叶子，以僵硬的姿势跳到亭子的入口，对着那雌鸟，鼓起它那身灿烂的羽毛，让自己的体形显得更加庞大，并做出一连串深蹲的动作。

雌鸟专注地看着这一切，并为它的表演（这类表演的时间可能只有几秒钟，但也可能长达半小时）打分数。

突然间，我们的男主角向旁边跳过去，女主角吓了一跳，立刻就飞出亭子，不见芳踪了。

雄鸟失去了它。

为什么会这样，究竟哪里做错了？

这是园丁鸟在它们的世界里所必须面对的冷酷事实，成功吸引雌性的例子并不多见。在求偶过程中，雌性握有选择权，而且它们会精挑细选，以至于经常会出现一个现象：某只雄鸟非常幸运，可以和二三十只雌鸟交配，其他的雄鸟则毫无斩获。之所以会如此不公平，原因很复杂，也颇为有趣，让我们得以探讨园丁鸟是如何发展出艺术才能和高度智商的。雄鸟跳舞并展示它的收藏品（就是那座用小树枝搭建而成、结构对称的亭子和包括蓝色的吸管在内的物品）的行为和雌鸟对“理想伴侣”的概念有什么关系？雄鸟的“艺术才能”是否代表它智商高、有审美能力？ 176

针对这些问题，我们可以试着在缎蓝园丁鸟的故事中寻求解答。马里兰大学的生物学教授杰拉尔德·博尔贾已经研究园丁鸟超过40年的时间。他表示，园丁鸟的雄鸟会表现出很极端的展示行为，而雌鸟则非常挑剔。

雌鸟在意的是什么？

作为配偶，雄园丁鸟并不会带给雌鸟任何直接的好处。它不会帮雌鸟育雏或保卫地盘，雌鸟从雄鸟那儿所得到的只有它的基因。因此，雌鸟并不会浪费时间去评估雄鸟的觅食能力或其他能力。相反地，它会仔细察看雄鸟所搭建的亭子和那些装饰品，也会评估后者跳舞和模仿的能力，及其在求偶时所展示的其他技能。

到处物色物品需要耗费时间和精力，因此，这些展示行为必然具有重大的意义。博尔贾指出，事实也的确如此，雄园丁鸟的展示行为显示出它聪明灵活的程度。

试想，雄园丁鸟需要做些什么，才能造出一座上好的亭子？

首先，它要选择一个绝佳的地点。聪明的雄鸟会把它的亭子造在最能让它的展示行为具有吸引力的地点。博尔贾研究的那些缎蓝园丁鸟所建造的亭子，都是坐南朝北或坐北朝南。“它们似乎希望在展示时能有最合适的光线。”他说。有时它们会把平台四周的叶子修剪干净，以便让更多的光线照射进来。

其次，它需要有相当的艺术才能。雌鸟喜欢做工出色、亭壁对称、枝条整齐而浓密的亭子。因此，雄鸟必须找到上百根长度合适的细枝条，并将它们紧密地插在地上，形成两面弧形的厚墙。为了让这两面墙壁能够对称，它使用了一种名叫“模板”的心智工具。博尔贾解释道：“雄鸟会衔起一根枝条，然后站在亭子中央通道的中线。”接着它会把那根枝条插在已经造好的那面墙（这时它的嘴里仍然含着那根

177

枝条），然后再拔出来，并且转动身子，将枝条插在另外一面墙的同样的地方。有几种园丁鸟很灵活，会修改这个技法。当研究人员故意把好几只雄鸟所造的亭子弄坏，将两面对称的墙壁当中的一面摧毁时，它们表现出极为灵活的心思，它们并未把剩下的枝条平均分配到两面墙那儿，而是集中全力重建被毁掉的那面墙。此外，要装饰它的亭子也不是一件容易的事。雌鸟喜欢装饰品，而且是很多的装饰。因此雄鸟得搜集那些闪亮的玩意儿，如果有人把这些宝贝从它的亭子那儿拿走，它的库存便会一下子少很多。它经常会从外面拿东西回来，加入它的收藏，有时甚至会不择手段，例如趁隔壁的雄鸟不在时，偷取后者亭子里的东西。它的精力全都花费在让它的亭子保持完整并装饰得整齐漂亮上。

每一种园丁鸟都有自己偏好的装饰品，也会根据它们所置身的环境，精心挑选颜色来衬托这些装饰品。博尔贾指出，把亭子建在开阔的林地上的斑大亭鸟（*Chlamydera maculata*，它们是缎蓝园丁鸟的亲戚，生性好斗）喜欢绿色以及银光闪闪的物品。“它们会把钱币、珠宝和崭新的钉子放在亭子的重要地点，把步枪的弹壳放在远一点的地方。我们发现有一只园丁鸟会把崭新而闪亮的钉子放在亭子的通道处，把已经生锈的钉子放在亭子后面。它是把好的东西和没那么好的东西分开来放。”园丁鸟往往会把它们的亭子建在垃圾场附近，因为这样一来，它们就有各式各样现成的鲜艳闪亮的东西可以拿。博尔贾曾经在一位制作彩色玻璃的艺术家的房子附近，发现一座由一只斑大亭鸟建造的亭子，里面放满了细小的彩色玻璃碎片，而且还依照颜色分类。“它摆放那些碎片的方式很特别，”博尔贾表示，“看起来就像马赛克图案。”

生长于新几内亚高山雨林的褐色园丁鸟（*Amblyornis inornata*）会

178

以小树的树干为中心，搭建一座高高的、类似印第安人棚屋的建筑，它被称为花柱式亭子。亭子的屋顶是用附生兰的茎编织而成。亭子外围的地面有一层苔藓，园丁鸟在苔藓上放置一小堆颜色鲜艳的花朵、水果和色彩斑斓（红色、蓝色、黑色和橘色）的甲虫翅膀，看起来有如一幅美丽的静物画。它们有时还会在显眼的地方放置某个宝物，例如从附近的传教士小屋偷来的一只有橘色条纹的圆筒白短袜。

住在澳大利亚北部的桉树林中的大亭鸟（*Chlamydera nuchalis*）喜欢简洁的背景。它们用的大多数是石子、骨头和泛白的蜗牛壳。（在2014年12月的一场暴风雨中，巴西的研究员艾达·罗德里格斯在昆士兰做田野观察时，发现那里的大亭鸟居然把一些大颗的冰雹放在它们的展示品当中。）这些白色的背景把它们放在亭子通道入口的闪亮物品衬托得更加显眼。它们会把绿色的物品仔细地放在通道的两侧，排成直线或椭圆形，红色的物品则会被散置在平台的边缘。

大亭鸟会建造两座椭圆形的平台，平台由一条长长的通道相连，通道两侧的亭壁是以褐红色的枝条搭建而成。这些枝条多达5 000根，数量非常惊人。雄鸟求爱时，雌鸟会站在通道的中央，通道中的枝条所散发出的淡红色光芒，可能会影响它对色彩的知觉，使得它对雄鸟颈背上红、绿、紫三色羽毛的感受更加强烈。这时，雄鸟会待在存放彩色物品的两座平台当中的一座，位于雌鸟看不到的地方，不时会从角落里探出头，把一样东西往雌鸟那儿丢，给它一个惊喜。这是雄鸟让雌鸟持续注意它的方式。雌鸟在通道里待得越久，就越有可能和雄鸟交配。

根据澳大利亚迪金大学的学者约翰·恩德勒的说法，大亭鸟可能还会玩弄一种视错觉的把戏。恩德勒表示，为了让雌鸟留下深刻的印象，雄鸟会把搜集的石子和骨头依照大小排列，离通道入口越远的物品越大。恩德勒认为，这恰好可以制造一种被称为强行透视的视觉假象。

古希腊建筑师在设计建筑物的柱子时，曾经采用类似的手法。他们让建筑物柱子越往上越细，使柱子显得比实际更高。近代设计迪士尼的代表性建筑“灰姑娘城堡”的建筑师，也采用了同样的手法。这座蓝色与粉红色城堡的砖块、尖塔和窗户，每往上一层楼就变得更小，让你的大脑误以为这座城堡的顶端比实际高，电影《魔戒》也是采用这种技巧让霍比特人显得更加矮小。

179

但大亭鸟的做法显然正好相反，它们把比较小的物品放在距亭子入口较近的地方，把较大的石子和骨头放在较远的地方。研究人员猜想，如此一来，当雌鸟从亭子里看出去时，会误以为那平台比实际更小，这可能会使那只正在展示的雄鸟以及它所收藏的彩色物品看起来比实际更大，色彩也更鲜明。雌鸟的脑袋就像我们的脑袋一样，可能会对它所看到的景象做出错误的假设。不过，事实是否如此，还需要针对鸟类的感知做更多的研究才能确定。

如果雄鸟真的会耍这样的视觉花招，它们需要具备怎样的脑力呢？恩德勒表示，这有可能只是不断尝试摸索的结果。它们可能是先随意摆放那些物品，然后走进亭子里瞧一瞧，之后再加以调整；它们也可能是根据一个简单的经验法则——小东西放近一点、大东西放远一点来行事，这种行为就比较复杂一些；它们还有可能真的具有透视的概念，知道它们应该按照什么样的顺序摆放那些物品，才能形成渐层的效果。不过，恩德勒表示，有一点我们可以确定，“这样的排列方式并非出自偶然”。他发现，大亭鸟非常坚持自己的设计，当他和研究小组把亭子里的那些白色和灰色的物品重新排放时，不出3天那只雄鸟就将它们恢复原状。

园丁鸟是色彩大师，它们会选择对比最强烈的颜色。在建造亭子前面的平台时，它们会在地上铺一层细小枝叶，在那昏暗的森林内制造出亮光，然后再用蓝色（大自然中最罕见的颜色）的物品加以装饰。有些科学家认为，大亭鸟之所以这么做，可能是为了搭配它们那一身斑斓的羽毛。但博尔贾发现，它们并没有兴趣用自己的羽毛装饰亭子，它们就是喜欢蓝色。而在雨林昏暗的光线中，蓝色会和暗黄色形成鲜明的对比。

180

人类似乎也喜欢蓝色。一些调查结果显示，蓝色是最多人喜欢的颜色，这或许是因为它和自然环境中我们所喜爱的事物（包括晴朗的天空和干净的水）有关。据说身为色彩大师的画家劳尔·杜飞曾说："蓝色是唯一能够在各种色调中保持特性的颜色，无论怎么变，它都还是蓝色。"在大自然中，蓝色之所以如此稀少，有一部分原因是脊椎动物从未演化出制造或利用蓝色色素的能力。东蓝鸲（*Sialia sialis*）背上的铁蓝色是科学家所谓的"结构色"的一个例子。它是光线和这种鸟的羽毛内三维结构的角蛋白互相作用的结果。

在缎蓝园丁鸟生活的环境中，蓝色的物品相对罕见，因此鸟儿经常用偷窃的方式取得它们。雄鸟亭子里的蓝色装饰品的多寡，反映出它从附近的亭子偷取东西的能力。一旦得手，它就必须将这些宝贝看守好，以防范其他园丁鸟。有些雄鸟不仅会前往其他雄鸟的亭子偷东西，还会搞破坏。它们要这么做，也需要具备相当的心智。缎蓝园丁鸟的亭子通常相距300英尺（约91米）以上。也就是说，一只雄鸟看不到另外一只雄鸟的亭子。博尔贾认为，雄鸟能够洗劫一座不在它视线范围内的亭子，表明它知道并且记得亭子位于何处。

博尔贾的研究小组运用监控摄像机捕捉缎蓝园丁鸟抢劫的实况。

雄鸟会暗中挑选下手的物品，并且快速采取行动。它会悄悄飞到另外一只雄鸟的亭子那儿，栖息在亭子上方的枝叶间，一动也不动。等到亭子主人确实离开后，它才会飞到地面上，立刻展开旋风式的行动，把亭子里的枝条拔掉，丢到一旁。三四分钟后，那只雄鸟花了好几天的时间才造好的杰作就被夷为平地，变成一堆细枝。之后，它还会后退一步，打量自己的成果。这时，它看到了一根蓝色的牙刷，就将牙刷带走了。

181

从雌鸟的眼光来看，一只雄鸟如果有一座完整无缺，又有大量蓝色装饰品的亭子，那么就代表它很善于偷窃，也很能保护自己的亭子，使其免于遭受其他雄鸟的偷窃和破坏。

缎蓝园丁鸟喜欢蓝色，但厌恶红色，如果你把一个鲜红色的东西放在它们所收藏的蓝色物品之间，它们就会很快将它拿开，并带着它飞到某个看不见的地方，把它丢掉。有些观察人士甚至说，只要给这种鸟的亭子涂上一丁点红色，就会让它大发脾气。

缎蓝园丁鸟为何讨厌红色？博尔贾认为它们把蓝色的物品放在黄色的背景上（这是在它们的栖息地看不到的一种组合），是在发出一种清楚而独特的信号，告诉来访的雌鸟："这里有一座你的同类的亭子！"任何一种红色的东西都会造成污染，让这个信号变得不清楚。

缎蓝园丁鸟拼命清除亭子里的红色物品的行为，让当时和博尔贾一起做研究的博士生贾森·基吉（他目前任职于密歇根州立大学）想到了一个巧妙的点子：利用它们对红色的反感来促使它们做一些事情，以测试不同的雄鸟在野外解决问题的能力。

基吉想了解有些雄鸟是否比较聪明，而这些比较聪明的雄鸟，是否有较多的交配机会。

在其中一项测试中，他把三个红色的物品放在一只缎蓝园丁鸟的亭子里，并且用一个透明的塑料容器将它们盖起来，接着便开始计算它要花多少时间才能排除障碍——把那红色的物品拿走。有些鸟不到20秒钟就解决了这个难题，有些鸟无能为力。大多数雄鸟解决问题的方式是对着那个容器一直啄，直到它翻倒为止，然后它们再迅速把它拿走。但有一只鸟是站在容器上一直摇晃，直到那容器翻过来为止，然后把容器拖走，再处理碍眼的红色物品。

基吉所做的第二项实验要狡猾一些。他把几根长长的螺丝钉黏在一块红色的瓦片上，然后把那些螺丝钉深深地钉进地里，让那块瓦片无法移动。这样一来，那些缎蓝园丁鸟便遇到了一个新的难题，一个它们在大自然中通常不会遇到的问题。那些比较聪明的雄鸟很快就发现了一个新的解决方式——用落叶或其他装饰品把那块红色的瓦片遮住。

182

事后，基吉计算那些能够巧妙解决上述两个问题的雄鸟是否也能得到较多的交配机会。结果他发现，那些能够最快解决难题的雄鸟也是交配冠军，它们的交配次数远比那些不太能干的雄鸟多。“聪明即性感！”基吉说道。

园丁鸟的亭子是一种艺术品吗？它们的雄鸟算不算艺术家？

这要看你对“艺术”的定义是什么。就像“智力”一样，这个名词很难定义。《牛津英语词典》是这么定义的：“艺术是一种技能，尤其是人类的技能，是应用在设计上的模仿力或想象力。”《韦氏词典》则说，艺术“是源自经验、研究或观察的一种能力”，是“有意识地运用技能和创造性想象力的产物”。

生物学家的观点则不大相同。恩德勒认为，艺术“是个体创造外在视觉图案，从而影响其他个体行为的一种表现，而……艺术才能就是创造艺术的能力”。耶鲁大学的鸟类学家理查德·普鲁姆认为，“艺术是一种沟通形式，会和评估艺术的能力共同进化”。根据上述定义，园丁鸟的亭子显然称得上是艺术品，而园丁鸟也有资格被视为艺术家。

事实上，其他的鸟类创作或许也具有艺术性。有些鸟类会把它们的鸟巢装饰得华丽绚烂；黑鸢 (*Milvus migrans*) 喜欢用白色的塑料，猫头鹰则喜欢用排泄物和猎物的残骸。许多鸟类偏好闪亮华丽的东西。福布什在他的著作《马萨诸塞州鸟类》中曾经提到，有人目睹一只雄橙腹拟鹂看到一个小孩在把玩一个绑在缎带上的银质鞋扣，便俯冲下来，把那鞋扣叼走，织到它的巢里。我也曾在特拉华州的海边看到鹗 (*Pandion haliaetus*) 把闪亮的缎带、瓶子和聚酯薄膜气球的碎片带回巢。在新泽西州的蒙茅斯海滩，有一只鹗的鸟巢上还挂着一块手表。

有些鸟之所以喜欢闪亮的东西，可能是因为它们很美，也可能不是。但只有园丁鸟会用许多物品装饰它们的展示区。它们会寻找特定颜色的宝物，并且将物品排列得一丝不苟，以此吸引雌鸟。博物学家兼电影制作人海因茨·西尔曼曾观察过黄胸大亭鸟 (*Chlamydera lauterbachi*) 装饰亭子的过程：“每次它出去收集东西回来后，就会研究整体的色彩效果……它会用嘴巴衔起一朵花，放进它的各色收藏品中，然后退到一个最适合观赏的距离去观看，就像一个画家在审视自己的画作一般，只是它是用花来作画。”根据博尔贾和基吉的说法，缎蓝园丁鸟的雄鸟也有类似的动作。它会进入亭子，坐在以后雌鸟可能会坐的地方，仿佛是在以雌鸟的眼光观看它自己的摆设。然后它便会据此调整陈设。“我们的意思并不是说这种鸟具有心智理论的能力。”基吉表示，“但这仍然是一种非常有趣的行为。”

183

园丁鸟搜集彩色物品，加以分类并细心排列，只为了给它的观赏者或评估者留下深刻的印象，并影响其行为。你会怎么称呼这种行为？对我来说，这多少可以称得上是一种艺术。

那么，我们那位被拒绝的男主角到底哪里做得不对？它的亭子非常对称，也很有艺术性，它那明亮的舞台上面缀满了从对手那儿偷来的诱饵，同时它也展现了模仿声音和跳舞的本事。但事实证明，亭子里那位女士要的不只是这些。加州大学戴维斯分校的动物行为学家盖尔·帕特里切利认为，就缎蓝园丁鸟而言，成功的求偶行为并不只是一味地展现自己的聪明才智、艺术趣味并且虚张声势，别的东西也很重要，例如敏感度。

帕特里切利指出，生猛热情的鸣唱与舞蹈能够吸引雌鸟，但不能太过，过分地拍打翅膀和毫无节制地舞动，看起来可能像是威胁、挑衅另一只雄鸟的行为，会让雌鸟“性”致索然。因此，对雄鸟而言，事情有些难办。它们必须热切地展示，才能吸引雌鸟，但又不能过分，否则就会把雌鸟吓跑。要求偶成功，它们更需要敏感度，而非大动作，要让自己像是在跳探戈，而不是在表演跆拳道。

184

为了观察不同的雄鸟如何处理这样的难题，帕特里切利在博尔贾的实验室做博士生时，想出了一个很妙的实验。她把一个小机器人塞进一只雌园丁鸟的毛皮内，制造出一只小小的机器鸟，然后在它身上装上好几个小马达，以便可以控制它，让它能像一只真正的雌鸟那样蹲伏，环顾四周，甚至还能抖开翅膀上的羽毛，做出交配的姿势。帕特里切利用这个方法控制雌鸟行为的变量，以便测量雄鸟的反应。她让雌鸟每次都表现出同样的行为，并同时用录像机记录23只不同雄鸟的反应。

录像数据显示，当雌鸟对它们的展示有一些反应时，这些雄鸟的敏感度差异很大。有些雄鸟会注意到雌鸟的反应，如果雌鸟似乎受到了惊吓，它们就会收敛一些，翅膀不会拍动得那么剧烈，身子也会后退一些。有些雄鸟则浑然不觉。

最后的结果是，那些比较敏感的雄鸟获得最多的交配机会，那些全心全意展示自己的力量和热情的雄鸟都无功而返。换句话说，性选择似乎有助于雄鸟演化出精巧的展示行为，以及妥善运用这种行为的能力。这可能就是我们的男主角没有做到的地方，它的社会行为不够优雅。

博尔贾指出，缎蓝园丁鸟并非天生就会建造亭子、布置平台、调整它们的歌声和舞蹈，并根据求偶对象的反应调节展示行为的强度。它们必须在年幼时学习这一切。这或许是雌鸟评估雄鸟的另一个线索：从雄鸟展示行为的品质——就像鸣禽的歌是否唱得准确一样——可以看出它在青少年时期的学习能力。同时这或许就像鸣禽学习鸣唱一样，可以显示一只雄鸟的认知能力。

雄鸟如果成功获取雌鸟的青睐，它的基因便能够繁衍下去。因此雄鸟都非常努力地学习建造精美的亭子和平台，并认真地练习求爱技巧。事实上，雄鸟醒着的时候，几乎都在忙着这些事情。

185

“年轻的雄鸟造的亭子都很烂。”博尔贾表示。它们无法像成鸟那样，选择不同长度和大小的枝条并以适当的角度加以摆放，以造出弧形的墙壁，因此它们所造出的亭子都松散得一塌糊涂。“此外，未成年的园丁鸟用的枝条，有时粗得很离谱，这使得它们更难以建造出一座整齐美观的亭子。”基吉说，“还有一点很有意思：未成年的园丁鸟会一起建造同一座‘练习用’的亭子，但它们用的方式并非携手合作，而是一只雄鸟过来添加几根枝条，另外一只再过来把之前造的毁掉，重新来过；然后第三只又会前来添加几根枝条。”

随着时间的推移，年轻的雄鸟造亭子的技术会越来越好。它们主要是通过效仿成鸟的方式来学习。它们参观其他雄鸟的亭子，有时还会帮忙建造，或者仅仅为亭壁增添一两根枝条。此外它们也会在其他雄鸟的亭子上涂抹东西。(这是雄鸟用亭子引诱雌鸟的计划中很重要的一部分。当研究人员把雄鸟亭子里的涂抹物去除后，很少有雌鸟会回来接受第二次求爱和交配。)

除了建造亭子以外，未成年的雄鸟还会向成年雄鸟学习展示技巧，并且是以一种角色扮演的方式。当未成年的雄鸟造访一只成年雄鸟的亭子时，它会密切地观察对方的行为。这时它所扮演的往往是雌鸟的角色。未成年雄鸟或许会动来动去，不像雌鸟那般安静，但成鸟还是能够容忍，不会把它赶走。因为它的观赏对成鸟也有帮助。“这是双赢的局面。”博尔贾表示，“否则这种情况一定不会发生。”

试想，为了赢得雌鸟的芳心，雄鸟必须具备艺术才能，还得聪明、敏锐、强壮、灵巧，而且有高度的学习能力。而雌鸟则必须有相当的智力才能评估雄鸟是否具有这些特质。正如基吉所言，选择配偶的过程并不容易，需要具备高度的认知能力。雌鸟必须在交配季节筛选可能的交配对象，它必须轮番造访各个雄鸟的亭子，观看它们的演出，然后再回头观察几次，最后才能决定和哪一只雄鸟交配。因此它必须知道那些亭子位于何处（这些亭子往往隐藏在灌木下方，而且有时相隔好几英里，因此它的脑海中必须有一幅相关的地图才行）。到了下一季时，它仍然必须记住这些亭子所在的位置。此外，它必须评估候选人的建筑技巧，计算它们有多少装饰品（至少它得估计这些装饰品的数量），还得品尝它们涂抹在亭子内部的物质是什么味道（这可能是一种化学感应信号，让它得以评估一只雄鸟是否适合当它的配偶）。之后，

186

它还得评估雄鸟的求偶行为，听听后者的歌声模仿得像不像，看看舞步是不是够活泼、技巧好不好，表演够不够热情有力。而且在这段时间，它还得面对自己可能受到攻击的恐惧。

它必须迅速做完这些事情，不能花上一整天的时间。然后，除了考虑它过去所做的选择以及后来的结果之外，它得将眼前这个追求者和其他所有追求者做个比较。

帕特里切利表示："这就像是招聘员工一样，你要先审核应聘者的履历，然后做个简短的面试，再进行时间较长的面谈。曾有经济学家针对如何找到优秀员工的问题（他们称之为'秘书问题'，显然这些经济学家都是男性），提出了一些模式。这些模式刚好都可以相当准确地预测雌园丁鸟可能会有的行为。"雌鸟每次遇到一只新的雄鸟时，都必须拿它来和自己记忆中曾经遇到的雄鸟们做个比较。如果它的条件较好，雌鸟就比较有可能接受它。

但是雌鸟为什么要这么挑剔，为什么要这么费事地去寻找一只善于学习、装潢、模仿、跳舞和解决问题的雄鸟？有一个解释是，雌鸟或许是利用雄鸟的亭子来评估它的基因的整体优劣程度，尤其是它的认知能力。雄鸟所展示出的许多特质当中，含有雌鸟在判定它是否适合作为配偶时所必须知道的信息，以确定它是从一只优良的蛋里面孵化出来的，身上没有寄生虫，有耐力，运动技能高超，认知能力也很强。根据基吉和博尔贾的说法，雌鸟是根据雄鸟的整体表现（亭子、装潢、歌声和舞步）来判定后者是否够资格成为它孩子的父亲。而其中最重要的或许是雄鸟的认知能力。博尔贾表示："雄鸟所展示出来的行为似乎都需要具备某种认知能力。"基吉也指出："雌鸟可以从雄鸟各方面的特质中，看出它的一部分状况。举例来说，蓝色装饰品的数量多寡，可以显示它的竞争力；从蜗牛壳（它们不容易毁坏，而且要花上几年的时间才能收集到）的数量，可以看出它的年纪和生存能力；从模仿别的鸟鸣唱时的相似程度，可以看出它的学习能力与记忆力；从亭子的结构，可以看出它的运动协调能力和技巧。”光看其中一项不一定准确。“因此雌鸟必须凭借所有这些特质才能比较准确地看出一只雄鸟的整体品质。这就像是雌鸟为雄鸟的智力打分数。有总分，但不同的项目也各有分数。”（科学研究表明，人类的女性也是这样，她们会观察男性在语言和身体方面的表现，并以此对他们的智力做出准确的评估。事实证明，聪明的男人比较有吸引力。）

“只要雌鸟认为这些事情对它来说很重要，它就会选择认知能力较强的雄鸟。”博尔贾解释，不过他也指出，“我们至今仍无法确定雌鸟是刻意选择认知能力很强的雄鸟，还是因为认知能力较强的雄鸟才能展现较高明的求偶行为”。

无论如何，聪明的雌缎蓝园丁鸟似乎会挑选那些表演精彩的雄鸟。或许它之所以如此精挑细选，是为了让它的后代能够继承身体健康、免疫系统强大、富有活力、头脑聪明等良好特质。这种假设被称为优良基因模式。

另外一种理论比较激进，认为园丁鸟、孔雀等鸟类的雌鸟之所以会受到美丽的亭子和求偶表演的吸引，是因为这些东西很美丽。普鲁姆表示，这是达尔文的危险理论。他指出，达尔文认为艳丽的羽毛和美丽的亭子可以同时达到两种效果：它们可以显示雄鸟所具有的美好特质（例如精力旺盛、身体健康），但“它们本身就是美好的事物，不一定要传达任何有关健康的信息”。

罗纳德·费舍尔*是首个提出性选择模式的人。他认为动物之所以会演化出若干极其美丽但并不实用的特质，可能只是为了迎合异性的喜好。普鲁姆指出，达尔文认为雌性动物欣赏美丽的事物，也许纯粹是因为它们很美丽，是一个很大胆的观点。达尔文主张雄性动物可能是因为许多世代的雌性动物的喜好而逐渐演化出一些美丽特质（包括灿烂的羽毛、美妙的歌声、美丽的亭子等）。举例来说，由于雌孔雀喜欢绚烂的颜色和图案，雄孔雀就随之演化出美丽的羽毛。就园丁鸟的例子而言，雌鸟的眼光造就了亭子的美。换句话说，雌鸟的心态影响了雄鸟在求偶时的演出，使得雄鸟创造出这样的艺术作品，并演化出能够创造这些作品的大脑。这就像鸣禽的雌鸟让雄鸟唱出精致细腻的歌曲，并演化出使它得以唱出这些歌曲的特殊神经网络一样。 188

如果雌园丁鸟确实通过世世代代的性选择，使雄鸟造出美丽的亭子，那么我们不禁要问，在它眼中，什么样的东西才叫美？园丁鸟有美感吗？它们对美的看法是否和我们相同？

人类以外的生物会有什么样的审美观呢？日本庆应大学的渡边茂教授在他的实验室中探索了这个棘手的问题。几年前，他测试了鸟类分辨不同风格的人类画作（例如立体派和印象派的差别）的能力。在最早期的实验中，他训练8只鸽子分辨毕加索和莫奈的作品。那些鸽子来自日本赛鸽学会，画作则取自一本画册内的复制品相片。研究人员训练那些鸽子辨识10张毕加索的画和10张莫奈的画，如果它们啄对了，就给它们奖赏。然后他们又拿那两位画家的其他作品（在训练期间，它们未曾见过的）以及其他画家同样风格的作品测试那些鸽

* 罗纳德·费舍尔（1890—1962），英国统计学家、遗传学家。他用统计学方法将孟德尔遗传定律和达尔文自然选择学说结合起来，著有《自然选择的遗传理论》等。

子。结果他们发现，它们不仅能够猜中某一幅画是莫奈还是毕加索的作品，而且能分辨哪些是印象派的作品（例如雷诺阿的画），哪些是立体派的作品（例如布拉克的画）。（这项研究结果使他们获得了“搞笑诺贝尔奖”，原因是“它能够使人们在发笑之后开始思考”。）

189

为了了解鸟类是否能够像人一样区分美丑，渡边茂教授训练鸽子区分人类眼中“好”的画和“不好”的画。他发现那些鸟类确实能够根据色彩、图案和质地区分美丑。

这虽然挺不错的，但鸟类会偏好特定风格的画作吗？为了解答这个问题，渡边茂所率领的研究小组打造了一个长方形的鸟笼，让它看起来像是一座美术馆的展览厅，并且沿着这个“大厅”放置了一些屏风，上面印着不同风格的画作，包括日本的传统绘画浮世绘，以及印象派和立体派的画作。然后他们把7只禾雀放进笼子里，并计算它们在每一种绘画前面停栖了多久。结果他们发现，这7只禾雀当中，有5只对立体派作品的喜爱胜过印象派，有6只在日本浮世绘和印象派画作之间未表现出明显的偏好（这可能让那些日本研究人员感到有点失望）。不过，这是第一次有人试图证明，人类以外的动物可能对人类的画作也有特定的偏好。

近年的研究显示，根据色彩、笔触和其他线索来辨识绘画风格，绝对不是人类独具的能力。事实上，经过训练之后，连蜜蜂也可以分辨毕加索和莫奈的不同。

这样的研究很容易成为人们取笑的对象。“鸟类和蜜蜂对人类的艺术作品会有所偏好”这样的概念，颇有将其他动物拟人化之嫌。但渡边茂想探讨的并不是鸟类对布拉克的喜爱是否胜过对莫奈的喜爱，而是鸟类是否具有敏锐的观察力，是否能区分色彩、图案和细节上的差异。

鸟类是很依赖视觉的生物。在高空疾飞时，它们必须根据视觉信息迅速做决定。如果你给鸽子看一些连续拍摄的风景照片，它们能够发现人类难以察觉的细微差异。此外，它们也能够光凭视觉就认出别的鸽子。190 鸡也有这种本事。鸽子或园丁鸟的中枢神经系统的构造和人类大不相同，并不表示它们的视觉感知能力和分辨细节的能力不如我们。

以评估舞蹈中的细微动作而言，有几种鸟类的雌鸟就很善于此道。金领娇鹟 (*Manacus vitellinus*) 便是其中之一。这种鸟以惊人的求偶特技表演闻名。就像园丁鸟一样，金领娇鹟雄鸟能否获得交配的机会，要看雌鸟对它的展示行为的评估。因此，它会表演一种"弹跳"的把戏。开始时，它会从一棵小树跳向另外一棵小树，然后它的翅膀会在半空中啪的一声往上翘，并在降落时迅速旋转身体，让它的胡须翘起来，形成雕像一般的姿势，以炫耀它那艳丽的黄色胡须 (它喉部的羽毛)。这是一个极其困难的动作，需要良好的神经肌肉协调能力以及高度的耐力，就像一位体操选手试图完美落地一样。

金领娇鹟的情况就像园丁鸟一样，只有少数雄鸟能赢得最多的交配机会。为了了解赢家具有哪些特质，近年有一群研究人员用高速摄影机录下野生金领娇鹟的求偶表演，结果他们发现雌鸟偏爱舞步较快的雄鸟。但两只雄鸟的速度差距只有几毫秒。"雌性分辨雄性在动作模式 (舞步) 上的细微差异的能力，过去只在人类身上可以看到。"这些研究人员表示。

我想我可以分辨哪个芭蕾舞者跳得好，哪个跳得不好，但我能分辨谁的"大跳"动作花了3.7秒，谁的花了3.8秒吗？然而，金领娇鹟雌鸟却能在刹那之间看出这类细微的差异。

科学家们在检查雌雄金领娇鹟的大脑时，发现雄鸟的大脑中有专门控制动作的回路，雌鸟的大脑中则有专门负责视觉信息处理的回路。他们在进一步研究几个不同品种的娇鹟后发现，雄鸟的求偶表演

191 的复杂性和它的大脑重量之间有紧密的相关性。如此看来，雌鸟对雄鸟的特技动作的选择，似乎能够促使雄鸟的大脑演化得越来越大。这些科学家在研究论文中写道:“为了让雄鸟的求偶表演越来越快、越来越复杂，并让雌鸟评估这些表演的能力更上一层楼，娇鹟的大脑在演化过程中越变越大。”这是求偶脑假说的又一例证。

在艺术创作或求偶表演方面，鸟类就像人类一样，有能力分辨细微的影像差异。但诚如科学家们所言，我们必须根据鸟类的感官和认知世界来审慎考量这一点。动物用来观看这个世界的感知系统和人类的并不相同。举个例子，色彩并非这个物质世界的属性，而是生物用来处理、分析影像的视觉系统的产物。鸟类可能具有脊椎动物中最先进的视觉系统，具有分辨许多不同波长的色彩的高超能力。人类的视网膜中有3种锥状细胞可以处理色彩，鸟类却有4种。有些种类的鸟类能够察觉光谱中的紫外光，但人类却看不见。此外，鸟类的每个锥状细胞里面都有一滴彩油，有助于它们看出各种相似色彩之间的差异。

“我们不知道园丁鸟的大脑处理色彩的方式是否和人类不同，”博尔贾表示，“我们针对缎蓝园丁鸟所用的装饰色彩的实验，并未发现它们观看色彩的方式和我们有太大的不同。不过有3种园丁鸟——大亭鸟、斑大亭鸟和西大亭鸟（*Chlamydera guttata*）或许可以看到紫外光。”换句话说，一只园丁鸟所排列的装饰品，在其他园丁鸟眼中或许和我们看到的差不多，但也可能是以我们所无法想象的方式闪闪发光。

不过，鸟类也可能根据一些通用的原则（例如对称性、图案和色彩对比）来判断美丑（或有没有吸引力）。比方说，20世纪50年代的一192 些实验就显示，乌鸦和寒鸦明显偏好规律而对称的图案。

诺贝尔奖得主卡尔·冯·弗里希*曾经写道:“凡是认为地球上的生物是经演化而来的人,必然不断尝试了解动物最初是如何开始思考并且具有美感概念的,而我相信我们可以从园丁鸟身上找到重要的线索。”既然鸟类和人类的神经系统构造相同,我们怎能认定我们的美感与它们的美感之间毫无共通之处呢?

当我问博尔贾他是否认为园丁鸟可能有美感,也就是对美丽的东西有特殊的感受时,他说他不知道。“它们的大脑似乎可以逐渐产生某种图像,让它们知道自己应该把装饰品排列成什么样子。”他告诉我,“似乎年纪较大的鸟才有这种图像。当年纪较轻的鸟接管亭子时,它们并不能欣赏亭子原来的模样。”其中一个例子是,当那只搜集彩色玻璃碎片的斑园丁鸟死后,另外一只斑园丁鸟侵占了它的亭子。“但这只新来的鸟只是把那些碎片堆起来,似乎并不知道该怎样处理它们。”

这是否表示年纪较长的雄鸟具有美感?“我发现‘美感’这个名词很难定义,所以我试着避免这个字眼。”博尔贾表示,“我知道什么样的东西是美丽的,我觉得它们的亭子很美,但我不知道这是不是它们把亭子建造成那样的原因。”

没错,我们一点都不清楚一只雄园丁鸟对它的展品有什么看法。不过我们可以肯定,它在追女朋友时,不会做出浪费时间或让自己出洋相的事。相反地,它收集看到的蓝色物品,并且将它们排列好。它会设计图案、建造亭子并唱歌跳舞。雌鸟也很有脑力,会为它打分数,看它是否聪明、体贴、有创意。雌鸟如果对它感到满意,就会献身给它。事情就是这样。

193

* 卡尔·冯·弗里希(1886—1982),奥地利动物学家、行为生态学创始人,著有《舞蹈的蜜蜂》《动物的建筑艺术》等。

第七章

心中的地图

——鸟类的时空感

秋末时分，你正从加拿大的某处开车往南边走，朝着美国本土的方向前进，意欲前往数百英里之外的一座农舍（那里的气候比较温暖）。突然间，有人把你从车子里拖出来，推进一辆密闭的车子里，并且把你带到机场，然后你便一路被蒙着眼睛，搭乘飞机横越美国，不知道自己会被带到哪里。好几个小时之后，飞机终于降落了。你立刻被推进另外一辆密闭的面包车，并且被带到一个不知名的地点。当你终于获释时，周遭的一切对你而言都极其陌生。此刻的你仍得设法前往那座位于美国的另一头、距离你有数千英里之遥的农舍。但你却没有GPS（全球定位系统），没有地图，也没有可以用来辨识方向的路标或罗盘。

这时，你该怎么办呢？

这大致上就是不久前发生在一群白冠带鹀身上的事。这种鸣禽头上有鲜明的黑白条纹，体重约1盎司（约28克），耐力惊人。它们通常在阿拉斯加和加拿大两地繁殖，然后飞到加利福尼亚南部和墨西哥过冬。有一天，一群白冠带鹀在南飞途中经过西雅图，其中30只（包括15只成鸟和15只未成年鸟）被一群研究人员抓了起来，装进条板箱，用小飞机运送到2 300英里（约3 700千米）之外的新泽西州普林斯

195

顿市，然后就被放走了。那些研究人员的目的是看它们能否找到路，前往它们过冬的地方。结果不到几个小时，它们当中的成鸟便认出了方向，开始一只只朝着加利福尼亚南部和墨西哥的方向飞。连年纪最轻、只有一次迁徙经验的成鸟也是如此。

白冠带鹀的大脑虽然只有坚果那么大，但它辨识方向的能力却远远胜过大多数现代人。人类虽然也能借着几个熟悉的地标（例如我们所熟悉的棋盘式街道上某座邮局或面包店的位置）辨认方向，但和那些白冠带鹀简直不可同日而语。后者在远离自己熟悉的地域后，仍然知道如何回到原来的飞行路线上。这实在是鸟类的心智最令人惊讶的特质之一。

它们之所以能够如此，不光是因为它们的记性很好，也不光是因为像某些理论所说的，它们天生有此本能、视力很好、能感应地球的磁场，或对太阳的方位角很敏感等。正如德国弗赖堡大学认知科学中心的朱莉娅·弗兰肯斯坦所言："辨识方向，知道自己所在的位置，并根据自己的经验在心中绘制一幅地图，是一个非常具有挑战性的过程。"这需要用到一些认知能力，例如感知能力、注意力、计算距离的能力、模拟空间关系的能力以及制定决策的能力。我们哺乳动物即使脑袋这么大，要做到这些都很困难。

那么，鸟类是怎么办到的？

过去我们一直以为这样的能力是鸟类与生俱来的，是它们的本能。但现在我们已经知道，鸟类要辨识方向，必须具备感知和学习能力。最重要的是，它们要能够在心中绘制一幅地图。这幅地图之辽阔远超我们想象，而且它们绘图的方式很奇特，我们至今仍无法完全了解。

鸟类是如何找路回家的？目前我们在这方面的知识大多来自一种很普通的鸟。它们千百年来一直被人们拿来做白冠带鹀所接受的那类实验，这种实验便是赛鸽。这种比赛有时被称为“穷人的赛马”，其做法是先把鸽子装在笼子里，带到一个陌生的地点，然后释放鸽子，并将释放地点与鸽舍之间的距离逐次拉长。经过这样的训练后，它们甚至可以从千里之外，以平均每小时50英里（约80千米）的速度飞越广阔的陌生地域返回家园。大多数都可以顺利回家，但也有例外。

白尾就是一个例子。

2002年4月的一个早晨，在英国曼彻斯特市附近的海德镇哈特斯利区，资深的爱鸽人士兼赛鸽选手汤姆·罗登看到一只有白色尾巴的鸽子飞到他的阁楼的一处平台上。他感觉它有些眼熟，便察看它脚环上的牌子，这才发现它是他在5年前横越英吉利海峡的一次比赛中丢失的赛鸽。

白尾失踪的原因一直成谜，因为它并不是一只普通的鸽子。事实上，它是一只冠军赛鸽，曾经赢得13场比赛，并参加过15次横越英吉利海峡的比赛。不过，那次比赛也不是一次普通的比赛。它的结局太惨烈，大家甚至因此称之为“赛鸽大灾难”。

那次比赛是为了庆祝皇家赛鸽协会成立100周年而举办的。比赛时间是1997年6月底一个星期天的清晨。当时有超过6万只的信鸽从法国南部南特市附近的一个场地出发，要各自飞回它们在英国南部的鸽舍。比赛从早晨6点30分开始，当时，那些鸽子纷纷飞向空中。霎时间，空气中回荡着它们拍打翅膀的声音。它们要朝着北方飞行400至500英里（约644至805千米）才能返回家。到了上午11点，在经过200英里（约322千米）的飞行之后，它们大多数都已经抵达法国边境，并开始穿越英吉利海峡。

197

但后来却发生了一件事。

当天下午两三点时，那些参赛的英国鸽主都在他们的鸽舍旁等待，看哪一只鸽子最先抵达，但几个小时过去了，它们仍然渺无踪影，使得众鸽主既沮丧又纳闷。到了最后，好不容易才有零星的几只鸽子飞回来，其中包括罗登手下的几只速度最慢的赛鸽。然而，他的冠军赛鸽白尾却始终不见踪影。除了它以外，其他几万只经验老到的赛鸽后来也都没有回到家。它们失踪的原因至今成谜。不过后来陆陆续续有人发现了一些相关线索（这点我稍后会提到）。

时间再回到5年后那个凉爽的4月早晨。罗登刚刚走出家门要去遛狗时就看到了白尾。“我惊讶极了。”他对《曼彻斯特晚报》的记者说，“我之前总是告诉别人，我认为白尾总有一天会回来的。但后来连我自己都放弃了希望，我还以为我再也见不到它了……”

那次赛鸽大灾难之所以值得注意，是因为那种情况非常罕见。赛鸽很少会迷路，即便到了很远的地方，它们当中的绝大多数仍然能够飞回自己的鸽舍。红风火轮彭萨科拉便是一个很好的例子。它是一只美丽的雄鸽，身体是乳白色的，脖子上的毛和眼睛则呈宝石红。它在佛罗里达州的彭萨科拉市被放出来，之后飞行了930英里（约1 497千米），回到它在费城的家。根据《纽约时报》的报道，这是美国国内外信鸽飞得最远的纪录。它获胜后，赢得了一个黄金脚环，上面刻着它的鸽舍和注册号码。之后它就退休，不再飞行了。那是1885年的事。

迄今，信鸽已经在全球各地的成千上万场比赛中屡创佳绩，有些信鸽的表现甚至远远超越红风火轮。不过，比赛中偶尔还是会有重大损失。其中一个例子便是，在英吉利海峡的“赛鸽大灾难”过了1年之后，有3 600只信鸽在宾夕法尼亚和纽约等地的比赛中被放出来，结果只有几百只返抵家门，其中原因无人知晓。

的确，赛鸽偶尔会像信鸽专家查尔斯·沃尔科特所形容的那样“栽跟头”。但它们也能够从一个完全陌生的地方找路回家。这两种情况当中，究竟哪一种更不可思议？对鸟类而言，要记得自己昨天从哪一条路线飞到那片满是幼虫的田野，或者要如何从那里返回自己温暖干燥的鸟巢，显然都不是一件难事。但要从千百英里之外找路回家，就是另外一回事了。 198

不过，相较于候鸟那不可思议的长途迁徙之旅，信鸽所飞的路程其实不算什么。近年来，拜新兴科技所赐，科学家们得以在鸟类身上安装微型追踪器，因此才终于了解它们长途迁徙的详细过程。长在北方森林、身躯娇小的白颊林莺（*Setophaga striata*），每年秋天都会从新英格兰和加拿大东部地区迁徙到南美洲。它们只要花两三天的时间就能飞越大西洋，抵达它们位于波多黎各、古巴和大安的列斯群岛的集结区。这段旅程长达1 700英里（约2 736千米），但它们中途毫不停歇。喜欢长时间日照、习惯长时间飞行的北极燕鸥（*Sterna paradisaea*），会随着季节的更替环绕地球一周。它们在格陵兰岛和冰岛等地筑巢，但每年都会飞到南极洲的外海过冬。这段路程来回将近44 000英里（约70 811千米）。根据北极燕鸥的平均寿命（30岁）计算，它们一生中所飞行的里程，可能相当于从地球到月球往返三趟的路程。

它们是怎么认路的？红腹滨鹬每年春天从南美洲的火地岛往北飞，中途在美国新泽西州的开普梅休息时，如何知道它应该怎么飞，才能飞到遥远的北极圈北部，抵达它去年繁殖的地方？黄喉蜂虎（*Merops apiaster*）每年夏天从西班牙的农田往南飞时，如何知道它该从哪一条路线穿越撒哈拉沙漠，才能飞到西非森林，抵达它熟悉的那个地方？太平洋杓鹬（*Numenius tahitiensis*）或灰鹱（*Puffinus griseus*）如何越过广阔单调的海域，回到它们的家园？

身为一个连在一小片林地中都很容易迷路的人，我真的非常钦佩鸟类认路的能力。人类就算手上有罗盘，都很难做到像它们这样。它们究竟是如何办到的？

要探讨这类问题，可以从家鸽（*Columba livia domestica*）着手。鸽子的名声向来不佳。有人说它们是长了翅膀的老鼠，总是在公园长椅下凶猛地啄食那里的面包屑，或在市区的垃圾场翻寻觅食；有些人称它们就像渡渡鸟一样愚笨（事实上，这两种鸟也是近亲）。

199

的确，鸽子前脑的神经元密度只有乌鸦的一半。而且，只要自己的蛋或雏鸟不在它们的身体底下，它们可能就认不出来。此外，它们偶尔也会不小心把自己的孩子踩死，或将孩子扔到巢外。（不过，一位鸽子专家指出："乳鸽的体形很小，而成鸽的脚却大上许多，因此我们应该感到奇怪的是，被踩死的乳鸽居然只有这么少。"）在筑巢方面，鸽子也是出了名地没有效率。它们一次只衔一根小树枝或咖啡搅拌棒回去当建材，就连麻雀一次都能衔两到三根。筑巢时，如果有些筑巢材料不小心掉落了，麻雀会立刻俯冲下去将它们接住，但鸽子只会任由它们掉到地上，并不会把它们捡回来。

因此，就某些标准而言，鸽子看起来似乎不怎么聪明。但事实上，它们远比你想象的更有脑力。举例来说，它们在数字方面颇为擅长，不仅能够计数（当然啦，包括蜜蜂在内的很多动物都会），还能计算得失，并学会一些抽象的数字法则。它们在这些方面的能力并不亚于灵长类。举例来说，它们能够把含有不同数目的物品的图片按照数字大小依序排列。此外，它们也能够判定事物的相对概率。

事实上，鸽子比大多数人（甚至包括一些数学家在内）更善于解决一些统计方面的问题，例如“蒙蒂·霍尔困境”。这个难题的名称源自美国昔日的一个电视游戏节目《让我们来做个交易吧》的主持人的名字。该节目会让参赛者试着猜测三扇门中有哪一扇门后面藏着大奖（例如一辆汽车），另外两扇门则藏着安慰奖（例如一只山羊），在参赛者选了其中一扇门之后，主持人会把另外一扇打开，让他看到里面并没有奖品，并让他再做一次选择，看他要维持最初的选择，还是改选另一扇尚未打开的门。

研究人员让鸽子在实验中玩类似的游戏，结果发现它们成功解决问题（选出正确的“门”）的次数比人类还多。尽管改选另外一扇门会提高赢得大奖的概率（增加1倍），但大多数人还是会维持他们第一次的选择。然而鸽子则会从经验中学习，根据概率的高低，改选另一扇门。 200

这听起来似乎不符合逻辑。你可能会觉得，既然还有两扇门没有打开，猜中大奖的概率应该是50%。但事实上，如果改选另一扇门，获奖的机会将有66%。原理如下：一开始时，选对门的概率是三分之一，因此你选错门的概率是三分之二。当主持人蒙蒂打开那扇有山羊的门时，概率还是一样。（蒙蒂总是知道汽车在哪一扇门后面，所以他都不会打开那扇门。）这意味着，另外一扇门有三分之二的概率可能是正确的门。我知道你在想什么，到现在我的脑筋还是不太能转得过来。有许多数学家也是这样。（当玛丽莲·沃斯·萨万特*在《大观》杂志的《问问玛丽莲》专栏中讨论到蒙蒂·霍尔困境，并公布正确的答案后，她接到了9 000多封对她的答案表示不认同的读者来信，其中有许多

---

* 玛丽莲·沃斯·萨万特（1946— ），美国公众人物，是《吉尼斯世界纪录大全》所认定的智商最高的人。

是大学的数学教授写的。）但鸽子显然不会。它们最初只是随机选一扇门，但后来就学会改选另一扇门。要像这样做出正确的选择，它们必须运用经验概率的原则，也就是观察许多次尝试的结果，并据此调整自己策略的行为，从而赢得奖赏。在那次实验当中，它们往往能够用最好的策略来解决问题，以增加获奖的机会；但人类却不行，即便在经过大量的训练之后仍是如此。

除此以外，鸽子也很擅长分辨一组物品是否完全相同。美国心理学家威廉·詹姆斯*曾说，这种能力是“人类思维的基础和骨干”。当然，鸽子并非这方面的翘楚。最厉害的可能是佩珀伯格所研究的那只非洲灰鹦鹉亚历克斯，它不仅能够以极高的正确率说出两件物品在颜色、形状和材质方面是否相同，而且遇到两件物品没有任何相似或相异之处时，它还会说：“一点都没有。”此外，它也能根据颜色、形状和材质等特性，将100多件物品加以分类。

201

鸽子也很擅长辨识看到的图像，例如英文字母和梵高、莫奈、毕加索及夏卡尔的画作（这点我先前提过）。它们能够区分照片中是否有人（无论这些人有没有穿衣服），也能熟练辨识人的脸部，甚至解读脸上的表情。此外，它们还能学会并记住1 000多种影像，并将它们储存在长期记忆中，为期至少1年。

最重要的是，在没有现代科技辅助的情况下，它们认路的本事远远超过人类。在这种情况下，它们自然而然就被当成“长了翅膀的老鼠”，成为科学家们研究鸟类如何认路时的实验对象。

最近我一直在注意那些聚在市中心公共场所的红砖地上，有如

---

* 威廉·詹姆斯（1842—1910），美国哲学家、心理学家，美国机能主义心理学和实用主义哲学的先驱，著有《心理学原理》《实用主义》等。

一群戴着兜帽的僧侣或游客的鸽子。我越看就越喜欢它们。它们虽然害羞，看到不熟悉的事物不太敢靠近，但它们很好斗，适应能力也很强。近看时，它们身上的羽毛焕发着亮丽的虹彩。

鸽子育种的历史非常悠久，如今已经有数十个品种。其中有些比较特别（如翻飞鸽、“教士”、“修女”、扇尾鸽和骑兵鸽），是用来观赏的。它们的外形可能很华丽（例如球胸鸽看起来就像是被塞进手套里的一只网球）。

人们培育信鸽的主要目的是让它们参加比赛。我们在美国各城市里经常看见的野鸽子是17世纪初期随着欧洲移民搭船来到美国，但后来逃逸的家鸽（它们是第一批来到美国的外国鸟类）的后代。

我在城里看到的野鸽子经常在地上走动，它们有时会像鸭子一般，挪动着它们那矮矮胖胖的身躯，左摇右晃地四处走动，有时又会像士兵一样抬头挺胸，踏着利落的步伐前进。它们似乎不太喜欢在树梢上栖息，反而经常一排排地蹲在电线上，或躲进建筑物的隐秘角落，以及柱顶、桥墩、大梁、枕梁、桥梁和房屋的涡形装饰里，尾巴垂直地抵着墙壁。我一直觉得很奇怪，它们为什么喜欢待在那些面积狭窄的壁架上呢？那不是很不舒服吗？

202

野鸽为什么不栖息在高高的树梢上，反而喜欢待在狭窄的壁架上？因为它们就像家鸽一样是原鸽（*Columba livia*）的后代，原鸽喜欢在海边的悬崖和地中海的岩石小岛上筑巢，并且会前往附近的田野搜寻可吃的种子，然后再带回家给它们的孩子食用。很可能就是在这样的情况下，鸽子才演化出它们认路回家的能力。

根据《鸽子》的说法，人类将鸽子认路回家的本能加以利用，少说也有8 000年的历史了。此书是鸽子文学的圣经，出版于1941年，作者是温德尔·米切尔·列维。他是爱鸽人士，也是一位科学家，曾经在第一次世界大战期间，担任美国陆军通信兵团鸽子部门的负责人（当时他是中尉）。

“有文明的地方，就有鸽子。”列维在书中表示，“越是高等的文明，对鸽子也越敬重。”

千百年来，信鸽一直被用来当成信差、快递员和密探。古罗马人用它们来公布竞技场里的胜负；腓尼基和埃及的水手用它们来通报船只即将抵达的消息；渔民用它们来宣布他们已经有了收获；在美国的禁酒时期，贩卖私酒的人士利用它们在走私船只和陆上的基地之间传话。据说欧洲的罗斯柴尔德银行很早就通过飞鸽传书，得知拿破仑在滑铁卢战败的消息，因此得以及时转移它的投资。19世纪中期，保罗·尤利乌斯·路透也用鸽子在德国的亚琛市和比利时的布鲁塞尔之间传递有关股价的消息，从此展开了他的新闻事业（即今天的路透社）。20世纪初期，往来于哈瓦那和佛罗里达州的基韦斯特的船只，也用鸽子传送他们已经安全抵达或在海上遇难的消息。

203 在两次世界大战期间，鸽子被用来快速传递情报。它们的身上携带着以密码写成的文件，飞越敌方阵营传达军队移防的消息，或捎信给占领区的地下反抗军。这些会飞的密探被取名为嘲弄者、大钉、稳稳、上校的女人、亲爱的朋友等。列维表示，亲爱的朋友虽然在途中断了一条腿，胸骨也有裂伤，但还是完成了任务。还有一只名叫威尔逊总统的鸽子，在第一次世界大战期间失去了左腿。此外，一只名叫苏格兰的温基的鸽子在随着一群士兵搭乘轰炸机飞越北海上空时坠机，它被那些士兵从飞机的残骸中放出来之后，便立刻飞回120英里（约193千米）之外的苏格兰邓迪市，通知那里的空军基地飞机失事的消息，使后者得以派遣救援机前去拯救那架轰炸机上的机组人员。

在第二次世界大战的高峰，美国陆军通信兵团的鸽子部门一度拥有5.4万只鸽子。“我们致力于培育聪明、有耐力的鸽子。”该部门的一位工作人员表示，“我们要的是能够飞回家，遇事不会慌乱，而且聪明得足以独立作业的鸽子。当然，我们偶尔还是会碰到笨鸽子。不过你很早就可以看出哪些鸽子比较笨，它们要么就是不知道怎样飞回鸽舍，要么就是愁眉苦脸地蹲在角落里。”但他说大多数的鸽子都“很聪明，非常聪明”。

最有名的信鸽之一便是大兵乔伊。它被英国派去中止军方轰炸一座被德军占领的小镇的计划，原因是有一旅上千人的英国部队即将占领那座小镇。大兵乔伊在20分钟内飞了20英里（约32千米），及时在那些轰炸机正准备起飞时加以拦阻。还有一只名为恺撒的灰斑雄鸽被送出罗马城，并在意大利南部被释放，之后它便一路往南，飞到它在突尼斯的鸽舍，为在那里进行北非战役的同盟国军队捎来了重要的情报。另外一只名叫丛林乔伊的勇敢的铜色鸽子，在4个月大时，便顶着强风，飞了250英里（约402千米），越过数座亚洲高山执行捎信的任务，因而使同盟国军队得以占领缅甸的大部分土地。

时至今日，古巴的政府官员仍然用鸽子传达偏远山区的选举结果。中国最近也成立了一支由1万只信鸽组成的部队。负责的一位军官表示，这是为了让驻守在边境的部队在“有电磁干扰或信号失灵”的情况下，仍能彼此联络。

204

英国大文豪查尔斯·狄更斯曾经在1850年写道：“经常有人声称，信鸽之所以能够找到回家的路，不是因为它们很聪明或具有观察力，而是因为它们有某种我们无法理解的本能。但根据我个人的观察，我认为这并非事实。”

和狄更斯同时代的达尔文则认为，鸽子可能是在离家途中，以某种方式记下那些曲折的路线，然后利用这些信息找到回家的路。但现在我们知道情况并非如此，因为鸽子即使被关在会滚动的圆筒里，乘着一辆密闭的汽车经由一条迂回的路线抵达某个陌生的地方，它们被放出来之后，还是能找到回家的路，而且它们采取的是最直接的途径，不是原来所走的路线。

越过自己熟悉的地方回到一个已知的地点是一回事，但真正的导航，则是另外一回事了。这是一种在不熟悉的地方找出前往目的地的正确方向的能力，而且由于之前不曾飞过这样的路线，你没有任何数据可供参考，只能利用当地的一些线索。在这种情况下，人类非得依赖科技不可。我们有GPS和地图软件，让我们知道自己在地表的哪一个地点、要如何从所在之处前往目的地。但鸟类似乎有内建的定位系统，而且它们的系统能像GPS一样，适用于全球各地。

为了解鸟类是否真的能够认路，科学家们用船只、飞机、汽车等交通工具，将它们运送到某个遥远、陌生的地方，让它们无从得知距离或方位，然后再将它们放走，以观察它们如何找到回家的路。这叫作位移研究，是研究鸟类如何认路的有效方式。

205

科学家们认为鸽子和其他一些鸟类在辨识方向时，可能是采取一种“地图–罗盘”的导航策略。首先，它们会确定自己被放出来的地点在哪里，要往哪个方向飞才能回到家。(这是地图阶段。用人类的术语来说，就是空间坐标系统会告诉它们，“我目前在家乡的南边，因此我必须朝着北边飞”。) 其次，它们会利用一些地标或天空和环境中的线索辨识方位，让自己飞在正确的航线上。整个系统 (包括地图和罗盘) 似乎是由多种要素所组成，其中包括各种不同的信息，例如太阳、星星、磁场、地形景观的特色、风和天气。

有关罗盘的部分，我们目前已经有了颇为深入的了解。这有一大部分要归功于科学家们所做的数千项研究。他们所采取的方法，是让鸟类（其中以鸽子居多）的某一种感官无法运作，再将它们带到别的地方，看它们是否会迷路。

鸽子就像人类一样，多是视觉型的生物，所以它们应该会根据一些熟悉的地标（例如一丛长满节瘤的橡树、一道U形的河湾、一排灌木树篱或一座怪异的三角形摩天大楼）认路回家。事实证明，它们也的确会这么做，至少在旅程的最后一段是这样。

此外，鸽子也仰赖太阳的指引。它们就像蜜蜂一样，会借助自己体内精确的生物钟（所有的鸟类都有这种生物钟），靠太阳指引方向。这个生物钟让它们有时间观念，因此在一天当中的任何时候，它们都知道太阳应该在什么位置。但年纪较小的鸽子必须经过学习，才能依靠太阳指引方向。它会观察太阳在一天当中不同时间的角度，看太阳移动的速度（每小时大约15度），并将那个角度的图像记在心里。它如果只在早上才看得到太阳，便无法在下午根据太阳的位置辨识方向。它每天都会校准它的太阳罗盘，而它所依据的可能是黄昏时地平线附近可见的偏振光。一旦掌握了其中的诀窍，它对这种方式的偏爱就会超过其他方式，即使是在距鸽舍不到两三英里的地方，它也会选择用这种太阳罗盘（而非熟悉的地标）来辨认方向。

奇妙的是，鸽子即便戴上了磨砂镜片，还是能够认清方向，一路飞回鸽舍。根据康奈尔大学鸟类学荣誉退休教授查尔斯·沃尔科特的说法，当眼睛戴着磨砂镜片的鸽子快要抵达鸽舍时，它们会飞得很高，然后再像直升机一般地下降。这时，指引它们的是另外一种能力。 206

40年前，康奈尔大学的威廉·基顿以实验证明，在阴天的时候，身上带有小型磁条的鸽子会搞不清楚方向，以至于比控制组的鸽子更晚回到家。（你或许会说，我们身上如果绑着杠铃，行动自然会比较困难呀。不过，控制组的鸽子身上也佩戴着铜制的、没有磁性的假磁铁条。）

地球像一块巨大的磁铁，磁力线（或称磁场线）从南北两极放射出来，越靠近赤道便越弱、越平。鸟类似乎能够侦测到磁场从垂直到逐渐倾斜的微小改变，并可能依此判定它们所在的纬度。

这项发现是20世纪60年代末期首次被提出来。当时科学家们用关在笼子里的欧亚鸲（*Erithacus rubecula*）做了几项实验。他们把这些鸟关在房间里，让它们无法接收到任何来自户外环境的信息。欧亚鸲是一种候鸟，通常会定期从北欧迁徙到南欧和非洲。这些被关起来的欧亚鸲在迁徙季节中显得很烦躁，这种现象被称为迁移性焦躁——它们的心跳会变快，仿佛要为飞行提供动力似的。它们尽管无法根据视觉信息判定南方在哪里，却似乎一直想要往南边去。当科学家用电磁线圈缠绕它们的笼子时，它们就显得很困惑，开始朝另外一个方向跳跃并拍动翅膀。

许多生物（小如蜜蜂，大至鲸鱼）都能感知磁场的存在。不过，我们至今仍无法确知动物如何感应到磁场。用灵敏的电子仪器侦测这些磁场是一回事，但德国奥尔登堡大学专门研究动物认路机制的生物学家亨里克·莫里特森表示："只用身体感应地球那微弱的磁场，不是一件容易的事。"鸟类并没有任何一种感官是专门用来感应磁场的，但由于磁场可以穿透组织，它的感应器可能位于体内深处。

207 有人提出一个理论，认为鸟类是用它们的视网膜内的特殊分子

“看见”磁场。这些特殊分子会被光线中的若干波长活化，而磁信号似乎会影响这些分子的化学反应，使这些分子的动作变快或变慢（视磁场的方向而定）。视网膜神经受此刺激，便会发送信号给鸟类大脑内的视觉区域，使它得以判定磁场的方向。这一切都发生在比原子还小的层面，包含电子的旋转在内。这显示出一个很令人惊讶的事实：鸟类或许能够感知量子效应。这种能力似乎与前脑连接到眼睛的部分（被称为N神经元簇）有关。如果N神经元簇受损，鸟类就不再能判定哪一个方向才是北方。

若真是这样，它们会看见怎样的景象呢？这点我们很难得知，有可能是由一个个小点或交错的光影所形成的朦胧图案，而且这些图案在鸟类转动头部时，位置并不会移动。另外一种理论则认为，鸟类体内可能有一个磁感应器。这个感应器是由微小的氧化铁晶体组成，有点像罗盘里的指针，可以侦测到磁场的变化，并将这些信号转化成神经冲动。

不久前，科学家们以为他们已经在鸽子的喙中发现了这种微小的磁感应器，其位置就在鸽子上喙的鼻腔内的6簇富含铁质的细胞内，但是当他们进一步检视从将近200只鸽子的喙中取出的25万个组织切片时，却发现事实和他们所设想的似乎有出入，因为不同鸽子的含铁细胞的数目差异很大。有一只鸽子只有200个，另一只却有10万个以上，还有一只喙部受到感染的鸽子则有数万个，而且恰好都位于感染的部位。因此，这些富含铁质的细胞似乎不是感应细胞，而是被称为巨噬细胞的白细胞。它们只是在回收它们所吞噬的红细胞里的铁质罢了。

事情就是这样吗？并不尽然。新证据显示，鸽子的上喙靠近皮肤处的一些磁感应受体会记录不同的纬度下磁力的强度。如果把连接鸟喙与鸟脑的神经切断，鸟类就无法判定自己身在何处。但负责侦测磁力的是哪一个组织？它位于鸟喙何处？这些问题至今尚未获得解答。

208

不仅如此，近年来科学家们又在鸟类身上发现了一个可能有磁感应受体的部位——毛细胞（位于鸟类内耳的感觉神经元）内的微小铁粒子。这显示鸟类或许可以“听到”磁场。不过，信鸽的内耳被移除后，它们认路回家的能力并未受到影响。

无论这个磁感应器在哪里，它似乎都非常敏感。2014年，莫里特森和他的研究团队在科学期刊《自然》发表了一篇论文。文中指出，市民所使用的电器所发出的微弱电磁“噪声”可能会干扰欧亚鸲这种候鸟的磁罗盘。这里所谓的“噪声”，并非指通信基站或高压输电线发出来的噪声，而是指所有靠电流运作的物品所产生的背景噪声。这个消息震惊了科学界，如果这是真的，这类“电子雾霾”可能已经使鸟类难以辨识方向，而且其严重程度足以影响它们的生存。

过去很长时间以来，科学家们一直认为鸟类的磁罗盘只是阴天里的一套备用系统，但事实绝非如此。磁罗盘和太阳罗盘都是它们辨认方向时不可或缺的工具。因此，鸟类体内可能有几种不同的磁感应受体，这些受体会一起发挥作用，使鸟类得以感受到磁场发生的微小变化，以至于一只鸽子在没有月亮的夜晚飞越地中海上空时，还是可以找到路，返回它在北非的鸽舍。

除了罗盘之外，鸟类在认路时，也需要有一种类似地图的东西，以便在展开旅程时判定自己所在的位置，以及这一个位置和目的地之间的关系，使它能够飞往正确的方向。那么，鸟类心中有没有这种类似地图的东西呢？

这样的想法形成于20世纪40年代。当时美国加州大学伯克利分校的心理学家爱德华·托尔曼*首次提出哺乳动物可能有一张关于它们所在空间的“认知地图”。托尔曼观察了老鼠在特制迷宫内的行为后发现，它们能够找到新的、比较直接的路前往有食物的地方。托尔曼指出：“老鼠在学习的过程中，脑子里会建立某种类似环境地图的东西。”这张地图会显示路线、途径、死巷子和环境中的事物彼此之间的关系，以供日后使用。(那些追随托尔曼从事这类认知地图研究的科学家，被昵称为“托尔曼粉丝”。)

209

托尔曼认为人类也会建立这类认知地图，并且大胆地提出了一个概念：这种地图不仅能帮助我们在空间中辨识方向，也能帮助我们在“人类的世界这个上帝所赐予我们的大迷宫中”，认清我们的社会关系与情感关系。一个人如果有一张封闭狭隘的认知地图，他可能就会轻视他人，“痛恨外来者”(这是一个极其危险的现象)，并表现出“歧视少数族群、破坏世界等行为”。解决之道何在？托尔曼认为，方法就是在心中建构一幅更宽广的认知地图，使其包含更辽阔的地域，以及更广大的社会范畴，拥抱那些被我们视为“他者”的人，以此激发同理心并促进人与人之间的了解。

科学家们之所以能发现鸽子可能在心中建构一份有关周遭环境的地图，是因为他们用鸽子做了类似当年托尔曼所做的迷宫实验，结果发现，鸽子就像那些老鼠一样，很善于记住空间方面的信息。它们能够记住之前曾经到过的地标，也记得这些地标相距多远、在什么方向等，并运用这些信息抵达它们不曾去过的地点。

---

* 爱德华·托尔曼（1886—1959），美国心理学家，目的行为主义的创始人，1937年曾任美国心理学会主席。

这种能力叫作小规模导航。有些鸟类确实非常擅长此道，其中的翘楚便是那些具有“分散性贮藏”习性的鸟类，例如北美星鸦和西丛鸦。这些鸦科鸟类是空间记忆游戏的大师级玩家。

北美星鸦体色浅灰，长得像乌鸦一样，有美丽的黑色翅膀。它们 [210] 习惯在露营地觅食，因此赢得“营地强盗”的绰号。这种鸟原产于落基山脉以及北美西部的其他高地。为了度过那里的严冬，一只北美星鸦在一个夏天之内就会搜集3万多颗松子。它们的舌头下面有一个特殊的大囊袋，一次可以携带多达100颗种子。它们会把这些种子埋藏在多达5 000个不同的地点（而且这些地点可能散置于数十乃至数百平方英里的区域），之后再挖出来食用。它们会记得每一个贮藏地点，而且可以立刻找到，不需要花太多力气寻觅。它们之所以能够如此，几乎完全依赖它们的记性，而且这种记忆可以维持长达9个月的时间。即便这段时期由于季节更迭，冰雪、落叶的覆盖，或岩石、土壤位移等因素，地貌产生了重大的变化，它们仍然能够记得自己贮藏食物的地点。

松子很小，因此每个贮藏点也都很小，北美星鸦用来发掘食物的铲子（也就是它那有如匕首一般尖利的喙）同样很小，因此它挖的时候必须非常精确才能正中目标，不能有丝毫的闪失。只要它在回忆贮藏地点时有一丁点的错误，它可能就找不到食物了。但10次里有7次，北美星鸦都可以正中目标。（这样强大的记性实在让我感到汗颜，因为我连自己把汽车钥匙放在哪里，或把西红柿种子播撒在哪里都记不得。）

问题是，它们是怎么找到那些种子的？它们靠的可不是嗅觉，有人提出了一种理论，认为它们是根据一些又高又大、不会被雪掩埋的地标（例如树木和岩石），在心中绘制了一幅地图，然后记下它们的贮藏地点和这些目标的相对位置、距离、方向，乃至几何关系和配置方式。举例来说，它们可能会记住某个贮藏点是位于两个很高的地标中间，或在这两个地标和另一个地标所形成的三角形的第三点。你应该可以想象，要像这样记住5 000个地点的位置，是多么不容易的一件事。

211

生性狡诈的西丛鸦不仅能记住自己把食物藏在哪里，有谁看到，还能记住自己藏了什么，什么时候藏的。这点很重要，因为它们所埋藏的东西除了坚果和种子之外，还包括水果和虫子，而这些食物腐烂的速度各不相同。气温很高的时候，虫子可能几天就腐烂了，但坚果和种子放好几个月都不会坏掉。剑桥大学的妮古拉·克莱顿和她的研究团队曾经做过一系列很有创意的实验，结果他们发现西丛鸦会把比较容易腐烂的食物在坏掉之前先挖出来，把那些不会腐烂的食物（例如坚果和种子）留到以后，因此它们是根据自己的经验（食物坏掉的速度）来决定要把哪些食物挖出来。要做到这一点，它们不仅必须记住贮藏食物的地点，还得记住贮藏的内容和贮藏的时间。一般认为，这种能够记住过往特定事件发生的内容、地点和时间的能力与人类的情景记忆（就是记住个人的特定经验的能力）很像。鸟类似乎像人类一样，可以运用过往发生的事件（它们埋藏了什么，什么时候埋藏的）来规划现在或未来要做的事（把食物挖出来或留到以后再挖）。

克莱顿和她的研究团队后来又继续做了其他类似的实验，结果显示西丛鸦似乎也有某种程度的规划能力（至少是先见之明），让它们可以灵活地调整每个当下的行动，以便增加它们未来存活的机会。

为了了解西丛鸦是否会未雨绸缪，克莱顿和她的研究小组将8只西丛鸦关在一只很大的笼子里，并且在里面隔出两个房间。第一个房间里面总是有早餐可吃，第二个房间则没有。他们让那些西丛鸦饿一整晚，等到第二天早上，再把它们送到那两个房间当中的一个，并且让它们在这两个房间中各待三个早上。之后，他们便在晚上拿出食物（松子）让那些西丛鸦尽情地吃，并且允许它们把剩下来的松子储存在两个房间当中的一个。结果他们发现，那些西丛鸦会把剩余的松子储存在那个没有早餐的房间，这应该是它们预测自己第二天早上在那个房间里会没有东西吃的缘故。

212 接着，研究人员又做了一些变化。他们在那两个房间里放置不同的食物给那些西丛鸦吃。其中一种食物是花生，另外一种是一粒粒狗粮。这回，那些西丛鸦在储存剩余的食物的时候，会将它们平均分配在两个房间里。

后来，克莱顿又和她的同事露西·奇克做了几项实验。结果显示，那些西丛鸦会把它们将来想吃的特定食物——也就是它们最近一直没有机会吃到的食物——储存起来，这表明它们会为了将来的需求而牺牲自己目前的欲望。“西丛鸦是否能‘预先体验’未来，这点目前尚无定论。”她们两位在论文中写道，“但我们的研究结果提供了强有力的证据，显示它们在未来的动机状态和现在的动机状态有别的情况下，能够根据前者行事，并且能灵活地加以调整。”

这些研究显示，至少有几种鸟类似乎具备了从事“心智时间旅行”的两个要件，也就是回顾过往（我被喂了什么食物？在哪里喂的？）和展望未来（我明天想吃什么？我应该把食物藏在哪里？）的能力。过去我们认为这种能力只有人类才有。

不过，我们还是再回头谈谈西丛鸦在辨识空间方面的天分。除了上述能力之外，它们还有其他的本事。我们之前提到，西丛鸦会窃取别人埋藏的食物。值得注意的是，无论它们埋藏食物的地点有没有变更过，它们都能很准确地把食物找出来。一只偷取食物的西丛鸦在看到别的西丛鸦埋藏食物时，也会在心中描绘一幅复杂的地图，并在日后凭借它的空间记忆力找到那些食物。同时，即便它观看时的位置与被埋藏的食物之间隔着一段距离，它在寻找那些食物时必须调整它脑海中的地图，它也仍旧能记得那个地点。

蜂鸟似乎也有类似的导航能力，只是规模较小。

我的朋友戴维·怀特住在弗吉尼亚州中部。他在院子里挂了一条带有S形钩子的弹力绳。每年春天，他都会在钩子上挂一个野鸟喂食器，把蜂蜜放在里面。到了换季的时候，为了避免喂食器被浣熊拿走，他会把它拿下来，但把绳子和钩子留在原地，这样来年4月他挂喂食器的时候，就比较省事。不过，有时他会忘记这回事。所幸那些红喉北蜂鸟（*Archilochus colubris*）都会提前一两天（大约在4月13日左右）出现，在那空空如也的S形钩子四周盘旋，提醒他把喂食器挂上。它们显然知道什么时候要去哪里觅食。

213

春天，我会看到蜂鸟飞过我家的窗台，在花间穿梭，像一个个呼呼作响的陀螺。它们那薄纱般的翅膀快速震动着，显得朦朦胧胧，浑身似乎充满能量。但事实上，红喉北蜂鸟的体重只有3克左右，比以前的美分硬币还轻。

那些蜂鸟在花草之间穿梭，但却似乎不曾重复造访同一朵花。这是否意味着它们的脑海里有一幅地图，上面显示哪些花刚刚被它们采过蜜，又有哪些花还有花蜜？（在戴维的例子中，那些蜂鸟的脑袋里是否也有一幅地图，上面显示他家那一带所有吊挂式喂食器所在的地点？）

记住我家窗台上花朵的位置是一回事，但一只蜂鸟的地盘上通常有成千上万朵花，要记住那么多花的位置，又是另外一回事了。不过，蜂鸟会花脑力这么做也是有道理的，因为这样可以节省体力。毕竟蜂鸟一生所做的事情都非常消耗体力。它们在飞行时，翅膀会快速震动（每秒钟高达75次）。此外，它们会以高速追赶对手，也会以俯冲、摇摆、“之”字形穿梭等方式吸引异性。这些都会耗掉很多卡路里。为了补充热量，它们每天都必须吸取成百上千朵花的花蜜，但它们并不想浪费时间造访那些已经被吸干花蜜的花朵，因此它们自然要记住那些已经被它们吸过蜜的花朵。它们之所以能够记住，显然不是凭借花朵的颜色、形状或其他的视觉线索，而是像会贮藏食物的西丛鸦和北美星鸦那样凭借空间中的线索。

圣安德鲁斯大学的休·希利一直致力于探讨野生蜂鸟的认知能力。她所研究的对象是棕煌蜂鸟（*Selasphorus rufus*）。这种蜂鸟身形迷你，体色呈亮橘色，会凶猛地捍卫地盘上的花朵。希利最近所做的实验显示，即使是在一片单调、没有特色的原野上，这种蜂鸟只要造访一朵花或一个喂食器一次，而一次只停留几秒钟，就能够记住它所在的位置。而且，即便那朵花已经不在了，它们还是能够相当准确地回到原先所在的地点。此外，它们还能记住每一朵花的花蜜质量、含量和重新分泌花蜜的速度。而且它们会等待一段时间，等那些花再次产出花蜜后再回去造访。

214

我们目前仍不清楚蜂鸟是利用什么样的空间线索找到那些花朵的。希利的研究显示，它们就像那些习惯贮藏食物的鸟类一样，会参考当地的地标，但这可不是一件容易的事。根据希利的观察，那附近的地标“几乎都一模一样（至少在我们眼里是如此），因为那里的土地颇为平整，并且被草木所覆盖”。不过，无论在田野的哪一处，它们都可以看到较远处的地标［包括四周的树木和山谷两侧高达3 000英尺（约914米）的山脉］，只是这些地标都很大。科学家们仍不清楚这些鸟如何能够用这些大型地标精准地找到某一朵花或某一个喂食器所在的位置。

科学家们一直认为信鸽脑子里也有类似的地图，上面包含了它们所记住的各个地点，只是规模更大、范围更广。然而，过去并没有人真正在实验室外测试这样的概念是否正确，直到几年前妮科尔·布莱泽（当时她还是苏黎世大学的博士生）才设计出一个很有意思的实验。

布莱泽想证明鸽子之所以能够认路，并不是因为它们对环境中的线索产生简单的机械式反应，而是因为它们脑子里有一张货真价实的导航地图，让它们得以选择不同的目的地，并判定哪一条路线能够最快到达这些目的地。

如果鸽子是某种“机械性的飞行物”，则它们认路的方式应该相对简单，只有两个步骤：把来自环境的某种信息（例如某个陌生地点的磁信号）和一个熟悉的地方（如它的鸽舍）的同样信息做个比较，然后便朝着会逐步缩减两种信息之间的差异的方向移动。布莱泽称这样的做法为“以鸽舍为中心”的策略。这意味着鸽子只记得一个地点（鸽舍），然后根据一些环境线索上的变化朝着鸽舍所在的方向飞去，直到返家为止。

215

该如何证明鸽子的脑海里有一张如假包换的地图，能够记住多个地点呢？布莱泽决定让一群（131只）鸽子自行选择要飞到哪里。也就是说，她让它们根据自己饥饿的程度选择要飞回鸽舍还是飞到有食物的地方。第一步是训练这批鸽子记住一个饲料站所在的地点。她的方法是每天定时用汽车把它们送到这个饲料站进食（研究鸽子真是一项劳动密集型工作)，再把它们从鸽舍里放出来，而且设法将鸽舍与饲料站之间的距离越拉越远，然后再反过来同样做一遍，直到那些鸽子们都能够很有效率地从鸽舍飞到饲料站，并从饲料站飞到鸽舍为止。

训练完毕后，她便将这些鸽子带到一个完全陌生的地方，这个地方与鸽舍、饲料站之间的距离相等，都不到20英里(约32千米)。然后她把一半的鸽子喂饱，让另外一半挨饿，之后再将它们统统放走。结果那些吃饱的鸽子都飞回了鸽舍，而那些挨饿的鸽子却都飞到了饲料站，途中只在遇到地形障碍(两座湖和一座山脉)时绕了路，之后便修正了路线，而且其中没有任何一只鸽子经过鸽舍。布莱泽指出，如果鸽子在认路时是机械性地采取"以鸽舍为中心"的策略，那么它们应当会先往鸽舍的方向飞，直到抵达熟悉的地方后，再转往饲料站的方向。

布莱泽指出，从"鸽子直接飞到一个可以让它们吃饱的地方"这个事实，我们可以看出两点：第一，鸽子能够根据自己的需要，选择要飞到哪里，这本身就是一种认知能力；第二，它们的脑子里真的有一幅认知地图，能够知道一个陌生的地点和至少两个已知的地点在空间上的相对关系。

鸽子的脑袋这么小，这样一幅地图会位于其中哪一个部位呢？

它就在鸽子的海马体里(人类的也是)。海马体就是帮助我们在空间中辨识方向的神经网络。我们之所以能得知这一点，有一部分要归功于一位托尔曼粉丝——解剖学家约翰·奥基夫所做的努力。奥基夫于2014年获得诺贝尔奖，原因是他在20世纪70年代做老鼠走迷宫的实验时有了一个令人瞩目的发现。当时他和心理学家林恩·纳德尔一起研究老鼠走迷宫时大脑的活动现象，结果发现，老鼠的海马体中的若干特定细胞，只有在老鼠走到某个特定地方时才会放电。当老鼠迂回曲折地走过迷宫时，这些“位置细胞”放电的图案和老鼠在迷宫中所走的路径一模一样。

人脑中的海马体是一个形状有如海马的组织，位于大脑颞叶内侧的深处。鸟类的海马体则位于大脑顶端，形状像是一颗扣子或一朵小小的伞菌。但这个小小的组织却是鸟类和人类心中的地图所在的地方。事实上，我们对某一个事件的记忆，似乎都和那个事件发生的地点有密切的关联。最新的研究显示，当我们回想某个事件时，我们的海马体内储存那个事件地点的“位置细胞”就会再度放电，帮助我们想起那个事件所发生的时空。这便是当我们忘记什么东西时，只要循着原路折返，就容易想起来的原因。你对某个想法的回忆，也和你最初产生这个想法的地方连接在一起。

鸟类的海马体攸关它们处理空间信息的能力。海马体较大的鸟类，辨识空间的能力通常也较强。习惯把食物贮藏起来的那几科鸟类的海马体，是脑子大小和体重与它们相当的鸟类的2倍以上，例如山雀的海马体相对而言就有麻雀的2倍大。

在这方面，蜂鸟是个中翘楚。相对于它们的整个脑子的大小来说，它们的海马体比其他任何鸟类都大，是鸣禽、海鸟和啄木鸟（无论它们有没有贮藏食物的习惯）的2倍到5倍。有一种大蜂鸟，叫作长尾隐蜂鸟（*Phaethornis superciliosus*），它的脑子只有橙尾鸲莺（*Setophaga ruticilla*）那么大，但它的海马体体积却几乎是后者的10倍。因此长尾隐蜂鸟才能够记住它们在委内瑞拉和巴西所吃的姜花及百香果花的生长地点、分布区域与花蜜含量。有巢寄生行为的鸟（例如响蜜䴕和牛鹂）的海马体也比没有巢寄生行为的同科鸟类大。

217 “这是有道理的。”勒菲弗表示，“响蜜䴕必须找到合适的鸟巢，并且在恰当的时间把它的蛋放进去。如果它放得太晚，原本在巢里的雏鸟第二天就孵出来了，它的宝宝日后就会因为太小而被干掉。如果它放得太早，被寄生的鸟可能还没准备好要产卵或孵蛋。因此它必须留意每个鸟巢的位置和它们所处的状态。”

牛鹂雌鸟的海马体比雄鸟更大，而且正如加拿大西安大略大学的梅拉妮·吉格诺和她的研究团队近年所发现的，雌鸟也有更强的空间能力。大多数的动物都是雄性的空间能力比较强，但在鸟类中，巢寄生的鸟类却翻转了这个刻板印象。只有雌性牛鹂会寻找、监视并再次探访它们所寄生的巢。它们会在树冠层中搜寻，看看有哪些鸟在筑巢，寻找巢寄生的对象，然后在太阳升起之前，摸黑前往它们所选定的鸟巢，在那里产卵。吉格诺在实验室所做的一项研究中发现，牛鹂雌鸟在空间记忆方面的表现远胜雄鸟。这显示高超的空间能力不一定是雄鸟的特色，而是牛鹂为了适应巢寄生的繁殖方式演化出来的。

信鸽的海马体也比其他以外形取胜的鸽子（如扇尾鸽、球胸鸽、仙燕鸽）更大。但它们的空间能力并不是天生就有，而是磨炼出来的。

不久前，有一群科学家做了一项巧妙的实验，其结果显示，信鸽的海马体大小取决于使用的频率。他们在德国杜塞尔多夫附近的一座鸽舍里养了20只鸽子。等到这些鸽子羽翼丰满之后，他们便让其中半数自由飞翔，认识鸽舍所在的地点及周边环境，并让它们参加好几场比赛［最远的一次共飞了175英里（约282千米）］。另外一半鸽子则被关在一座宽敞的鸽舍里，可以自由飞翔。因此它们的体能和活动量与那些没被关的鸽子差不多，但它们不需要认路。当所有的鸽子都发育成熟后，研究人员便测量它们的脑容量和海马体的大小。那些有认路经验的鸽子的海马体比没有经验的大了10%以上。研究人员表示，目前仍不清楚是什么生理机制导致它们的海马体变大。他们猜想“可能是既有的细胞体积增大了”，或者是那里多了一些新的细胞（但可能不是神经元），“也可能是血管增生的结果”。

218

无论如何，鸽子海马体的大小可能反映出它的经验和它需要认路能力的频率。换句话说，使用频率可能会影响海马体的大小。英国的科学家曾针对一群很会认路的出租车司机做了一项研究（现在这项研究已经出名了），结果发现人类的情况似乎也是如此。伦敦的出租车司机在拿到营业执照之前，必须先通过一项十分严格的考试。他们必须记住大约2.5万条城市街道的分布情况以及数千个地标，而伦敦是公认的“全球最容易迷路的城市”。他们要花2年到4年的时间，才能熟悉伦敦那些错综复杂的小路。通过实验，科学家发现，开了几年车的出租车司机的海马体后部，比那些新手或公交车司机有更多的灰质。

这不禁让人想到一个令人担忧的问题：如果人类认路的频率会影响海马体的大小，那么当我们过于依赖GPS这样的科技，不再动脑筋来认路时，会发生什么事？有了GPS后，我们不再需要认路，只需要针对特定刺激做出简单的反应（向左或向右转）就行了。有科学家担心，这种现象会使我们的海马体变小。事实上，当加拿大的麦吉尔大学的研究人员扫描那些使用GPS的年长者和未使用者的大脑时，他们发现，习惯自己认路的人，其海马体内的灰质比那些依赖GPS的人多，整体认知能力损伤的情况也比较少。因此，当我们不再有建立认知地图的习惯时，我们大脑内的灰质可能会变少（如果托尔曼说得没错，那么我们的社会理解能力也会降低）。

219

我们已经知道鸟类心中的地图可能是在哪一个部位了，但它有多大呢？

10月初的一个早晨，我站在特拉华州亨洛彭角的海滩上时，心里便在想这个问题。那天一早，天气就很寒冷，水温不断下降。我站在海湾处，寻找鹗的踪影。但它们大多数都已经飞到南边的秘鲁或委内瑞拉，在亚马孙河温暖的沼泽里过冬。不过，对某些猛禽和它们赖以为食的鸣禽来说，现在仍是迁徙季节的高峰。那些正在迁徙途中的灰背隼（*Falco columbarius*）、红隼、游隼、纹腹鹰和库氏鹰（*Accipiter cooperii*）正飞越特拉华湾彼岸的开普梅，偶尔会停下来抓一些小型候鸟果腹。此时的开普梅有很多雀形目鸟类。隐谷和被称为“经济小饭馆”的那片农田上的灌木林内，有许多金翅雀、黄腰白喉林莺（*Setophaga coronata*）、棕榈林莺（*Setophaga palmarum*）和一些晚到的森莺、白颊林莺和红眼莺雀（*Vireo olivaceus*）。

只要一阵寒流来袭，就可能会有数万乃至数十万只候鸟同时经过这个地区。从希格比海滩的堤坝上看过去，那真是一幅奇妙的景象。这些来自新热带界的候鸟会在此地稍事休息与进食，几天之后便会再度消失在夜色中。我喜欢想象秋天的夜空中满是候鸟的黑色身影的景象。

我绕着亨洛彭角走到靠海的那一边。此时，岸边有一团浓浓的雾气缓缓上升。我好奇地看着它飘过来，有如一波灰色的巨浪。不久，我整个人便笼罩在一片带着咸味的湿气中。海滨的沙丘都消失了，能见度不到3英尺（约0.9米），使我一时分不清东西南北。那种感觉虽然有些奇异，但也仅此而已。我只要沿着海岸线行走，就可以穿过沙丘，找到回家的路。不过，如果在海上被大雾笼罩就是另外一回事了。

哈佛大学的物理学教授约翰·胡思曾经描述他个人的一次经验。

在一个晴朗的日子里，他划着独木舟进入楠塔基特海峡，不久就被一团突如其来的浓雾包围住了。幸好他是独木舟老手，在出发前已经仔细观察过各种重要的线索，尤其是风和海浪的方向。“我一直沿着海岸划。”他在文中写道，“即使雾气太浓，让人看不见地标，我还是知道该如何朝着陆地前进。”但当天在那一带划着另外两条独木舟的人就没有这么幸运了。他们显然迷失了方向，最后被大浪淹没，在海水中溺毙了。 220

诚如胡思所言，古代的人类能够借着解读大自然的线索辨认方向。波利尼西亚人会记住星辰升起和落下的位置，把它们当作天然的罗盘；阿拉伯的贸易商凭借着风的气味和感觉横渡印度洋；维京人会根据太阳的方位判定时间和方向；太平洋诸岛的居民在航行时会观察海浪的信息。经过学习，我们就能够借着对日月星辰、潮汐、海流、风向和天气的密切观察辨认方向。(我发现了一件有意思的事情：世界上有大约三分之一的语言在描述自身所在的空间时，使用的不是“左边”“右边”这样的说法，而是基本方位的词汇。使用这类语言的民族都比较擅长辨认方向，到了陌生的地方，也能知道自己身在何处。) 但是到了现代，大多数人如果手上没有地图或GPS就一筹莫展，分不清楚东西南北。

鸟类在如同大海般广阔的空中迁徙，却很少迷路。即便在暗夜或大雾中也是如此。它们就像鸽子一样，会根据太阳、磁场和各种视觉地标所提供的线索辨认方向。

有些鸟类在夜间会依靠星辰的指引认路，但它们的方式可能不是你所想象的那样。它们虽然没有随身携带星空地图，但会记住夜空如何绕着北极星旋转。小鸟羽翼丰满后，到了它们生命中的第一个夏天，就会在夜晚的星空中搜寻那旋转的中心。在北半球，这个旋转的中心便是北极星。鸟类经过学习，就会知道这颗星代表北方。因此，当它们要前往南方时，就会朝着和北极星相反的方向飞。鸟类只要花大约2个星期的时间就可以熟悉这个星空罗盘，一旦熟悉了，就能靠着星辰辨认方向，即便在星星稀少的夜晚也是如此。

我知道，鸟类虽然能够根据天空中的线索辨识方向，但这不一定代表它们的智商很高。毕竟，就连蜣螂（它们最为人所知的一点，就是会把动物的粪便揉成小球后吃掉）也懂得在夜晚时利用银河的光线辨识方向。不过，鸟类居然能够凭借星辰旋转的模式区分东西南北，在我看来，这仍然是一件很神奇的事。

221

候鸟偶尔会受到天灾（例如暴风雨）的影响，偏离它们的航线数百英里甚至数千英里，这可以说是一项由大自然所设计的大规模位移实验。但大多数候鸟在偏离航线后都可以找到路，返回它们的目的地。这显示它们心中的那幅地图确实非常辽阔。

我原本希望在1年前造访亨洛彭角，但因为飓风“桑迪”来袭之故而未能成行。那一年，在我预定抵达亨洛彭角的前一两天，这场超级飓风正好从南方呼啸而来，而且风眼正对着亨洛彭角。我很庆幸自己没有执意前往，因为后来飓风“桑迪”直接扑向亨洛彭角，使当地的道路都被大水淹没，桥梁也遭到破坏，停车场和街巷里都堆满了沙子。

“桑迪”走后，美国大陆的东岸到处都是迷鸟（vagrant）。这个名词很有意思，它通常是指一个到处闲逛、无依无靠的人。这个词源自拉丁文词根“vagari”，意思是“游荡或流浪”。被吹离既定航线的迷鸟，当然是很少见的，因此很快就吸引了一批观鸟人前来观赏。

“桑迪”过后，在开普梅的观鸟人士宣称他们看到100多只中贼鸥（*Stercorarius pomarinus*，一种肉食性的海鸟），它们很可能是在从它们的筑巢地北极飞往南方的热带海域途中被吹到内陆。此外，在靠近内陆的宾夕法尼亚州，也有人看到几百只中贼鸥正沿着萨斯奎汉纳河往南飞。同一时间，曼哈顿也出现了乌燕鸥（*Onychoprion fuscatus*）、灰瓣蹼鹬（*Phalaropus fulicarius*）、一只叉尾鸥（*Xema sabini*）、一只猛鹱（*Calonectris borealis*）和一只鹲。新英格兰地区沿岸的空旷田野上则出现了零星的鹲。凤头麦鸡（*Vanellus vanellus*，欧洲一种鸻类）出现在新英格兰海岸附近的开阔田野里。此外，还有一只特岛圆尾鹱（*Pterodroma arminjoniana*，一种海鸟，通常生活在巴西附近的大西洋海面）也降落在宾夕法尼亚州的阿尔图纳附近。此处位于阿巴拉契亚山脉西边，距海岸有200英里。不过，它并没有在那里待很久，等到风势渐渐平息之后，它就继续往南飞了。

222

如果你想要观赏这些意外出现的候鸟，那么你的动作必须要快。通常它们不到1天就会再度启程。很显然，它们知道应该往哪个方向飞。

把白冠带鹀从美国的太平洋西北地区送到新泽西州普林斯顿市的那个实验，是比飓风"桑迪"更极端的一个版本。那些科学家之所以刻意把鸟类送到那么远的地方，是希望能够以此了解鸟类的导航地图究竟有多大，而他们也确实达到了目的。

那些白冠带鹀（包括那些没有什么经验的）在被送到3 000英里（约4 828千米）之外后，能够如此迅速地调整并修正自己的航线，显示它们脑海中确实有一张辽阔的导航图，且其范围至少包括整个美国大陆，甚至有可能涵盖整个地球。

此外，那次实验也显示，它们是根据经验建构出这样的地图。因为科学家们发现，那些完全没有经验的鸟类表现较差，它们并没有返回既定的航线，而是凭着直觉往南飞。

鸟类大脑里的地图并非生来就有，而是通过学习建立起来的。有一些鸟类是靠着跟随成鸟迁徙来获取相关知识，例如美洲鹤（*Grus americana*）。没有经验的美洲鹤在迁徙途中会一直跟着成鸟飞，因此科学家们便利用它们这个特性，训练一些被抓来的没有经验的美洲鹤，让它们跟在一架轻型飞机后面，就像童话中尾随着彩衣吹笛人的小孩。

不过，小鸟们不见得都能跟随着自己的父母亲迁徙。海鹦就是一个例子。海鹦出生在北大西洋沿岸的孤绝峭壁和小岛，羽翼丰满后就会趁着夜晚离家，前往别的地方过冬。它们出发的时间比成鸟早很多。同样地，英国诺福克郡的幼年杜鹃也不能和父母一起前往刚果的雨林，因为当它们在养父母的鸟巢内成长到足以飞行的时候，它们的亲生父母早已飞往南方。

223

尽管如此，这些小鸟还是能够找到路，飞抵几百乃至几千英里外某个陌生的地方过冬。它们靠的是某种遗传下来的神奇智慧：它们体内有一个与生俱来的“时钟与罗盘”程序，它会告诉它们应该往哪个方向飞，要飞几天。这里的时钟指的是一个内建的计时器，由基因操控。它决定着这些候鸟要飞几天。我们之所以知道这一点，是因为候鸟被关起来的时候，会表现出一定程度的迁移性焦躁，其强烈程度和它迁徙的距离有密切的关联。至于罗盘方面，至少有几种鸟类的幼鸟体内都有一种来自遗传的单向罗盘，而且每一种鸟的罗盘都不大一样。这种罗盘能让它们飞到正确的航线上。之后在迁徙途中，为了避免偏离航线，幼鸟会依赖成鸟所用的罗盘，包括太阳、星星、地磁场和黄昏时的偏振光。（动物会利用黄昏时的许多信息来认路，它们也只有在这样的时刻才能把偏振光模式、星星和磁场等线索结合起来加以运用。）

我们很难想象这个内建程序是如何运作的，尤其是在鸟类必须精准地遵循复杂的路线飞行的时候。不过，每一种鸟的基因里都有一些特定的信息，会告诉它们应该往哪个方向飞，要飞多远，而且这些信息会代代相传。

在回程和后续的迁徙过程中，候鸟就不需要来自遗传的信息了。它们会在飞行途中建立一幅认知地图，以此辨认方向，从而飞回它们繁殖或过冬的地方。当它们因为受到强风、暴雨和其他天灾的影响而偏离航线时，它们也会根据认知地图修正航线。这幅地图的范围似乎极其辽阔，某些鸟的认知地图甚至涵盖了几块大陆及海洋，例如白冠带鹀和大西洋鹱（*Puffinus puffinus*）。科学家们在一次位移实验中，把一群在威尔士某座小岛上筑巢的大西洋鹱送到了3 200英里（约5 150千米）外的波士顿地区，结果它们只花了12.5天的时间就回到了家。

224

这样一幅地图是由什么东西组成的呢？它可能类似人类的直角坐标系，或称“笛卡尔坐标系”，其中含有来自环境的不同线索。这些线索会随着坐标的梯度呈现规则性的变化，提供有关纬度和经度的信息。北爱尔兰贝尔法斯特女王大学的理查德·霍兰表示，要运用这些逐渐变化的数值，鸟类“必须了解这些数值（包括时间）在它们的活动范围内呈现的规则性变化，并将这些规则延伸到它们已知的范围之外”。

然而，这幅地图的坐标究竟包含了哪些感官线索？它真的有坐标吗？过去40年来，科学家们虽然针对这些问题做过各式各样的研究，但因为问题颇为复杂，至今仍未得出明确答案。

构成这幅地图的线索，可能有一部分来自地磁场。霍兰和他的一位同事不久前发现了一个很奇特的现象。他们趁着欧亚鸲迁徙过境时抓了几只，让它们暴露在强大的磁脉冲中，暂时干扰它们感应磁场的能力，然后再把它们放走。结果他们发现，年轻的欧亚鸲（它们之前从未有过认路的经验）似乎没有受到那些磁脉冲的干扰，依然在它们的内建程序的引导下，飞在预定的航线上。那些成鸟则飞错了方向。研究人员猜想：这应该是因为成鸟在它们先前的迁徙途中，已经在脑海中建立了磁场地图，用来在之后的航程中辨识方向，但那些磁脉冲可能"重设"了那些地图，使得成鸟搞不清楚方向。

不久前的另外一项实验也得到类似的结果。这项实验是由尼基塔·切尔涅佐夫和亨里克·莫里特森所带领的团队进行，但这一回他们实验的对象是芦莺（*Acrocephalus scirpaceus*）。他们抓了一些正从俄罗斯的加里宁格勒（位于波罗的海旁）飞往北欧南部的芦莺，并将其中一半芦莺的从喙通往脑部的那条神经切掉（就是所谓的三叉神经，一般认为这条神经负责将有关磁场的信号传输给大脑），然后再把它们送到东边一个距离它们正常的迁徙路线有600多英里（966千米以上）的地方。结果那些三叉神经完好的芦莺很快就改往西北方向飞，朝着它们的繁殖地前进。但那些三叉神经被切断的芦莺则往东北方向飞，仿佛以为它们自己仍在正常的迁徙路线上。值得注意的一个现象是，它们虽然仍旧知道北方在哪里，却丧失了根据自己所在的位置修正方向的能力。换句话说，它们似乎已经感觉不到那幅地图的存在。

225

我们人类是高度依赖视觉的生物，尤其是在空间的辨识方面。因此，我们很难想象一幅由我们看不见的信号所构成的地图。

除了地磁场之外，根据美国地质调查局的地球物理学家乔恩·哈格斯特鲁姆的说法，鸟类可能还依靠另外一种线索。哈格斯特鲁姆研究鸟类如何辨识方向已有10年的时间。他表示，鸟类或许能听见大自然中的次声波信号（大气中人类听不见的低频噪声）。这些信号有可能是它们的地图的一部分，能够帮助它们辨认方向。

事实上，这些次声波信号或许也能让鸟类侦测到即将来袭的风暴。不久前，有一群研究人员意外发现了一个惊人的现象：有些鸟类显然能够预知风暴即将来袭。那是在2014年4月发生的事，当时加州大学伯克利分校的研究人员正在进行一项试验，看看他们是否能在一群体形很小的金翅虫森莺（*Vermivora chrysoptera*）的背上安装定位器。这群金翅虫森莺在田纳西州东部的坎伯兰山区繁殖，但在哥伦比亚过冬。研究人员做测试的一两天前，它们才从3 000英里之外的哥伦比亚回到坎伯兰山区。然而，研究人员刚把定位器装好，它们就成群飞走了。后来他们才发现，当时有一场强烈的春季风暴正要来袭。这场风暴后来引发了84个龙卷风，并造成35人死亡。但这些金翅虫森莺在风暴来临前的24小时就飞走了。它们各自飞往不同的方向，其中一些甚至往南飞到了古巴。但暴风雨过后，它们又直接飞回了筑巢地，有些甚至来回飞了将近1 000英里（约1 609千米）。进行这项研究的科学家们认为，这些鸟可能在这场超级风暴还在250到500英里（约402至805千米）之外时，就已经听到了它所发出的低沉的隆隆声，并接收到其中所含的低频次声波信号。这些信号能够传到几百到几千英里之外的地方，但人类是听不到的。 226

自然界的许多事物都会发出次声波信号，但最主要的是海洋。深海中波浪相互作用以及表层海水的移动，都会在大气中产生某种背景噪声。我们可以用低频传声器在地表的任何一个地方侦测到这种噪声。此外，当海床所承受的压力发生变化时，土壤内也会形成地震波。这些地震波有可能在地表和空气相互作用（乔恩·哈格斯特鲁姆说“就像一片巨大的扬声器振膜一样”），产生的次声波由山坡、悬崖和各种陡峭的地面往外辐射，而且可以传到很远的地方。因此，地球上的每一个地方都有由当地的地形所形成的独特次声波信号。哈格斯特鲁姆认为，鸟类有可能使用这些次声波信号来辨认方向，以便回到它们的家。

“我们用眼睛看风景，但我想鸟类用的是听觉。”哈格斯特鲁姆表示，“在距离目的地较远时，它们可能是聆听较大的地形特征所发出的声音。离目的地较近时，它们就会聆听较小的地形特征所发出的声音。”换句话说，鸽子或许知道它的鸽舍周围“听起来”是什么样子。“眼睛被磨砂镜片遮住的鸽子能够回到距离鸽舍一两千米之内的地方，但它们要看到鸽舍才能飞回去。”哈格斯特鲁姆指出，“我想，这可能是因为范围内所产生的次声波信号太弱，鸽子听不见。”

但很多人对哈格斯特鲁姆的说法持怀疑的态度，亨里克·莫里特森就表示：“这种奇闻逸事般的说法确实很吸引人，但如果有人主张鸟类是靠着次声波信号辨识方向，那么他们必须先回答一个关键性的问题：鸟类真的能够感受到次声波信号吗？目前这方面的证据还不充分。第二个问题是，鸟类能够区分那些信号是从哪个方向传来的吗？一般来说，它们的两个耳朵之间的距离必须够大（就像大象和鲸鱼那样）才能做到这点。”他认为，田纳西州的金翅虫森莺之所以能够侦测到远处的风暴，更有可能是气压的改变所致，和次声波信号没有关系，因为我们都知道鸟类可以感受到气压的变化。

无论如何，如果哈格斯特鲁姆的信号理论是正确的，那么这将可以解释近20年前白尾和其他6万只鸽子在英国与法国失踪的现象。227 到底为什么会有这么多鸽子在那次比赛中无故失踪呢？哈格斯特鲁姆对此很感兴趣，于是他便搜寻史料，查询那次比赛期间，是否曾经发生任何不寻常的声音事件。结果他发现当天确实发生了一件大事：当那些赛鸽正要飞越英吉利海峡时，它们的飞行路线正好和一架刚刚飞离巴黎的协和式客机交会。哈格斯特鲁姆表示，当那架飞机开始以超音速飞行时，它等于是在空中铺设了一层“轰隆隆的声波地毯”。由于那声音太大，鸽子们听不见任何可以辨识方向的线索，便彻底地迷失了方向。

哈格斯特鲁姆的理论或许也有助于说明，有些地方为何会成为信鸽的百慕大三角，让它们到了那里之后，不是失踪就是迷路。他表示，这是因为那些地形的几何线条可能会制造出所谓的“声影”，干扰鸽子的听觉，使它们无法听到可供辨识方向的次声波信号。

然而这个理论究竟是否正确，目前仍有很大的争议。理查德·霍兰表示：“二者之间的相关性令人瞩目，但也只是相关而已。”就鸽赛的例子而言，次声波的干扰（声波突然变强）和方向的迷失（那些鸽子的失踪）确实有关。但霍兰表示：“这样的证据太过薄弱。到目前为止，并没有任何实验可以证明次声波对鸟类辨识方向的能力有任何影响。”

鸟类的地图中，可能也包括嗅觉方面的信息。这又是一个令人很难想象且具有争议性的概念。不过目前已经有实质性的实验证据支持这样的理论。气味线索或许能够影响鸟类的导航能力，这样的想法源自40多年前，意大利动物学家弗洛里亚诺·帕皮在托斯卡纳大区用一群鸽子做的一项实验。他和研究团队把其中一些鸽子的嗅觉神经切断，然后再将它们带到一个陌生的地方，把它们放走，结果它们从此再也没有回到家，但那些嗅觉神经完好的鸽子则很快就飞回了鸽舍。大约在同一时期，德国的鸟类学家汉斯·瓦尔拉夫也发现，如果让鸽子住在围有玻璃挡风板的鸽舍里，它们就无法认路回家。因此他们便提出了嗅觉导航假说，主张鸽子经过学习后，能把风中的鸽舍气味和方向联系在一起，并利用这些信息判定回家的路。 228

“鸟类可能利用嗅觉地图来认路”的理论，或许能够解释演化上的一个矛盾现象，这个现象和动物脑部各部位的配置有关，10多年来一直让科学家们百思不得其解。你如果检视不同纲、目、科、种的脊椎动物的脑袋，就会发现它们呈现一个清楚的模式：几乎所有的脊椎动物，其大脑的每个部位（从小脑、延髓到前脑等都包括在内）的体积会随着整个脑子的大小等比例地放大。也就是说，你从某种动物的脑子的大小，就能预测出它的脑内各部位的体积。通常演化越晚的部位体积越大。

大自然有时就会形成如此有趣的法则。

不过，加州大学伯克利分校的心理学家露西娅·雅各布斯指出：“‘演化越晚的部位体积越大’这个原则，有一个例外。”那便是嗅球，它几乎在每个方面都特立独行。

嗅球是大脑里很早就演化出来的部位，它专门负责掌管嗅觉，所有脊椎动物的脑内都有嗅球。相较于脑内的其他部位，有些动物的嗅球显得比较小，有些则显得较大（后面这种现象尤其怪异，因为嗅球很早就演化出来了）。而且，即便是同一纲、同一目或同一科的动物，它们的嗅球在大小上也有差异。鸟类正是如此。海燕和其他海鸟（例如鹱和信天翁）的嗅球大约是鸣禽的3倍。短嘴鸦的嗅球长度只及它的脑半球的5%，但雪鹱（*Pagodroma nivea*）却超过35%。

为什么有些鸟类的嗅球这么大？这一直是个难解之谜。在脑子里面，较大的部位通常都是较重要的。这便是所谓的“固有质量”原则——当大脑用越多的空间来执行某项功能时，就表示这项功能对该动物的生活越重要。然而，在过去很长一段时间里，科学家们都认为，鸟类既然没有表现出明显的嗅闻行为（例如嗅别人的屁股或凭着嗅觉找出松露），那么它们的嗅觉应该不太灵光。在科学家眼中，鸟类似乎

229

比较像人类，是一种依赖眼睛的生物，有着高度演化、十分复杂的视觉系统。一位鸟类学家在1892年写道："某套器官异常发达，其他器官势必会被削弱，因此鸟类的嗅觉器官就这样被牺牲掉了。"

然而，这样的观念如今已经有了大幅修正。早在20世纪60年代，有一些实验显示，鸽子置身于有香味的空气中时，心跳会加速。显然它们闻到了什么，所以它们的心脏才会有这样的反应。后来，科学家们在鸟类的嗅球中植入电极，他们惊讶地发现，那些嗅球细胞的放电模式和哺乳动物的嗅球及神经在受到气味的刺激时所表现出来的模式一模一样。

此后，科学家们又用其他几种鸟（包括鸮面鹦鹉、椋鸟、鸭子和锯鹱属鸟类）做实验，结果发现这些鸟几乎都有某种嗅觉能力。此外，几维鸟（产于新西兰的一种不会飞的夜行性鸟类）会用它们的长喙上的鼻孔追踪若干无脊椎动物的气味。秃鹫在几英里外就能闻到腐烂的动物尸体的臭味，并且逆着风飞去觅食。蓝鹱（*Halobaena caerulea*，一种海鸟，会在宽阔的海面上四处搜寻磷虾、乌贼和鱼）在羽翼尚未丰满时，就能侦测到猎物所散发的浓度极低的气味。它们在黑暗的洞穴里筑巢，在没有月亮的夜晚，它们似乎是凭着嗅觉穿越稠密的群落，回到它们各自的洞穴。

以上这些鸟类的嗅球都比较大，但即便是嗅球很小的鸟类（例如鸣禽），似乎也能够接收到空气、土壤和植物中的气味，并根据这些气味侦测到掠食者，或者找到有助于它们抵御有害细菌的植物。在青山雀哺育幼鸟期间，如果在巢箱上喷洒黄鼠狼的气味，亲鸟就不肯进入巢箱。不仅如此，它们还会凭着嗅觉找到新鲜的欧蓍草、圆叶薄荷和薰衣草，并将这些植物的碎片衔到巢里，以保护幼鸟免于病菌和寄生虫的危害。一种名叫凤头海雀（*Aethia cristatella*）的小型海鸟虽然嗅球不大，但它们每年夏天都会举行一种社交仪式，把鼻子埋在同伴的230颈背处，嗅闻同伴的气味。据说那种味道闻起来像是刚剥的橘子，只有繁殖季节才有，但因为气味浓烈，连人类也能闻得到，甚至可以顺风传到0.5英里之外。斑胸草雀的嗅球虽小，但它们也能像哺乳动物一样，凭着嗅觉辨识自己的亲戚，以避免和近亲交配并与后者合作。

然而，鸟类的嗅球为什么会有这么大的差异？这是不是反映了不同的觅食或社交方式对嗅觉灵敏度的要求？

对于这个问题，露西娅·雅各布斯有另外一个答案。身为认知与大脑演化领域的专家，她认为所有脊椎动物（包括鸟类在内）之所以演化出嗅球，最初的目的并不是捕猎或躲避掠食者，也不是沟通或寻找配偶，而是“解码并标示气味分布的情况，在空间中辨识方向”。气味的信息瞬息万变，各种线索经常在移动。“所以动物必须要有适合学习复杂模式的神经构造。”雅各布斯解释。事实上，她认为这还可能是动物之所以演化出联想学习能力的主要驱动力，所谓联想学习，指的是学习并记住不相干的事物之间的关系，例如某一种矿物或树木的气味与回家方向之间的关系。现代鸟类的嗅球大小和它们凭借嗅觉线索辨识方向的能力有比较密切的关联，和它们分辨气味来觅食或躲避掠食者的能力关联不紧密。举例来说，信鸽和普通家鸽的生活方式虽然相同，但前者的嗅球就比后者大得多。

某些拥有较大嗅球的鸟类，似乎确实拥有某种详细的嗅觉地图。意大利比萨大学的安娜·加利亚尔多已经发现猛鹱（生长在大西洋的231一种远洋鸟类）似乎能够凭着气味地图在海上辨识方向。它们平常在广阔的海洋上翱翔，但每年都会飞到同一座小岛去繁殖并育雏。为了了解它们是如何做到的，加利亚尔多和她的研究团队在筑巢季里将亚速尔群岛上的24只猛鹱从巢里抓了出来，送上开往里斯本的货船。他们在其中几只猛鹱身上安装了小型磁条，扰乱它们对磁力的感应，并用硫酸锌清洗另外几只猛鹱的鼻孔，使它们暂时失去嗅觉，等到那货船离开小岛几百英里之后，再将它们放走。后来那些身上装有磁条的猛鹱都回到了小岛，但那些暂时失去嗅觉的猛鹱，却完全搞不清楚方向，在海上来来回回地飞了几个星期，其中有几只甚至再也没有回到小岛。

根据帕皮、瓦尔拉夫和其他科学家的研究，鸟类在用嗅觉辨识方向时所采用的地图，可能分成两个部分。第一个部分是一幅低分辨率的地图，由在各种梯度混合的一缕缕不同的气味分子所组成，呈格子状，将整个空间依照气味的不同，分成不同的亚区，雅各布斯称之为“邻域”。这一缕缕的气味可能是由各种挥发性有机化合物（也就是大气中可能散发出气味的化学物质）组合而成，只是每个地方的组成比例不同。瓦尔拉夫曾以德国南部一座鸽舍为中心，采集方圆125英里（约201千米）内的96个地点的空气样本，结果他发现，那些化学分子的混合比例，会相当有规律地随着空间中梯度的变化而递增或递减。对鸽子而言，这种变化可能就等于气味的变化。换句话说，不同的区域有不同的气味。你不妨想象一只鸽子待在鸽舍里的情景：鸽舍的一边有柠檬树的气味，另外一边则有橄榄树的香味，如果这只鸽子朝着柠檬树飞，柠檬树的气味就会越来越浓，橄榄树的气味则会越来越弱。如果你把一只鸽子放在两棵树之间的某个“邻域”（这里的气味比例可能是20%的柠檬加80%的橄榄），它就可以从这个比例得知它的家在哪个方向。

232

地图的第二个部分是一套“气味地标”，其中包含了各个地点所独有的气味。你不妨把它们想成由气味所构成的自由女神像或伦敦塔。

“气味地图”的概念是否属实，目前仍有很大的争议，况且其中还有一些疑问尚待解答。首先，气味是由空气传播的，会随风移动，因此它们不太可能凝固不动，形成任何一种固定不变的双坐标地图。针对这一点，雅各布斯表示：“很明显，湍流会是个很大的问题。”但她指出，鸟类和其他一些动物都很擅长解读湍流。而且事实证明，至少有几种气味在大气中分布的情况相当稳定，因此它们会在空间的各个梯度中呈现规律的变化。这或许可供那些只需要飞行几百英里的鸟类认路之用，超过这个距离可能就不适用了。

另外一种说法是，气味可能不是鸟类认路的工具，而是它们认路的动机所在。有一项研究发现，气味似乎促使年轻的鸽子开始认路。霍兰表示，如果这项研究结论正确，那么鸽子可能是因为闻到“不属于家”的味道，才会开始根据其他线索来辨识方向。

不过，不久前霍兰和他的研究小组所做的一项实验显示，成年的灰嘲鸫如果失去了嗅觉，当它们从伊利诺伊州被送到新泽西州的普林斯顿后，就无法像那些嗅觉正常的灰嘲鸫一样修正自己迁徙的路线。此外，曾有科学家检视候鸟在出现迁移性焦躁时大脑内的活动状况，他们发现其中主管视觉和嗅觉的区域都显得很活跃。这显示嗅觉确实在鸟类的迁徙行为中扮演了某种角色，只是我们目前还不清楚那是什么样的角色。

鸟类心中的地图至少有一部分是由各种气味的混合体以及一些气味路标所组成，这是一个很吸引人的概念。雅各布斯认为鸟类可能先用“邻域”系统大致分辨所在的地点，并分析自己应该往哪个方向飞。至于“气味地标”系统，它们必须花一段时间才能学会。但一旦学成，这个系统就会构成一幅分辨率较高的地图。如此说来，嗅觉或许可以提供两种认路线索。按照雅各布斯的说法，鸟类大脑在经过一段时间的演化之后，其海马体便逐渐特化，以便处理并整合这两种嗅觉信息。到最后，它便“学会”整合其他几种感觉线索，例如磁信号和声音等。这或许可以解释，嗅球为何不像其他大脑部位那样，会随着大脑的尺寸变大或变小。有几种鸟类在演化过程中逐渐偏向使用其他感觉信息来辨认方向，因此它们的嗅球就变小了。

233

我们至今仍不清楚，鸟类脑海中的地图究竟是何种面貌。但不知为何，这对我来说反而是一件令人兴奋的事情。目前并没有任何明确的证据显示，鸟类只凭单一的感官线索辨识方向。一只特定的鸟在其特定的旅程中会运用哪种线索，可能取决于旅途长短、它手边拥有的资讯或周遭环境的状况（就像行驶在雾中的一条独木舟一样，当它无法得到主要的线索时，可能就会使用次要线索），但也可能纯粹取决于它自己的喜好。

例如，一只鸽子是根据哪些线索飞回鸽舍，可能要视它的生命经验和它的选择而定。布莱泽在研究信鸽时发现，它们从来不会笔直地飞抵目标。相反，它们每一次采取的路线都不太一样。她说：“这是它们在自己所选择的罗盘、地形因素和它们的飞行策略之间折中的产物。”其中有一大部分要看那只鸽子是如何长大、在哪里长大的。查尔斯·沃尔科特指出，如果一只鸽子在一座周遭都没有气味的鸽舍中长大，它就会选择使用其他线索辨识方向。那么，即使它失去嗅觉，它的方向感也不会受到影响。与此相似的是，两只由同样的父母所生，但在不同的鸽舍里长大的鸽子，在遇到磁场异常的状况时，反应也不一样：有一只仍然设法回到了自己的家；另一只则表现得很困惑，失去了方向感。

此外，不同的鸟也各有所好，它们在采用认路线索时，似乎有属于自己的风格。沃尔科特就曾经提到一只与众不同的鸽子，它生长在马萨诸塞州一座醒目的山丘附近。不同于鸽舍里的其他鸽子，当它在某个陌生的地点被放走后，它总是会先飞到那座山丘上，然后才飞回鸽舍。此外，还有一只鸽子在长途飞行时很善于辨识方向，但一旦飞到距离鸽舍不到6英里（约9.7千米）的地方，它就好像放弃了一样，降落在某座庭院里。因此，鸽子在认路时，有可能是依照自己的习性行事，同时机动调整。事实上，鸟类和人类在各个方面都是如此。

234

鸽子就像是一位有着两部手机和一台笔记本电脑的公司主管，只不过它的手机和计算机都连接到气象台，它可能会参考手上的所有信息，也可能会同时运用多种线索及我们无法想象的心智地图来辨识方向。这幅地图可能不只有两个坐标，而是整合了太阳、星星、地磁信号、声波和气味等多种坐标，只不过我们目前仍不清楚它是如何整合的。

这个概念似乎和一个有关鸟脑和人脑整体架构的新理论颇为吻合。在神经科学术语里，大脑被称为“大规模并行的集散型控制系统”，意思大致上就是，大脑里有许许多多的微型“处理器”（神经元），它们虽然分散在各处，却并联运作，因此大脑所面临的问题就是如何把那些分散在各处的资源（一个动物的知识总和）聚集起来，以应对某个挑战（例如认路）或应付一种突如其来的情况（例如一场暴风雨）。

这叫作认知整合。无论是蜜蜂的脑子（只有100万个神经元）还是人类的大脑（有1 000亿个神经元），都有这样的功能。

“人类很善于认知整合。”伦敦帝国理工学院的计算神经科学家默里·沙纳汉表示。不过他也承认人们经常会发生失误:"例如我把水槽下的U形弯管拿下来,接着却不小心把里面的脏东西又倒回排水孔,结果水槽就淹水了。"[我家也曾出现类似的情景:再过几分钟,我家一年一度的盛大圣诞节派对就要开始了,我却看到母亲惊慌地站在水槽边,因为她刚把一大锅(50人份)加了香料的热甜酒直接倒进一个放在水槽内的滤网里,结果那些酒都流走了,只剩下一堆湿湿的丁香、胡椒粒和月桂叶给客人吃。]

沙纳汉指出,动物能够辨识方向是认知整合的成果。要做到这一点,它们的脑子里必须有某种模式的连接。有关地标、距离、空间的关系、记忆、景象、声音和气味的信息,必须全部进入某个核心,然后再传输到大脑的各个重要部位。他解释:"因此鸟类对眼前情况所做出的反应是经过整合的结果。" 235

为了了解鸟脑内这样的连接是如何发生的,沙纳汉请了一群神经解剖学家分析有关鸽脑内部构造的研究文献。(他说,鸽子是很好的研究对象,因为它们能够执行需要高度认知能力的任务。)这个小组整理了40多年来研究鸽脑的各个部位如何连接的文献,画出了史上第一张大规模的鸽脑连接路线图,显示鸽脑内的各个部位如何互相连接以处理它们所接收到的信息。

出乎意料的是,这张图表看起来很像哺乳动物(包括人类在内)的大脑部位连接图。尽管鸟脑的构造和人脑大不相同,但二者的连接方式似乎颇为相似。沙纳汉认为,这样的相似性显示高阶认知能力有一个共通的模式。简而言之,人脑有点像是脸书,是所谓的小世界网络,大脑内的不同组件(大脑的各个部位)靠着为数不多的枢纽节点(神经元)连接。这些枢纽节点又分别和其他许多神经元连接(连接的距离有时可能很长),以便让网络内的任意两个节点之间都能有近距离的连接（就像某人在脸书上有数千个好友那样）。那些连接脑内与认知相关的各个部位（例如负责长期记忆、辨识方向和解决问题的那几个部位）的枢纽节点，共同形成了大脑的“连接核心”。

沙纳汉发现鸽子的海马体（这个部位关乎它们辨认方向的能力）内的枢纽节点和脑内其他部位有非常稠密的连接。

236 因此，如果一只麦鸡或苇莺被风暴吹到了很远的地方，那么它的感官从各个来源（包括陆地和大海的气味、磁场的变化、阳光偏移的角度和夜空中星辰排列的模式）所收集到的信息，全部都会进入它脑内的“连接核心”，在那里经过整合，然后再传送到能帮助它认路回家的大脑部位。

如此说来，鸟脑内的一个小世界网络或许能够建构出一幅大世界的地图，让蜂鸟得以在每年春天来到怀特挂喂食器的庭院，让北极燕鸥得以像导弹一般精准无误地从一个极地飞到另外一个极地，也让赛鸽白尾在失踪5年之后，仍然能够在一个凉爽的4月早晨回到它的

237 家园。

SPRINKLER
FIRE ALARM
WHEN BELL RINGS
911

第八章

如麻雀般活跃

——鸟类的环境适应能力

“那些得以存活的物种并非是最强壮的，也不是最聪明的，而是适应力最强的。”这句话往往被误认为是出自达尔文之口。(加州科学博物馆将这段文字刻在该馆的石材地板上时，也注明是达尔文说的，现在他们颇为尴尬。) 但事实上它是出自路易斯安那州立大学已故的市场营销学教授利昂·麦金森的笔下。

5月的一个清晨，我想到了麦金森教授所说的这句话，那天我们一群人聚集在弗吉尼亚州阿尔伯马尔的十字路口购物中心，进行春季野鸟调查活动。我们所看到的第一批鸟包括一只普通拟八哥 (*Quiscalus quiscula*)、一只家朱雀 (*Haemorhous mexicanus*) 和一家子在一块写着“妈咪自助洗衣店”的招牌上筑巢的家麻雀 (*Passer domesticus*)。

“我们称这些鸟为‘停车场小鸟’。”我的鸟友戴维·怀特说。

你在哪里可以看到麻雀*筑巢呢？在建筑物的椽和排水管连接房屋的地方、在平房屋顶下方的通风管道口、在街灯内部、在门廊的花盆里。总而言之，几乎都是在人造建筑物附近。有一家子麻雀甚至一连好几代在地下数百英尺处的煤矿坑里筑巢，以矿工带进坑内的食物

---

* 本章中所说的麻雀特指家麻雀。

为生。有一次，我还在一辆废弃的丰田汽车的排气管内看到一个麻

239 雀窝。

“这些鸟在人类文明出现以前都在干吗呢？”戴维问道。

家麻雀的拉丁名是*Passer domesticus*[*]，顾名思义，它们和候鸟正好相反。它们就像不太识相的访客，一旦来到主人的家就住了下来，不肯离开。大多数地区的麻雀都长期住在某个地方，有着高度的固定性，很少远离它们的居所。它们只在栖息处附近觅食，在群落附近繁殖，但它们却能以惊人的速度分布到世界各地。

特德·安德森在他所撰写的《无所不在的家麻雀》这本书中表示，有人提出了一个理论，认为家麻雀从前一直“和不好动的人们共生”，直到大约1万年前中东地区的农业兴起后才自成一个物种。有些科学家则根据在巴勒斯坦伯利恒附近的一个洞穴出土的化石，分析它们的历史可以远溯至500万年前。无论如何，家麻雀非常善于适应人类居住的环境，因此它们被称为“终极的机会主义者”。人类走到哪里，它们便跟到哪里。

麻雀是否具有某种特殊的才智，才会如此善于适应人类的栖息地？没有这种才智的鸟类又会如何呢？

这可不是无关紧要的问题。鸟类正面临它们的演化史上空前的巨变，这是人类世——由人为变化所塑造的一个新纪元所造成的。这些改变正逐渐促成所谓的第六次生物大灭绝。数百万年来一直是鸟类栖息地的土地，如今纷纷被开发为农田、城市和郊区。外来物种占据了原生动植物的栖息地，气候的变化使得各地的降雨和气温都发生

* 其词根“dom”表示“家、驯养、控制”的意思。——译注

了改变，影响了鸟类的觅食、迁徙和繁殖行为。有许多种鸟不太能承受这些变化，但也有些鸟可以。

家麻雀和其他类似的鸟（包括鸽子、斑鸠及其他“和人类共居”的鸟）是否在认知能力上有什么特别之处？它们之所以能在一个多少已经被改变或劣化的环境中生存，是否因为它们具有一些特定的心智能力？ 240

或者，我们应该反过来看，人类所造成的变化或许已经开始逐渐改变鸟类的大脑和行为。鸟类是否为了生存，不得不逐渐演化出某种特定的智力——像麻雀一样的智力？

鸟类学家皮特·邓恩称家麻雀为“人行道麻雀”。在1850年前，北美洲并没有家麻雀。但到了今天，它们的数量却高达几百万。你不得不佩服它们的本事。据说在1851年，布鲁克林地区的人们为了控制蛾的危害而首次引进16只麻雀。这批麻雀来到新大陆之后，未必就喜欢这里的环境，但第二年从英国进口的大批麻雀却立刻适应了新环境，并大量繁衍。它们之所以能够如此迅速地扩张，部分原因是当时有些人士和团体一心一意要用来自旧大陆的动植物装点他们的公园。即便如此，它们的传播速度仍然快得惊人。

美国的土地不仅谷物丰饶，而且到处都是马粪，很合麻雀的胃口，因此它们到来之后便迅速地繁衍扩散。各个农业区都可以看到它们的踪影，而且它们什么都吃，无论是谷物、小型水果还是多汁的庭园作物（例如嫩豌豆、芜菁、卷心菜、苹果、桃子、李子、梨子和草莓），来者不拒。因此，它们很快就被视为高度有害的动物。到1889年时（距它们被引进美国的时间只有几十年），人们已经开始组建“麻雀俱乐部”，唯一的目的就是要消灭麻雀。当时，各州县的官员甚至提供悬赏，人们每杀死一只麻雀，就可以得到2美分的奖金。

241

不久，家麻雀就遍布美国和加拿大。再极端的环境［例如在海平面以下280英尺（约85米）的加利福尼亚州死谷和海拔10 000英尺（约3 048米）的科罗拉多州落基山脉］它们都能适应。后来，它们进一步往南发展，进入了墨西哥，越过中南美洲，远及火地岛，并沿着亚马孙横贯公路深入巴西雨林。在欧洲、非洲和亚洲，它们也扩散到芬兰北部、北极圈、南非和西伯利亚等地。

如今，这些不起眼的家麻雀已经成为全球分布最广的野鸟，总数约5.4亿只。除了南极洲之外，每个大陆都可以见到它们的身影。世界各地的岛屿（从古巴和西印度群岛，到夏威夷群岛、亚速尔群岛、佛得角乃至新喀里多尼亚群岛）也都有它们的踪迹。安德森在他的书中表示，他坐在客厅里收听全球各地的广播或电视新闻时，几乎都可以听到家麻雀的叫声。

我是在马里兰州长大的。在我成长期间，麻雀一直被视为“坏鸟”，不仅惹人讨厌、生性好斗、多管闲事，而且会骚扰那些“好鸟”（例如崖燕、歌鸲、鹪鹩和蓝鸲），把它们赶走，简直像是恶棍一般。

麻雀的坏名声并非空穴来风。20世纪70年代末到80年代初，科学家帕特里夏·戈瓦蒂曾经花了6年的时间监测蓝鸲的20个巢箱，结果她在里面发现了28只成鸟的尸体。其中20只的头部或胸部受到重创。“有18只鸟的头顶有血迹，羽毛被啄掉，头骨也裂开了。”她写道。她在这些鸟死亡前后拜访那些巢箱时，曾经在其中18个巢箱附近看到家麻雀。

当然，这只是间接证据。戈瓦蒂从未目睹家麻雀攻击蓝鸲的头，但她曾经有三次看到家麻雀在受害者的尸体上筑巢。她写道：“有一只死掉的蓝鸲的右翼被拉开并竖了起来，成了家麻雀的鸟巢的一部分。”

人们指责家麻雀是恶棍，是有翅膀的老鼠，说它们是有害动物，甚至凶残成性，或许不无道理。但无论如何，它们都很善于入侵异地，而且无论到哪里几乎都能喧宾夺主。据我们所知，全世界有39个引进麻雀的案例，其中33个都很成功。

242

过去15年来，西班牙生态学与林学应用研究中心的生态学家丹尼尔·索尔一直在思考一个问题：是什么因素使得像麻雀这样的鸟可以如此轻易地适应一个地方的环境？他把这种现象称为入侵悖论："为什么有些外来物种能够适应它们从未接触过的环境，甚至到后来，数量变得比许多原生种更多？"是什么因素使某些鸟类更有能力面对环境的剧烈变化？

如果有一天，有几十只不同种类的外来鸟逃出了笼子，索尔可以告诉你，其中有哪几只很可能在20年后还在我们的公园长椅附近争吵，在电线杆上的大鸟巢里嘎嘎地叫，大群大群地聚集在一起，遮天蔽日，压缩原生物种的生存空间。索尔的预测所依据的是他多年来在世界各地观察入侵鸟种共同特色的心得。

过去，科学家们在研究入侵鸟种得以成功繁衍的因素时，都把焦点放在它们的筑巢习惯、迁徙模式、每一窝所生的小鸟数量和身体质量所造成的影响。但在几年前，索尔和他的同事勒菲弗决定做另外一种研究，看看脑子的大小和智力的高低是否也有影响。他们首先检视了新西兰一带（这个地区有各式各样的外来物种）的外来鸟种的资料，结果发现在39种被引进新西兰的鸟种中，有19种大量繁衍，其余20种则并非如此。

接着，他们开始研究这19个成功入侵的外来种和那些无法落地生根的鸟种各自有何特色，结果他们发现二者之间有两个明显的差异。首先，那些成功繁衍的外来种脑子都比较大。其次，它们都表现出勒菲弗在他的鸟类智商表中所列出的灵活而具有创新性的行为。

后来，索尔又检视了全球各地的428个入侵鸟种，结果发现它们也有同样的特质。那些成功“移民”的鸟类脑子都比较大，也更富有创造力，其中有很多都是鸦科鸟类（它们号称是“创意之王”），包括非洲、新加坡和阿拉伯半岛的家鸦（*Corvus splendens*），日本的大嘴乌鸦（*Corvus macrorhynchos*），还有美国西南部的渡鸦。这些乌鸦的脑子都很大，而且全都被当地人视为有害动物。

243

两栖动物和爬行动物的情况也是如此，那些成功繁衍的外来种的脑子都比那些不太成功的物种大。哺乳动物（包括几乎入侵了地球上所有陆上栖息地，被称为“会殖民的大猩猩”的人类）亦然。

要拥有一个大脑袋并维持它的运作，需要耗费很多能量。但有些科学家认为，鸟类如果拥有较大的脑子，就更能快速适应一些罕见、陌生或复杂的生态挑战（例如找到新的食物或逃离不熟悉的捕食者）。这种理论叫作认知缓冲假说。较大的脑子可以让动物在面对环境的改变时有一些“缓冲”的空间，让它们能够适应新的资源，愿意尝试新的食物并探索新的事物与情境（一个比较僵化的物种可能就不会这么做）。换句话说，它们有足够的灵活度，能用不同的方法来做事。索尔指出，鸟类想要在一个新的或已经改变的环境中成功繁衍，就必须有能力采取新的行动。

在停车场或摩天大楼的附近，通常没有什么可以给鸟吃的食物，但有两位生态学家曾经在伊利诺伊州诺默尔的一处停车场看到几只家麻雀沿着一排车辆搜寻被困在散热器里的昆虫。此外，也有人看到麻雀深夜时分在帝国大厦第八十层的观景台周围的泛光灯里搜寻可吃的昆虫。(那人写道:“这显示曼哈顿并非鸟类荒漠。”)

这些只不过是家麻雀诸多事迹中的一小部分罢了。勒菲弗曾经统计了808种鸟类的创新性行为,结果发现许多种鸟类只表现出1种创新性行为,但家麻雀却有44种。

大家都知道麻雀经常在一些很奇怪的地方筑巢,例如屋椽、排水沟、屋顶、拱腹、阁楼的通风口、烘干机的出风口、水管和通风管等,应有尽有。一位密苏里州的生态学家有一次看到几只麻雀把食物带到堪萨斯州麦克弗森的一座正在使用的油泵。他尾随察看后,发现那里的几座油泵里有三个鸟巢,而且里面都有雏鸟。其中两个巢每隔几秒钟就会随着泵的转动而上升或下降约2英尺(约0.6米)。 244

除此以外,家麻雀还会用一些很奇怪的材料(例如从活着的鸟身上拔下来的羽毛,其数量有时会多达好几百根)来铺鸟巢。某一年春天,在新西兰惠灵顿市的维多利亚大学,有人整整一周都看到好几只麻雀飞到一只正在孵蛋的鸽子那儿,拔它尾巴上的羽毛。而且在1小时之内就拔了六七根。此人在文中写道:“那些麻雀会先停在壁架上,然后再跳到鸽子背上,拔出一根廓羽,之后就飞走了。”

某些城市的麻雀巢里甚至还可以看到烟蒂,这些烟蒂里面含有大量的尼古丁和其他有毒物质(包括可以驱除各种可怕害虫的微量杀虫剂),所以是很有效的驱虫剂。这显然是一种利用材料的新方法,非常巧妙。

在觅食方面,家麻雀也具备冒险和创新精神。只要是有食物的地方,它们就会前往,不管是否去过那些地方,也不管是否吃过那些食物。它们会吃植物(主要是种子,但也包括花朵、花苞和叶子)、昆虫、蜘蛛、蜥蜴和壁虎,偶尔也会吃幼小的家鼠乃至各式各样的人类垃圾。

在觅食方式上，它们也很有创意。有人曾经看到几只麻雀有条不紊地沿着英国埃文河边的栏杆飞行，在杆缝的蛛网上抓虫子吃。夏威夷毛伊岛上，麻雀很擅长在海滨酒店的阳台上偷吃游客的早餐。那里的阳台有数百座，它们不会逐一巡逻，而是守在阳台间的混凝土墙上，等着早餐被端上来。这样它们就可以节省一些力气，既不必飞来飞去，察看有谁在吃早餐，也不必在阳台前盘旋，等着那些面包出现。

245

不过最出名的壮举，应该是它们破解了人类所发明的一个时髦的产品。几年前，有两位生物学家在新西兰的一个公交车站看到几只家麻雀反复打开一家自助餐厅的自动门，让他们既惊讶又开心。那些家麻雀有时缓缓地飞过感应器，有时在它前面盘旋，有时则停在感应器上方，把身体往前倾，把脖子垂下来，直到它们的头部触动那个感应器为止。在45分钟之内，它们一共把门打开了16次。那扇自动门是新的，2个月前才装好，但那些麻雀却轻而易举地学会如何操控它，那感应器上也因此而沾满了鸟粪。

新西兰其他地方的麻雀也有类似的行为。有人曾经在新西兰下哈特的道斯美术馆看到一只麻雀打开了通往该馆自助餐厅的双重自动门。几分钟后，它又相继启动那两个感应器，回到餐厅外面。在之前的几个月当中，餐厅的职员已经有许多次看到它触动自动门的感应器，因此他们都对它很熟悉，还帮它取名为“奈杰尔”。观察者指出，许多国家都有麻雀，也都有这样的自动门，但那些国家却不曾有过类似的报道。“看来，要不就是那些国家的鸟类学家没有把他们所看到的现象报道出来，要不就是新西兰的麻雀比较聪明。”

在这方面，麻雀和翻石鹬（*Arenaria interpres*）正好形成鲜明对比。翻石鹬是一种小型涉禽，很少创新。彼得·马修森在他的著作

《风鸟》中描述了18世纪英国的博物学家马克·凯茨比针对鸻鹬类的行为所做的一项早期实验："凯茨比拿了一些石头让一只翻石鹬翻动，以观察它的进食习性（翻石鹬之所以得名，就是因为它喜欢把石头翻开来，寻找底下的食物）。当时的人所做的科学实验并不像今天这么复杂。凯茨比只是有系统地把一些石头（下面没有任何东西）拿给那只翻石鹬翻，后者'在石头底下找不到平常吃的那些食物，结果就死掉了'。"

246

大多数脊椎动物不是害怕奇怪的东西，就是对它们视若无睹，家麻雀则不然。南佛罗里达大学的林恩·马丁曾经测试麻雀对新奇事物（例如一只橡皮球或一只塑料制的玩具蜥蜴）的耐受性。他把这些物品放在几只装种子的喂鸟杯附近，结果他很惊讶地发现，那些家麻雀不仅没有被那些奇怪的东西吓到，反而似乎被它们所吸引，当他把橡皮球或塑料蜥蜴放在那几只装种子的杯子附近时，它们似乎更愿意靠近。马丁表示，这是史上第一个脊椎动物（除了人类之外）被新奇事物吸引的案例。

在入侵异地时，你对新奇事物的喜好将会助你一臂之力。

如果你喜欢拉帮结伙，那就更好了。

麻雀是群居性动物，不喜欢独自进食、沐浴或栖息。它们会召唤其他鸟类一起觅食，也喜欢成群结队（有时几只，有时几百只，甚至几千只）地栖息。对麻雀（和其他鸟类）而言，群体生活显然有好处。一个好处是它们可以免受掠食者的攻击（会吃家麻雀的动物太多了，所以警惕的眼睛越多，它们就越安全）。另一个好处便是它们可以更快地找到食物。如果有一只鸟衔着满嘴食物从某个方向飞过来，它们就知道要去哪里寻找食物，而且知道走哪一条路线最快。

此外，根据匈牙利潘诺尼亚大学的学者安德拉什·利克尔和韦罗妮卡·博科尼近年所做的一项研究，一大群麻雀解决问题的速度，似乎比单只或小群的麻雀更快。他们用一只透明的有机玻璃盒装了一些种子，并在盒盖上钻了几个洞，再用小盖子盖住每个洞，并在每只小盖子上面粘上一个小小的黑色橡胶柄。那些麻雀如果想吃种子，就必须把小盖子拉开，或用力地啄，以便将它推开。两位研究者发现，由6只麻雀所组成的群体，在每个方面的表现都比由2只麻雀组成的群体更好。前者打开的小盖子数量是后者的4倍，解决问题的速度比后者快了11倍，吃到种子的速度则是后者的7倍。总的来说，前者的成功率是后者的10倍。利克尔和博科尼认为，前者之所以表现较好，是因为它们当中的成员各有不同的能力、经验和性情。他们在论文中指出："大群体的表现较好，是因为它们更可能囊括各种不同的个体，其中有些很善于解决问题。"

247

科学家针对其他鸟种所做的研究也证实了这个说法。以阿拉伯鸫鹛为例，"一旦它们的群体当中有某一只鸟学会了一件事，其余的鸟学习的速度也会变快。"阿曼达·里德利表示，"较大的群体比较容易学会新的技巧。"

人类也是如此。有研究显示，由三到五个背景不同的人所组成的群体解答智力测验问题的速度，甚至比一个极其聪明的人更快。心理学家斯蒂芬·平克甚至因此主张，人类之所以能够演化出如此高的智商，是因为我们的祖先过着群体生活，并因而有机会向彼此学习。

入侵种的鸟类经常会碰到具有挑战性的陌生情境，因此它们必须想出新的方式解决问题。这时，群体比独来独往的个体更能快速地解决问题，利克尔和博科尼表示："麻雀生活在不断被人类改变的栖息地上，对这样的物种而言，三个臭皮匠绝对胜过一个诸葛亮。"

从上面的叙述中，我们可以推论出，一只家麻雀的脑子不见得和另外一只相同。

养过宠物的人士或许都很清楚，每只动物都有自己的个性。但长久以来，人们一直不认为同一种鸟彼此之间会有任何差异，并预期品种相同的鸟类就会表现出同样的行为。鸟类学家埃德蒙·塞卢斯指出："人们往往以为每一种动物都有一定的样子。"但他提醒我们："这是因为他们对动物行为观察得太少……真正的博物学家会用鲍斯韦尔对待约翰逊博士的态度来对待每一个生物。"* 每一只鸟都是一个独特的个体，各自以其独有的方式应对各种情境，例如要用哪些线索来辨识方向、对类催产素分子有什么反应、是否要搞婚外情、看到新奇的事物会有何反应等。鸟类就像人类一样，有不同的个性，会做出不同的行为。我猜这应该是由鸟的"心智"所决定，但也会展现在身体上，例如鸟类对压力的反应。面对同样的压力，有些鸟的反应会很强烈（例如打斗或逃跑），但有些鸟可能只是稍微不爽。新西兰梅西大学的约翰·科克雷姆在研究小蓝企鹅（*Eudyptula minor*）和其他一些鸟类的应激反应时，就发现不同的鸟对环境压力的反应有很大的差异。 248

在麻雀适应新奇、不稳定的环境时，这样的差异或许扮演了很重要的角色。当它们面对一个广阔而又危险的地方（例如一座城市）时，群体中有各种不同的成员是一件好事。

为了了解这些勇敢的麻雀具有哪些特质，林恩·马丁实地研究了那些正在入侵新地盘的麻雀。马丁是一位生态生理学家，他以肯尼亚的家麻雀为研究对象。这些麻雀是在20世纪50年代被引进滨海的蒙

---

* 此处的鲍斯韦尔是指英国的传记作家詹姆斯·鲍斯韦尔，他为英国大文豪萨缪尔·约翰逊写了一本著名的传记。——译注

巴萨市（它们可能是随着南非的船只抵达该市）。马丁在2002年（当时他还是一个研究生）开始进行这项研究时，麻雀在肯尼亚仍相当罕见。但如今，蒙巴萨以北一直到乌干达边境的各个城市当中，到处都可以看到麻雀。（马丁就像安德森一样，是借着他在广播和电视节目中所听到的麻雀叫声来追踪它们在肯尼亚传播的情况。）他和他的研究小组根据一个地方与蒙巴萨之间的距离来判定当地麻雀群落的新旧。他们想以此了解位于最初引进地的老群落和位于分布区最外围（例如内罗毕、纳库鲁和卡卡梅加等城市）的新群落之间有何不同。

他们发现，距离蒙巴萨最远（位于入侵的最前线）的麻雀免疫系统较强，在被抓到后所分泌的应激激素也较多。马丁等人认为，较多的应激激素使得麻雀能够更快速地做出应激反应，从而渡过危机，并有可能使它们记住这些危机。

249

此外，前线的麻雀也比较喜欢吃它们没吃过的食物。马丁手下的一位研究生安德烈亚·利布尔曾经拿一些麻雀很陌生的食物（例如冻干草莓和狗粮）给它们吃，结果她发现老群落的麻雀即便肚子很饿，也不肯吃那些奇奇怪怪的食物。相较而言，新群落的麻雀却毫不犹豫地把那些草莓和狗粮全都吃掉。利布尔表示，这是因为生长区外围的食物和资源多半是它们所不熟悉的，因此它们如果愿意尝试新事物，就会占有很大的优势，否则就有可能饿死。

如果尝试新事物，吃些没有吃过的东西，有这么大的好处，那为什么有些麻雀不这么做呢？

因为这样做是有风险的。尝试新事物可能要付出一些代价。好奇心除了会害死一只猫之外，也可能会害死一只鸟。探索未知的新事物不仅会耗费时间与精力，也可能会带来麻烦。你在品尝新食物时，可能也会同时吃下新的毒素与病菌。

大蓝鹭向来以勇于尝试新食物著称，它们会吃各式各样体积大而笨重、难以处理的猎物（例如蛇、刺鱼、杜父鱼和其他带刺的鱼）。但前不久，在密西西比州的比洛克西市的海边，有一只大蓝鹭刷新了纪录，居然吃下了一只板鳃鱼。那是11月的一天，多芬岛海洋实验室的一群科学家看到一只大蓝鹭在岸边的海面上一再攻击水里的某个东西，但都未得手。之后，它就把头埋在水里。过了一段时间再出来时，它的喙上戳着一只大西洋魟鱼。有很多动物（包括虎鲸、海狗和好几种鲨鱼）都以板鳃鱼为食，但鸟类怎么可能会吃呢？目击此事的科学家说，那魟鱼在大蓝鹭的喙里“挣扎扭动，并来回甩着它的尾巴和毒刺”。过了12分钟，大蓝鹭终于把那魟鱼吃进嘴里，并且扩张食道，把它整个吞了下去。在整个过程中，大蓝鹭显然并未感到任何的不舒服。 250

有一只褐鹈鹕（*Pelecanus occidentalis*）做了同样的事，结果却死在下加利福尼亚的海岸上。有人发现它的喉咙里卡着一根魟鱼的尾刺，因此它应该是被噎死或中毒而死。观察人士表示：“这证明机会主义式的生活方式是很危险的。”

啄羊鹦鹉（新西兰特有的一种聪明、爱玩的鹦鹉）几乎什么都吃，它们的菜单上的食物多达上百种，包括植物、昆虫、蛋、海鸟的幼雏和动物的尸体（这或许是它们虽然受到新西兰人类聚落的危害却没有大量灭绝的原因之一），甚至还会吃羊。这种鹦鹉生长在高山上，19世纪60年代时，人们将羊群引进了它们的栖息地。刚开始时它们只吃死羊，后来就逐渐改用新的觅食策略。它们会站在活羊的背上，直接啄食羊背上的脂肪和肌肉组织。

这样的觅食特性使得啄羊鹦鹉长久以来一直得以在严酷的环境中生存，但近年来它们却因此而遭殃。由于它们会吃羊，农夫们十分痛恨这种鸟，甚至悬赏捉拿它们，进而导致大约15万只啄羊鹦鹉丧生。剩余的1 000到5 000只也因为喜欢在滑雪场、停车场和垃圾场寻宝而岌岌可危。库克山的一座村子里，甚至有一只啄羊鹦鹉因为打开了垃圾桶的盖子而惹上杀身之祸。它死后，有人发现它的嗉囊里有20克的黑色液体。它的死因究竟为何？“因为它吃了黑巧克力，以致发生甲基黄嘌呤中毒现象。”

重点在于，探索未知的新事物是一件危险的事。麻雀刚刚进入一个新环境时，对其中的许多事物还不熟悉，因此“尝试不一样的食物或住所”这样的策略可能对它们有利。但诚如马丁所言：“吃新的（质量可能很差）食物会增加风险，包括受到感染等。”因此，它们一旦在一个地方站稳了脚跟，可能就会改变策略，不再吃它们没吃过的食物。

不过，群体里如果能囊括各种个性不同的成员——有些冒进（这些成员可以激励其他成员跟进），有些谨慎——还是有好处的。

以下是麻雀成功的秘诀：喜欢新奇的事物，具有创意，胆子很大，喜欢成群结伙。

除此以外，它们喜欢住在城市（这是地表上极其普遍的一种栖息地），而且一个繁殖季节就能够孵好几窝蛋。（这叫作分散风险策略，这样即使它们偶尔繁殖失败，损失也不会太过惨重。诚如丹尼尔·索尔所言，这种策略“在城市环境中似乎特别有用，因为在城市里，繁殖失败的风险可能很大”。）以上种种特质造就了麻雀的绝佳适应力，使它们能够很容易地接受没有吃过的食物，采取新的觅食策略，并在各种令人意想不到的地方筑巢。这也是一种天赋。就麻雀的例子而言，“能够做出改变就代表聪明”。据说这话并非出自达尔文，而是出自爱因斯坦。

家麻雀并不是唯一爱吃垃圾、喜欢在排水管内筑巢的鸟类。其他几种鸟（包括鸽子、乌鸦和少数小型的鸣禽）也经常与人类共生，而且很能适应各种变动剧烈的环境，例如城市。城市里有许多新的机会，但也有各式各样的危险，例如车辆、电线、建筑物和窗户。（以多伦多为例，在那里，光是20栋建筑物就导致3万多只鸟类撞死。）索尔和他的研究小组检视了全球各地的800种鸟类，找出一些他所说的"真正能够充分利用城市资源的鸟类"。他指出，这些鸟在城市里的密度，比在自然的环境中更高，其中包括鸦科、乌鸫和鸽子家族的成员。此外，索尔等人也列出了让这些鸟得以在城市生存的若干特征和行为。其中 252 最主要的是，它们的脑子较大，能够适应各种奇奇怪怪的食物、危险的车辆、一天24小时的光线和持续不断的噪声。举例来说，城市里的鸣禽必须在歌声上做出一些调适——由于城市里有各式各样低频的噪声，它们必须有意愿也有能力提高音调。前不久，加拿大的一些研究人员发现，当交通噪声变得很嘈杂时，黑顶山雀会用较高的音频鸣唱，以免它们的歌声被低频的城市噪声所淹没。当噪声变小时，它们就会恢复原先的曲调（频率较低、速度较慢、更有音乐性），这些研究人员指出："山雀之所以能在城市的环境中繁衍，原因之一可能是它们在鸣唱方面展现出高度灵活性。"欧亚鸲也有办法克服城市的噪声，它们会在比较安静的夜晚唱歌。

有人说城市是一台学习机，它们可能会使聪明的鸟类变得更加聪明。

那么，怎样的鸟类不能在城市丛林中存活呢？是那些和麻雀迥异、胆小怯懦或墨守成规的鸟，一听到人类喧嚣的声音就吓得从巢里飞出来的鸟，被一天24小时都有的光线搞得不知所措的鸟。总而言之，就是那种脑子小、不够灵活、偏科的鸟。

不光是在城市，农田（甚至包括那些远离城市和郊区的地方）的情况也是如此。有一群科学家曾经研究英国农田的鸟类数量在30年间的变化，结果发现那些脑子较小的物种（例如鸣禽和树麻雀）数量急剧下降，但脑子较大的物种（例如喜鹊和山雀）则繁衍如常。习性最顽固、对栖息地最挑剔的鸟类受到的冲击最大。

科学家们在中美洲的农田和丛林所做的研究也证实了这一点。斯坦福大学的一群生物学家12年来持续统计哥斯达黎加3种不同形态的栖息地上的鸟类数目。这3种栖息地分别是相对未受污染的森林保护区，混合型的农地（有各种作物零星散布的小片林地），密集耕作、种植单一作物（甘蔗或菠萝）的大型农场。

253

他们在44个样带上进行了12年的调查，结果发现当地共有500种鸟，总数达12万只。令他们意外的是，混合型农田的鸟类种类居然和原始森林一样多。但他们感兴趣的不只是物种的多样性，他们也想知道这些鸟类当中是否有亲缘关系很远的物种。

他们的发现透露了一些端倪。

混合型农田（鸟类在这里经常会受到人类的干扰和攻击）中的鸟类，大多数都是亲缘关系很近，而且很容易适应变迁的物种，其中以麻雀和乌鸫为主（这两种鸟在最近二三百万年间才演化成不同的物种）。在这里，看不到和这些鸟亲缘关系很远的鸟种，例如大鹎（*Tinamus major*）。这是一种体形矮胖、身上有斑点、无法飞行的鸟类，在大约1亿年前，从乌鸫和麻雀家族分化出来。它们只能生活在一种特殊的丛林栖息地，因为只有在那里，它们那黄褐色与灰色夹杂的羽毛才能融入树叶的颜色中。（不过它们的蛋却很有光泽，色彩醒目：有些是亮绿色，有些是天蓝色，还有如同铜器一般的紫褐色。）

这不免会让有心保护鸟类多样性的人士想到一个很重要的问题：那些聪明伶俐、适应能力强的鸟类（例如麻雀和乌鸫）演化出新物种的速度是否会比较快？丹尼尔·索尔和他的团队所做的研究显示，情况可能正是如此。就鸟类而言，不同的类别所含的物种数量差异很大。雀形目（包括麻雀和相关的鸣禽）中有3 556个物种，但齿鹑科（鹌鹑和它们的亲戚）却只有6种。索尔所做的分类学研究显示，脑子较大、敢于创新、适应力较强并善于入侵新环境的鸟类种数增加的速度较快，其中包括鸦科、鸥形目和猛禽类。这几类鸟都能够迅速调整它们的觅食行为。

这种说法被称为行为驱力理论。此观点认为，个别的鸟类在采取了一个新的习惯之后，便会面临新的自然选择压力。这些压力可能会 254 使它的基因发生变异，增进它在新生活或新环境中的效能。拥有这些突变基因的鸟类会形成一个新的种。换句话说，新的行为会形成新的特色，新的特色又会形成新的物种。这样那些灵活变通、能够轻易接受新的食物或采取新的觅食方法的鸟类在演化过程中所形成的新种，就会比那些不知变通的鸟类更多。

这或许在相当的程度上能够说明为何鸦科家族拥有将近120个种，而平胸鸟类（例如鸵鸟、鸸鹋等不会飞的鸟）却只有少数几个种。这不免让我们想到，人类所创造的各种动荡不安的新环境，是否已经开始对鸟的谱系产生了影响。

即使是生活在偏远山脊上的原始森林中的鸟类，也已经感受到人类所造成的影响。这种影响并非来自城市和农田的扩张，而是来自某种更广泛的变化。

2014年初，康奈尔大学的年轻研究员本·弗里曼和亚历山德拉·弗里曼发现，这半个世纪以来，因为地球温室效应导致气温上升的缘故，居住在新几内亚山区的鸟种（共87种）已经有70%迁移到更高的山坡［迁移的平均距离为500英尺（约152米）］。此外，本·弗里曼还发现一个很有趣的现象：热带山区的鸟类所生活的海拔带都非常狭窄。他说："我往山上走时，可能在15分钟内就会陆续经过三座森林。第一座森林里完全看不到某一种鸟。到了第二座时，却发现这种鸟多得很。在接下来的第三座森林里又再度看不到这种鸟。这真是一个令人惊讶的现象。"事实上，这三座森林并没有什么不同，而且那些鸟也有能力往高处或低处飞，但情况却是如此。他不禁猜想："这是不是因为它们有一定的适居带，而其他的海拔高度对它们来说，不是太热就是太冷？"

情况似乎正是如此。

255 在新几内亚主岛的一座死火山卡里穆伊峰上，虽然气温仅仅上升了华氏0.7度，天堂鸟的生长区却已经往上挪了300多英尺（91米以上）。弗里曼表示："由于山峰是呈金字塔的形状，因此鸟类越往上移，能够居住的区域就越小。也就是说，它们既受气温所迫，生存空间也被压缩。"以白翅薮鹟（*Peneothello sigillata*）为例，50年前，这种鸟分布在山顶往下1 000英尺（约305米）的范围内，但现在它们却被迫挤在顶端400英尺（约122米）以内的空间。

预计到了本世纪末，新几内亚的气温还会再上升华氏4.5度。目前有4种鸟已经因为难耐高温而搬到卡里穆伊峰的山顶，如果气温继续上升，这些远古世代便已分化、已经特化的鸟类，就会面临灭绝的命运。即便气温只上升一两度，它们也无处可去，只能飞上天空。

距我家不远处，有一座名叫"巴克的手肘"的小山，它只不过是弗吉尼亚州的一座古老山丘，不像卡里穆伊峰那般具有异国情调，但我喜欢到山顶上享受一望无际的视野与开阔的风光。山顶的景色颇为荒凉，几乎像是爱尔兰的荒野一般。天气晴朗时，从这里可以鸟瞰四周的阿巴拉契亚山脉的全景。但在这个春日的午后，整座山头都笼罩在雾气中，显得一片沉寂。

山顶虽然荒凉，但下方的山坡过去曾经布满原始森林，只不过在很早之前便已遭到砍伐，就像美国东部的许多原始林区一般。我曾经看过一张地图，上面显示了人类对地球造成的冲击。根据这张地图，全球只有大约15%的陆地没有遭到人类染指。除了这一点土地之外，其他地方到处都是城镇、农田和道路，夜晚也都有明晃晃的灯光。但即便在像卡里穆伊这般人迹罕至之处，改变也正在发生。据估计，在未来60年间，全球气温将会上升华氏3度到7度。

如今，"巴克的手肘"山这一带的动植物似乎都比从前更加早熟。鬼臼那腼腆的白色花朵在4月中旬就已经盛开，山顶的黄花杓兰开花的时间也比从前提早了将近1个月。

几天前，在附近的一座小公园内，我看到一只小东蓝鸲站在一株刺槐树的主枝上。它大约刚出生两三个星期，仍是一副憨态可掬的雏鸟模样，嘴巴张得大大的，尾巴短短的，头部的羽毛一根根竖了起来。当时和我同行的那位鸟类学家非常惊讶。"从来没听说过这一带在4月就可以看到东蓝鸲的幼鸟，时节还没到呢！"

256

人们都说弗吉尼亚州的气候正变得越来越像低纬度地区，事实也确是如此。根据大自然保护协会的预测，弗吉尼亚州到了2050年时，就会变得像南卡罗来纳州一样热。再过50年，气温就会接近佛罗里达州北部。由于气温不断上升，留鸟的生长时间已开始受到影响。那些习惯温带气候的物种正在向南极和北极的方向移动。50年前，美国北部很少看到主红雀和卡罗苇鹪鹩等“南方”物种，现在它们已经非常普遍。

面临日益上升的气温，鸟类在无处可去时，会以两种方式来应对：逐渐演化或调整行为。

向来善于适应环境的大山雀似乎已经明白这一点，至少从一项调查的结果来看，它们已经做出了调整。这是由牛津大学的一个研究小组针对在怀特姆森林繁殖的大山雀群落所做的长期调查。其结果显示，大山雀每一代的寿命都很短，因此得以迅速演化（但还不够快）。它们之所以能够存活，关键在于它们能够迅速调整自己的行为。怀特姆森林里的大山雀会在春天毛毛虫（这是它们用来喂幼鸟的食物）最多的时节下蛋并孵卵。毛毛虫到了春天树木开花时便会破蛹而出，但树木何时开花要视温度而定。由于过去这半个世纪以来气温不断上升，如今在怀特姆森林里，树木开花和盛产毛毛虫的时间已经比1960年这项调查展开之时更早。如果那些大山雀产卵的时间仍旧和过去相同，它们就会错过毛毛虫最多的时节，它们的幼雏就会挨饿。但这些大山雀显然已经察觉到了这些变化，因此现在它们产卵的时间已经提前了大约2个星期。

调查的结果显示，正是因为这些大山雀能够做出这样的调整，它们才得以在气温每年升高华氏0.9度的情况下依然得以存活。它们如果没有这么做，灭绝的风险将会增加500倍。

257 研究人员依据这个模式来预测其他鸟类在气候逐渐变暖的情况下可能会受到的影响。他们的结论是，体形较大、寿命较长的鸟种，将会处于比较不利的局面。这类鸟每一代的寿命较长，因而演化较慢，因此它们更有必要靠着行为上的调整来存活。这样的预测如果准确，那么那些体形较大、不知变通的鸟类可能前途堪忧。

长途迁徙的候鸟尤其容易受到全球变暖的影响，这类鸟总体来说脑子较小，也比较不知变通。它们必须准确地在一年一度食物最丰盛的时节进行繁殖，才能获得足够的营养。如果因为气候变暖的缘故，这些食物出现的时间和从前不同，它们可能就会遭殃。最容易受害的也许是那些在高纬度地区繁殖或过冬的鸟类，因为根据一般的预期，气候变暖现象在高纬度地区造成的变化会特别剧烈。

除此以外，有许多候鸟也必须精准地计算它们在一个地方过境的时间，以便在旅程中的某几个重要阶段吃到足够的食物。以红腹滨鹬为例，这种鸟的脑子不大，但迁徙的路程很长。它们每年春天都会从南美洲最南端的火地岛飞到北极，全程一共9 300英里（约14 967千米）。数千年来，它们在迁徙途中从特拉华州过境时，也正好是鲎在特拉华湾的海滩上产卵的时节，因此它们向来都以这些鲎卵为食。鲎的卵富含脂肪，一只红腹滨鹬只要吃上10天，体重就可以增加1倍。然而，自20世纪80年代以来，由于人们过度捕捞鲎等因素，红腹滨鹬的数量已经减少了75%。近年来，捕捞的行动已经趋缓，但气候的变化却可能会对它们造成另一种打击。这是因为红腹滨鹬必须在鲎出现的时节抵达特拉华湾，才能吃到鲎卵，摄取到足够的营养，让它们有力气飞到北极去繁殖。但气候的变化可能会使它们无法在鲎现身时来到特拉华湾。如果因为海水变暖的缘故，鲎在红腹滨鹬抵达之前就开始产卵，它们就会错失这个重要的食物来源。

事实上，就连那些比较聪明的鸟类也已经受到气候变暖的威胁。以北美白眉山雀为例，这种鸟体形小巧，很能耐寒，喜欢住在高山的针叶林区。然而据估计，它们的栖息地在未来半个世纪将会缩减65%。258
除此以外，全球变暖也可能会影响它们的认知能力与大脑结构。我在前文曾经提到，住在高纬度地区的山雀，其脑子比住在低纬度的同类更大。根据弗拉迪米尔·普拉沃苏多夫的说法，如果天气变得更加温暖，这些北美白眉山雀在冬天时所面临的自然选择压力将会减轻，因此日后它们的海马体可能会变小，智力也会降低。普拉沃苏多夫表示："如果生物必须付出一些代价才能维持较佳的记性，那么天气变暖的现象将不利于那些比较聪明的鸟类，更何况这些山雀的栖息地很快就会遭到来自南方的笨鸟入侵，这将会导致鸟类整体认知能力下降。"

即便那些聪明狡黠、适应力强的家麻雀也有它们的极限。2014年，西雅图市（本·弗里曼的家乡）的一项圣诞节鸟类调查结果显示，该市市区内的家麻雀总数只有225只。"这是史上最低的一次。"弗里曼表示，"这再次证明家麻雀的数量可能正在减少。"事实上，全球各地（包括北美、澳大利亚和印度）的家麻雀数量在急剧降低。在欧洲的某些城镇，这种现象尤其严重。家麻雀日益减少的现象虽未引起媒体关注，但在欧洲地区，它们已经被列入保护物种名单。在英国，它们已经进入濒危物种名单。过去半个世纪以来，英国平均每小时减少50只家麻雀，没有人知道这是什么缘故。问题似乎在于雏鸟的存活率过低，而这个现象有可能是食物不足所致。其他可能的原因包括许多公园被改造为停车场，外来植物或污染导致昆虫密度降低。此外，也有许多成鸟被汽车撞死，或被越来越多的家猫和都市猛禽吃掉。以色列的若干研究显示，罪魁祸首可能是气候变化。林恩·马丁对以上说法都抱有怀疑的态度，但他也无法提出一个合理的解释。他说："这种现象也有可能是由某种疾病导致。"无论原因为何，如果家麻雀的减少是一个指标，那么人类的环境确实已经出了问题。

259 我在这阴暗、寂静的山顶坐了片刻。此时，万籁俱寂，我甚至可以听见自己的呼吸声。在这片雾气中，我很难想象外头的阳光有多么炽烈，但我却能想见树林、原野、山丘听不见鸟鸣的情景。地球上已知的物种中，已经有大约一半被人类灭绝了，其中包括所有鸟种的四分之一，而这些鸟当中又以脑子较小、对环境较为挑剔的远古鸟种为主。

在安德森那本有关家麻雀的书当中，最后一段是这么写的："我在从巴格达、加沙、耶路撒冷或科索沃各地传来的直播新闻中听见麻雀的叫声时，偶尔会想，那些家麻雀看到人类所造成的种种祸患，不知道会怎么想？"

我也感同身受。我的两个女儿在她们的有生之年，可能会目睹地球上的鸟类逐渐减少，终至成为过往云烟。

可悲的是，我们甚至不知道有哪些鸟已经灭绝。这是因为科学家目前仍在持续发现新的物种，其中包括2012年在菲律宾发现的两种鹰鸮（其中一种因为宿务岛的林地普遍遭到砍伐，可能已经灭绝），2014年在印度尼西亚苏拉威西岛未遭农民砍伐的零星林地所发现的苏拉威西斑鹟（*Muscicapa sodhii*，一种体形极小的鸟，喉部有杂色的斑点，歌声悦耳），以及2015年发现的四川短翅莺（*Locustella chengi*，这种鸟生活在华中山区省份的浓密灌木林和茶园之中，很善于隐藏）。

是否还有一些物种在我们发现之前就已经灭绝了呢？

我们迄今仍然不知道如何为鸟类的智力下定义，并且仍然以人类尺度来衡量它。我们下意识地认定，那些心智和人类较为相像的鸟才是比较聪明的鸟，因此我们在衡量它们的智力时，必然会偏重人类所擅长的那些能力（例如制造工具），而非其他的能力（例如辨识方向）。

事实上，不久前有一项研究显示，乌鸦能够理解"模拟"的概念（从前我们一直认为只有人类和其他灵长类动物才具备这种高阶的理解能力）。在这项实验当中，研究人员让乌鸦们玩配对游戏。他们训练两只冠小嘴乌鸦（*Corvus cornix*），让它们能够选出和样本卡片一模一样的卡片。只要答对了，它们就可以获得一只面包虫（他们把每张卡片放在一只杯子里，并且把面包虫藏在正确的卡片下面）。训练成功后，他们再让那些乌鸦玩一种新的游戏。这回它们要选出图案和样本卡片不同但模式相同的卡片。比方说，如果样本卡片上面的图案是两个一样大的正方形，乌鸦们就应该选出有两个一样大的圆形（而非两个不一样大的圆形）的卡片。结果那两只乌鸦在没有经过任何训练的情况下，便自动选出了正确的卡片。研究人员表示，这正是乌鸦具有模拟推理能力（人类的高阶思考能力之一）的绝佳例子。

260

这样的例子固然令人惊叹，但我们难道不应该同时欣赏鸟类本身特有的认知能力？候鸟的脑子或许不大，但它们的心智地图何其辽阔。此外，鸣禽也有独特而悠久的文化传统。根据理查德·普鲁姆的说法，鸣禽学习鸣唱的行为和它们的文化已经有大约三四千万年的历史。"甚至可能早于冈瓦纳大陆分裂的时间。"他在论文中指出，"人类的文化虽然可能已经有10万年的历史，但鸣禽早在几千万年之前就已经开始有广泛的'审美文化'了。"

我们迄今仍不明白为什么有几种鸟看起来比其他鸟聪明，是因为它们必须设法解决它们在生态、技术或社交上所面临的种种问题，还是因为它们必须纵情高歌，或造出一座美丽的亭子，以赢得那些挑剔的雌鸟的青睐？

鸟类聪明的程度或许各不相同，但没有一种鸟是真正愚笨的。诚如鸟类学家理查德·F. 约翰斯顿*所言："它们的所作所为，都是为了适应环境。"没有任何一种鸟是神奇的，也没有任何一种鸟是完美的，

---

* 理查德·F. 约翰斯顿（1925—2014），美国鸟类学家、学者、作家，著有《野鸽》《堪萨斯州鸟类名录》等。

但它们都各有各的天赋，大鹎和鹭鹤也不例外。我想到当初我在新喀里多尼亚岛遇到那只鹭鹤时，手上拎着相机，心跳加速的情景。后来我才知道这种有如幽灵一般的鸟有一双亮红色的大眼睛，让它能在森林昏暗的光线中看清猎物。它每年只生1只小鸟。这样的繁殖模式使它在狗被引进新喀里多尼亚岛后走上了绝路。但它真的比停在杰斐逊总统的肩膀上、吃他嘴里的食物的那只嘲鸫笨得多吗？事实上，一个物种无法适应新的掠食者，并不代表它很愚蠢。鹭鹤的“笨”，或许只是因为它们在经过长时间的适应之后，已经习惯从前那种对它们有利的海岛环境。“如果你在没有掠食者的环境中演化，而且地面上就有你可以吃的食物，你只要直接啄食就行了，那么你就会把心思放在如何看见食物并且精准地啄食，而非如何寻找可以进食的机会。”加文·亨特解释道，“谁知道鹭鹤为什么经常会跑到人类和狗的身边呢？或许是因为它们不喜欢别的鹭鹤来到它们的地盘，因此它们看到其他动物才会靠过去仔细打量，看看对方是不是来抢地盘的。”然而，在岛上出现了掠食者之后，鹭鹤的世界已然改变。它们和其他古老的动物都必须面对一个事实：它们的好日子已经快要结束了。

261

我们很可能会认为这些鸟只是人类“进步”过程中不可避免的牺牲品，就算灭绝也没有什么大不了的。但正如一位在哥斯达黎加的农场和丛林里做研究的科学家所言：“一个生态体系里如果只有像麻雀那样的鸟，那就像是你把所有资金都投入科技股一样。”当科技股泡沫化的时候，你就会赔得很惨。

此刻，山顶的薄暮里出现了一种由内向外漫射的光线，使得这层雾仿佛透着光。突然间，我听到附近传来奇怪的嘶嘶声，接着便看到3

只火鸡从雾中冲了出来，像小恐龙一般，迈着它们那长长的腿冲过我前方的高大草丛，不久便神秘地消失在雾气中。不久前，有一群科学家比对了各种鸟的基因组，结果发现，在所有的鸟类当中，火鸡的基因最接近恐龙（它的祖先），这是因为自从有羽毛的恐龙出现以来，火鸡的染色体所产生的变异最少。看着那些火鸡无声无息地穿越草丛的模样，我相信这应该是真的。

近100年来，美国的火鸡险些沦为人们餐盘中的食物。阿瑟·克利夫兰·本特*在20世纪30年代所写的一篇文章中表示，那些少数幸存的火鸡后来变得非常精明狡诈。他甚至举出了J. M. 惠顿博士在1882年所提到的一个例子："它们仿佛知道，在被人看见的时候，为了安全起见，它们必须隐藏自己的身份。因此，当对方还没有动作或它们知道自己已经无路可逃的时候，它们会装出一副无所谓的样子，看起来就像家养火鸡那样。我曾听说有些火鸡在看到一队人马经过时，仍然面不改色，安安静静地蹲在一道篱笆上。还有一次，有两个猎人看到了一群火鸡（总共5只），但它们故意在他们面前慢慢地走，接着又飞上一道篱笆，并从容地越过一座低矮的山丘，让那些猎人一时之间搞不清楚它们究竟是不是野生火鸡。然而，当它们离开猎人的视线之后，它们立刻就拔腿飞奔，并且凌空而起，不久后就到了山的另一头。这时，那些猎人才知道自己被耍了，但已经追悔莫及。"

所幸，火鸡的数量已经逐渐增加。现在，除了阿拉斯加外，美国各州都可以看到许多火鸡。它们喜欢住在山坡上的橡树林和山毛榉林中，并且像鹭鹤一样在地面上觅食。在人们眼中，它们也和鹭鹤一样

262

* 阿瑟·克利夫兰·本特（1866—1954），美国鸟类学家，长期为美国鸟类学家联合会刊物《海雀》撰写文章，著有21卷本的《北美鸟类生活史》。

笨（尽管惠顿博士举了上面这个例子）。不过，即使是笨鸟，也有它们的重要性。奥尔多·利奥波德在谈及美的要素时就曾提醒我们：“秋天时，北方森林的典型风景便是一片大地、一株红枫，外加一只火鸡。从传统物理学的角度来看，火鸡只占了1英亩土地的质量或能量的百万分之一，但少了那只火鸡，整个风景就毫无生气可言。”

地球过去虽然已经损失了许多物种，但未来也可能产生新的物种。有证据显示，在6 600万年前导致恐龙消失的那次大灭绝事件之后，鸣禽、鹦鹉、鸽子和其他鸟种一度出现爆炸性增长。从广大的时间尺度——即深时来看，所谓的“第六次大灭绝”可能也会导致同样的现象。但对大多数人而言，最重要的时间尺度乃是人的一生。因此，即使我们知道大自然在几百万年后可能会恢复从前的模样，也不见得会因此而感到安慰。更何况，就算未来鸟类在演化之后有可能衍生出1万多个物种，也不见得能完全延续现有的物种。根据勒菲弗的看法，到时其中可能有一半是源自鸦属鸟类。他表示：“这样的现象可能不是人们所乐见的，因为在大家的心目中，乌鸦其貌不扬，脾气又坏。但谁知道呢？或许在200万年之后，它们会变得色彩艳丽，而且歌声美妙。”

263

这话虽然没错，但我们当中有谁能活到那个时候呢？更何况，如果到时所有的鸟类都是像麻雀那样，照着人类的游戏规则过活，我们会接受吗？还是说我们要努力设法让鸟类的世界尽可能维持多样化的面貌，无论它们的脑子是大是小、是新种还是旧种、是挑剔讲究还是来者不拒？

爱因斯坦曾经在他的文章中写道：“身为人类，我们的聪明才智仅仅足以让我们看清，在面对宇宙万物的存在时，我们的知识与智能是多么不足。”

聪明的鸟类是否具有任何优势？它们的聪明才智能否提高它们的适存度？为什么？在什么样的情况下可以？聪明的鸟类能否更多地繁殖下一代？这些都是科学家们目前仍试图解答的问题。说来也奇怪，这方面的证据极为稀少。“要实际衡量动物的某种特质——不管是哪一种——在提高它的适存度上具有多大的效益，从来不是一件简单的事。”休·希利在论文中指出。许多鸟类学家都想了解鸟类的认知能力和它们的适存度之间有何关联。但根据索尔的说法，这件事有很高的难度，因为某一种特质（如灵活变通的行为）的适存度效益，可能只有在某些特定的情况（如食物很稀少的年头）才看得出来。在大环境很好的时候，挑剔的鸟类可能会活得更好。（这有点像是加拉帕戈斯群岛的燕雀的情况。在某些年头，喙较大的鸟更能适应环境，但在其他年头，喙较小的鸟类比较吃得开。）

总而言之，凡事有得必有失。丹尼尔·索尔手上的一些数据显示，繁殖能力与存活率不可兼得。大致上来说，脑子较小的鸟类（寿命往往也比较短）生出的后代较多，脑子较大的鸟类（它们通常寿命较长）生出的后代较少，但后者的存活率往往较高。这是二者权衡的问题。“脑子较大的鸟类生长的步调较慢，它们把较多的能量用于存活，而非繁殖。”索尔解释，“生长步调较慢的物种因为繁殖期较长，因此生产率会提高，但绝不可能像那些生长迅速的物种那么高。因为后者把大部分能量都用来繁殖，而非存活。”但他又说到了另一方面：“在大环境良好的时候，快速生长的策略能使族群的数量急剧增加。但在环境不好时，这种做法就有风险。在年头时好时坏时，采取慢速生长的策略可能较为有利，尤其是在鸟类具有足够的认知能力去适应环境，以便在坏年头还得以存活的情况下。”换句话说，“这两种策略（快速发

264

育和慢速发育）多少都有一些好处，要视环境的状况而定”。

那同一个种的鸟类呢？聪明灵巧的个体能否繁衍较多的后代？在这方面，学界研究的结果并不一致。有一群科学家针对瑞典哥得兰岛的野生大山雀所做的一项研究显示：能够快速解决问题（拉动一根线，把通往巢箱的一扇活板门打开）的大山雀，其幼鸟的存活率比无法解决问题的大山雀更高。它们生产和孵化的蛋较多，能够长大的雏鸟数量也较多。

但牛津大学的埃拉·科尔和她的团队在研究怀特姆森林的大山雀繁殖行为时发现，事情可能没有这么简单。那些“比较聪明”的鸟（它们能够很快地把喂食器中的一根棒子拉出来，以便吃到里面的饲料）产的蛋比较多，觅食方式比较有效率，但它们也容易弃巢而去，让一切努力都付诸流水。科尔等人指出，在野外，善于解决问题的大山雀所繁殖出的后代似乎并不比不善于解决问题的大山雀多。它们善于利用环境中的资源，因此产的蛋往往较多，但它们在看到掠食者时，却容易受到惊吓，从而弃巢。（北美白眉山雀的情况也是如此。住在高海拔地区、比较聪明的北美白眉山雀，也比那些住在低海拔地区的同类更容易弃巢而去。）

不过，这当中仍有一些因素尚待厘清。诚如科尔等人在他们的论文中所言，这种大山雀之所以弃巢，有可能是因为实验人员在雏鸟还太小的时候，就试着为它们套上脚环。对此，内尔吉·布格特提出疑问：“如此说来，那些善于解决问题的大山雀，是否只是因为对这种人为的干扰比较敏感，才会更容易弃巢而去？”他指出：“如果我们能够测试这些善于解决问题的大山雀是否对真正的掠食者也比较敏感，那将会是一件很有意思的事。”在排除了实验人员干预的因素后，研究结果是否会显示解决问题的能力确实和繁殖成功率有正相关？这个问

265

题仍有待确定。由此可见，这类研究是多么具有挑战性，要澄清所有变量又是多么困难。

无论如何，动物并非只要有一个聪明的头脑就能无往不利。无论哪一种特质都有利有弊，甚至包括快速学习的能力在内。胆子大、遇到问题能够迅速采取行动的鸟类因为速度太快，做事可能就无法那么精准。举例来说，西蒙·迪卡泰在巴巴多斯岛所做的研究中发现，同样是辉拟八哥，有些个体能够迅速解决问题，有些个体的速度就比较慢。但前者在反转学习（就是巴巴多斯牛雀所做的那种）这类测试上表现得就不大好。索尔的解释是："胆子较大的鸟儿往往探索的速度较快，但不那么深入；探索速度较慢的鸟儿会得到比较多的信息，并用它来采取更灵活的行动。"为什么同一族群里这两个类型都有呢？迪卡泰猜想："这或许是因为不同的类型在不同的年头、不同的环境中各有优势。"这或许可以说明为什么鸟类的认知能力高下有别，以及为什么一个族群里有不同类型的成员是件好事。

浓雾逐渐散去，我开始能够看清山谷另一边绵延起伏的蓝岭山脉了。隔着雾气，那些山岭看起来略微泛紫。附近的树丛中传来阵阵山雀高亢的叫声。我四处漫步时，看到一只鸟栖息在一株松树上，不停地叫着，或许它正在打量我。这让我想到，鸟类体形虽小，却天赋非凡，我们委实应该敞开心胸，努力探究它们的心智之谜，并将这些美妙的谜题放在脑海中时时思考，以提醒自己，我们所知何其有限。

266

致谢

对本书给予帮助的诸位，本人感激不尽。

本书的形成，有赖于诸多科研工作者在鸟类和大脑相关领域的辛勤研究，在此谨将他们的名字列出，以表感激之情。

以下鸟类学家、生物学家、心理学家，以及动物行为学家，皆在百忙之中尽其所知对我的研究工作慷慨相助，本人不胜感激。麦吉尔大学的路易斯·勒菲弗向我开放了他在巴巴多斯岛的贝勒尔研究中心。接下来几天，我得以徜徉在鸟类认知的世界。勒菲弗向我详细解释他的研究工作，让我对该领域的整体发展有了深入了解，而且他以耐心、生动而幽默的方式回答了我的许多疑问。他也通读了本书的初稿，提出许多有用的评论和建议。我在贝勒尔研究中心逗留期间，利马·卡耶罗、让-尼古拉·奥代，以及西蒙·迪卡泰都毫无保留地向我介绍他们的工作，并提供见解。

我造访新喀里多尼亚的时候，奥克兰大学的亚历克斯·泰勒花了大量时间，细致而深入地向我介绍了他在乌鸦研究工作中的方方面面，并且在鸟类认知领域提供了他的专业见解。埃尔莎·卢瓦泽尔和我一同游览了当地的大型蕨类植物公园，其间我们的对话交流很有启发意义。此外，她还提供了我们此前看到的鹭鹤的精美照片、新喀里多尼亚岛的地形图,以及新喀鸦的照片。

以下诸位皆在百忙之中抽身同我交流,提供参考,并且反复阅读了书中和他们工作有关的部分章节,他们是牛津大学的露西·阿普林,马里兰大学的杰拉尔德·博尔贾,澳大利亚迪金大学的约翰·恩德勒,爱丁堡大学的斯蒂芬·布鲁萨特,美国地质调查局的乔恩·哈格斯特鲁姆,贝尔法斯特女王大学的理查德·霍兰,奥克兰大学的加文·亨特,杜克大学的埃里希·贾维斯,密歇根州立大学的贾森·基吉,内华达大学的弗拉迪米尔·普拉沃苏多夫,西澳大利亚大学的阿曼达·里德利,西班牙生态学与林学应用研究中心的丹尼尔·索尔。

奥克兰大学的罗素·格雷慷慨分享了精彩的奈梅亨系列讲座视频,这些讲座是2014年他在马普语言心理学研究所所做的。

我还要感谢圣安德鲁斯大学的内尔吉·布格特为我仔细勘阅书稿,甚至对部分篇章几经斟酌,以求更好。她的科学造诣和编辑水平让我获益匪浅。

其他来自全球各地的科学家审阅了部分书稿,就科学观点上的纰漏提出了一些修改意见,免得让我的书稿贻笑大方。这些科学家是:

美国:哈佛大学的阿克哈特·阿布扎诺夫,华盛顿大学的卡洛斯·博特罗,加州大学欧文分校的南希·伯利,密西西比大学的莱尼·戴,内布拉斯加州立大学的朱迪·戴蒙德,康奈尔大学的本·弗里曼,斯坦福大学的卢克·弗里希科夫,加州大学圣地亚哥分校的蒂姆·金特纳,惠特曼学院的沃尔特·赫布兰森,加州大学伯克利分校的露西娅·雅各布斯,内布拉斯加州立大学的艾伦·卡米尔,印第安纳大学的马西·金斯伯里,芝加哥大学的萨拉·伦敦,南佛罗里达大学坦帕分校的林恩·马丁,华盛顿大学的约翰·马兹洛夫,麻省理工学院的宫川茂,杜克大学的理查德·穆尼,加州大学戴维斯分校的盖尔·帕特里切利，哈佛大学的艾琳·佩珀伯格，威斯康星大学的劳伦·赖特斯，新墨西哥大学的莱恩农·韦斯特。

英国：剑桥大学的妮古拉·克莱顿，圣安德鲁斯大学的休·希利，贝尔法斯特女王大学的理查德·霍兰，剑桥大学的劳拉·凯利，剑桥大学的列尔卡·奥斯托伊奇，圣安德鲁斯大学的克里斯琴·鲁茨，伦敦帝国理工学院的默里·沙纳汉，圣安德鲁斯大学的克里斯·坦普尔顿。

欧洲大陆：维也纳大学的阿莉塞·奥尔施佩格，乌得勒支大学的约翰·包休斯，德国格雷弗尔芬的珍妮·霍尔茨海德，奥尔登堡大学的亨里克·莫里特森，图宾根大学的安德烈亚斯·尼德，马普学会鸟类学研究所的尼尔斯·拉腾伯格，维也纳大学的萨拜因·特比希。

澳大利亚和新西兰：奥克兰大学的罗素·格雷、加文·亨特和亚历克斯·泰勒，麦夸里大学的特雷莎·伊格莱西亚斯。

其他地区：加拿大蒙特利尔大学的洛尔·科沙尔，巴西里约热内卢联邦大学的苏珊娜·埃尔库拉诺-乌泽尔，东京大学的冈之谷一夫，庆应大学的渡边茂。

以上专家的评论和批评让我的写作得以避免许多错误。如果书中还有纰漏，显然这些问题应完全由我来承担。

许多朋友和同事对我的工作很热心，这让我备受鼓舞。卡琳·本德尔曾经告诉她的朋友一只叫作思罗克莫顿的非洲灰鹦鹉的故事，我偶然得知这件事以后，卡琳毫无保留地向我讲述了她和思罗克莫顿，以及另外一只叫作伊萨博的鸡尾鹦鹉的点点滴滴。巴里·波洛克也是如此，讲述了她和灰鹦鹉阿尔菲的故事。朱凯莱·曼厄姆和乔伊·曼厄姆夫妇在他们的绵羊农场和我共度一个下午的美好时光，陪伴我的还有乔伊的灰胸鹦哥（*Myiopsitta monachus*）卢克，它很自觉地站在我的肩膀上，不时地在我耳边轻吟："悄悄话，悄悄话，悄悄话。"

丹尼尔·比克是一位很有才华的教师兼鸟类学家，多次带领我和我的鸟类学专业的学生到野外观鸟（本书收录了其中的部分行程），并且很专业地带我欣赏鸟类鸣唱。比克也带着他观察鸟类的精准眼光通读了我的初稿。戴维·怀特是一位很有经验的观鸟人，以充满幽默而不失专业性的方式与我分享了他的观鸟故事。

我的好朋友米丽亚姆·尼尔森参与了我此前写的许多书，有时是以同事或合著者的身份，但更多的时候完全是出于友情而慷慨相助。她阅读了本书的初稿，提了很多宝贵的意见。还有不少朋友鼓励我，为我提供各种想法（有的还提供了相关的鸟类视频），这方面尤其要感谢苏姗·巴齐克、罗斯·凯西、桑德拉·库什曼和斯蒂芬·库什曼、劳拉·德拉诺（她分享了迎风开屏的孔雀的故事）、莉兹·登顿、马克·埃德蒙森、多里特·格林、沙伦·霍根、唐娜·卢西、德布拉·尼斯特伦、丹·奥尼尔、迈尔克·罗德梅尔、约翰·罗利特、南希·墨菲–斯派塞、戴维·埃迪·斯派塞、亨利·温斯克、安德鲁·温德姆。我由衷地感谢他们的帮助，当然还包括我的仁爱宽厚的父亲和继母——比尔·戈勒姆和盖尔·戈勒姆，以及我挚爱的姐妹们——萨拉·戈勒姆、南希·海曼以及金·安巴格，她们对我的工作很感兴趣，也热心地支持我。我还要提及我的两个聪明可爱的女儿——佐薇和内尔，因为她们一如既往地给予我爱和鼓励，当然也因为她俩吵着让我在办公室里养鸟："在这儿养几只鸟吧！"

20年来，我很荣幸能够和我的代理人梅拉妮·杰克逊共事。要是没有她的热情、知识和敏锐的判断力，很难想象我能够完成一本著作。我也很庆幸能有编辑安·戈多弗支持我的写作，十分感谢她的编辑眼光以及有力支援。我还要感谢索菲娅·格鲁普曼和凯西·拉施为本书的出版保驾护航，感谢约翰·伯戈因提供精美的插图、埃尼克·努格罗霍设计漂亮的西丛鸦封面，以及加布里埃尔·威尔逊设计精美的护封。

最后，我要由衷地感谢我的挚爱卡尔，多年来他一直在我身边鼓励我，和我共同面对工作、生活中的诸多困难和挑战，没有他的鼓励、智慧、耐心、支持、陪伴、想法、幽默和爱，这一切都不会存在。

注 释

（注释前的数字为原文页码，见本书边码）

引言 鸟类的天赋

2 **20世纪80年代初：**以下关于亚历克斯的资料来自I. M. Pepperberg, *The Alex Studies* (Cambridge, MA: Harvard University Press, 1999); I. M. Pepperberg, "Evidence for numerical competence in an African grey parrot (*Psittacus erithacus*)," *J Comp Psych* 108 (1994): 36–44; I. M. Pepperberg, "Ordinality and inferential abilities of a grey parrot (*Psittacus erithacus*)," *J Comp Psych* 120, no. 3 (2006): 205–216; I. M. Pepperberg and S. Carey, "Grey parrot number acquisition: The inference of cardinal value from ordinal position on the numeral list," *Cognition* 125 (2012): 219–232.

2 **在亚历克斯出现之前，我们几乎认为：**一只叫作瓦肖的黑猩猩能够理解很多单词，但不会说话——尽管它已经明白了大约130个标签的含义。

3 **20世纪90年代：**G. R. Hunt, "Manufacture and use of hook-tools by New Caledonian crows," *Nature* 379 (1996): 249–251; G. R. Hunt and R. D. Gray, "Species-wide manufacture of stick-type tools by New Caledonian crows," *Emu* 102 (2002): 349–353; G. R. Hunt and R. D. Gray, "Diversification and cumulative evolution in tool manufacture by New Caledonian crows," *Proc R Soc B* 270 (2003): 867–874.

3 **"你能获取……食物吗？"：**A. A. S. Weir et al., "Shaping of hooks in New Caledonian crows," *Science* 297, no. 5583 (2002): 981.

4 **而一些鸟类的大脑：**S. Olkowicz et al., "Complex brains for complex

cognition—neuronal scaling rules for bird brains"（2014年11月15日至19日在华盛顿特区举行的神经科学学会年会上的壁报论文）；苏珊娜·埃尔库拉诺-乌泽尔，私人通信，2015年1月14日。

4 **如同人类大脑：**L. Rogers, "Lateralisation in the avian brain," *Bird Behav* 2 (1980): 1–12.

4 **喜鹊能认出：**H. Prior et al., "Mirror-induced behavior in the magpie (*Pica pica*): Evidence of self-recognition," *PLoS Biol* 6, no. 8 (2008): e202, doi: 10.1371/journal.pbio.0060202.

4 **西丛鸦会穷尽手段：**U. Grodzinski et al., "Peep to pilfer: What scrub-jays like to watch when observing others," *Anim Behav* 83 (2012): 1253–1260.

4 **这些鸟似乎有着：**N. S. Clayton et al., "Social cognition by food-caching corvids: The western scrub-jay as a natural psychologist," *Phil Trans Roy SocB: Biol Sci* 362, no. 1480 (2007): 507–522.

4 **它们还能够记住：**N. S. Clayton and A. Dickinson, "Episodic-like memory during cache recovery by scrub jays," *Nature* 395 (1998): 272–274; N. S. Clayton et al., "Episodic memory," *Curr Biol* 17, no. 6 (2007): 189–191.

4 **这种回想起过去事物的能力：**L. Cheke and N. S. Clayton, "Mental time travel in animals," *Wiley Interdiscip Rev Cogn Sci* 1, no. 6 (2010): 915–930.

4 **新的研究表明：**R. O. Prum, "Coevolutionary aesthetics in human and biotic artworlds," *Biol Phil* 28, no. 5 (2013): 811–832.

4 **2015年，研究人员发现：**R. Rugani et al., "Number-space mapping in the newborn chick resembles humans' mental number line," *Science* 347, no. 6221 (2015): 534–536.

5 **幼鸟能理解：**R. Rugani et al., "The use of proportion by young domestic chicks," *Anim Cogn* 13, no. 3 (2015): 605–616; R. Rugani et al., "Is it only humans that count from left to right?" *Biol Lett* (2010), doi: 10.1098/rsbl.2009.0960.

5 **它们也能做简单的算术题：**R. Rugani, "Arithmetic in newborn chicks," *Proc R Soc B* (2009), doi: 10.1098/rspb.2009.0044.

5 **"人早就精疲力竭了"：**L. Halle, *Spring in Washington* (Baltimore: Johns

Hopkins University Press, 1988), 182.

7 **例如……一只黑嘴美洲鹃：**鸟类学家丹·比克的观察记录。

8 **"能够从经验中学习"：**语出W. F. 迪尔伯恩，转引自R. J. Sternberg, *Handbook of Intelligence* (Cambridge: Cambridge University Press, 2000), 8。

8 **"能够习得能力的能力"：**语出H. 伍德罗，转引自R. J. Sternberg, *Handbook of Intelligence* (Cambridge: Cambridge University Press, 2000), 8。

8 **"智力是智力测试的结果"：**E. G. Boring, "Intelligence as the tests test it," *New Republic* 35 (1923): 35–37.

8 **"多少种关于智力的定义"：**R. J. Sternberg, "People's conceptions of intelligence," *J Pers Soc Psych* 41, no. 1 (1981): 37–55.

8 **作为一个纲，鸟类：**我指的是鸟纲(*Aves*)，即鸟类"冠群"("crown group")，其中包括现生鸟类以及它们最近的共同祖先的后代。长着羽毛和翅膀的动物已经存在了1.5亿年以上。 E. D. Jarvis et al., "Whole-genome analyses resolve early branches in the tree of life of modern birds," *Science* 346, no. 6215 (2014): 1320–1331; S. Brusatte et al., "Gradual assembly of avianbody plan culminated in rapid rates of evolution across the dinosaur-bird transition," *Curr Biol* 24, no. 20 (2014): 2386–2392.

8 **20世纪90年代：**K. J. Gaston and T. M. Blackburn, "How many birds are there?" *Biodivers Conserv* 6, no. 4 (1997): 615–625.

9 **比如我们引以为傲的洞察力：**索普把"洞察力"定义为"突然产生的一种新的适应性反应，该反应并非通过试错行为得到，也不是通过适应性的突发经验重组来解决问题"。W. H. Thorpe, *Learning and Instinct in Animals* (London: Methuen & Co. Ltd., 1964), 110.

10 **有科学家把这些基础特征：**A. Taylor, "Corvid cognition," *WIREs Cogn Sci* (2014), doi: 10.1002/wcs.1286；亚历克斯·泰勒，私人通信，2014年5月；R. Gray, "The evolution of cognition without miracles" (Nijmegen Lectures, January 27–29, 2014)，视频详见http://www.mpi.nl/events/nijmegen-lectures-2014/lecture-videos。

10 **晚近时期，"天赋"一词：**1901年由英国小说家阿梅莉亚·巴尔在她的文章《一位成功的小说家：年逾五十的声名》("A successful novelist: Fame

after fifty"）中定义，收录于O. Swett Marden, *How They Succeeded: Life Stories of Successful Men Told by Themselves* (Boston: Lothrop Publishing Company, 1901), 311。

11 **最经典的例子：**J. B. Fisher and R. A. Hinde, "The opening of milk bottles by birds," *Br Birds* 42 (1949): 347–357; L. M. Aplin et al., "Milk-bottles revisited: Social learning and individual variation in the blue tit (*Cyanistes caeruleus*)," *Anim Behav* 85 (2013): 1225–1232.

12 **为了适应滤食性进食的需求：**约翰·恩德勒，私人通信，2015年2月3日。

12 **"我们反复在"：**出处同上。

12 **"与人类语言最接近的存在"：**C. Darwin, *The Descent of Man* (London: John Murray, 1871), 59.

12 **200位科学家：**A. R. Pfenning et al., "Convergent transcriptional specializations in the brains of humans and song-learning birds," *Science* 346, no. 6215 (2014): 1256846.

14 **奥杜邦网最近的一项调查表明：**http://climate.audubon.org/article/audubon-report-glance17.

第一章　从渡渡鸟到乌鸦

17 **天才新喀鸦：**https://www.youtube.com/watch?v=AVaITA7eBZE# t=51.

17 **这个谜题由……亚历克斯·泰勒设置：**该谜题是由一个关于元工具使用的三步谜题实验延伸而来。A. H. Taylor et al., "Spontaneous metatool use by New Caledonian crows," *Curr Biol* 17, no. 17 (2007): 1504–1507.

18 **自发使用工具获取工具：**出处同上。

18 **"这预示着乌鸦"：**亚历克斯·泰勒，私人通信，2015年1月7日。

20 **为了探究这些问题：**L. Lefebvre, "Feeding innovations and forebrain size in birds" (AAAS presentation, February 21, 2005, part of the symposium "Mind, Brain and Behavior"). 所有关于路易斯·勒菲弗的信息和引述源自2012年2月26日至3月1日在巴巴多斯岛霍尔敦的采访。

21 **“鸟类贫瘠地区”：** P. A. Buckley et al., *The Birds of Barbados*, British Ornithologists' Union, Checklist Number 24 (2009), 58.

21 **这是由岛上特殊的地理环境导致的：** P. A. Buckley and F. G. Buckley, “Rapid speciation by a Lesser Antillean endemic, Barbados bullfinch, *Loxigilla barbadensis*,” *Bull BOC* 124, no. 2 (2004): 108–123.

22 **对于辉拟八哥而言：** J. Morand-Ferron et al., “Dunking behavior in Carib grackles,” *Anim Behav* 68 (2004): 1267–1274.

22 **“这里面涉及……损益比”：** J. Morand-Ferron and L. Lefebvre, “Flexible expression of a food-processing behavior: Determinants of dunking rates in wild Carib grackles of Barbados,” *Behav Process* 76 (2007): 218–221.

23 **达尔文在《人类的由来》中：** C. Darwin, *The Descent of Man*.

23 **对达尔文而言：** C. Darwin, *The Formation of Vegetable Mould Through the Action of Worms* (London: John Murray, 1883), 93.

23 **“这类人企图”：** F. B. M. de Waal, “Are we in anthropodenial?” *Discover* 18, no. 7 (1997): 50–53. 正如德瓦尔所指出的那样，对于拟人论的担忧在非西方文化地区并不是一个问题，因为这些地区对人类和其他生物的区分并不那么绝对。参见F. B. M. de Waal, “Silent invasion: Imanishi's primatology and cultural bias in science,” *Anim Cogn* 6 (2003): 293–299。

23 **“动物认知”的定义：** S. J. Shettleworth, *Cognition, Evolution, and Behavior*, 2nd ed. (New York: Oxford University Press, 2010), 23.

24 **这种看法：** R. Samuels, “Massively modular minds: Evolutionary psychology and cognitive architecture,” in *Evolution and the Human Mind: Modularity, Language and Meta-Cognition*, ed. P. Carruthers and A. Chamberlain (Cambridge: Cambridge University Press, 2000), 13–46; S. J. Shettleworth, *Cognition, Evolution and Behavior*, 23.

24 **但是勒菲弗主张：** S. M. Reader et al., “The evolution of primate general and cultural intelligence,” *Philos Trans R Soc Lond B* 366 (2011): 1017–1027; L. Lefebvre, “Brains, innovations, tools and cultural transmission in birds, non-human primates, and fossil hominins,” *Front Hum Neurosci* 7 (2013): 245.

24 **在“多元智能”理论中：** H. Gardner, “Reflections on multiple intelligences: Myths and messages,” *Phi Delta Kappan* 77, no. 3 (1995): 200–209.

25 **52个研究人员组成一个专家团：**L. S. Gottfredson, "Mainstream science on intelligence: An editorial with 52 signatories, history, and bibliography," *Intelligence* 24, no. 1 (1997): 13–23；参见 I. J. Deary et al., "The neuroscience of human intelligence differences," *Nat Rev Neuro* 11 (2010): 201–211。

27 **"在演化过程中产生这样的变化"：**这种变化也可能和以下事实有关：与其他岛上颜色更鲜艳的近亲相比，巴巴多斯牛雀的雄鸟在照顾后代方面投入得更多。该事实来自勒菲弗及其同事的一篇新论文："双亲都分担哺育职责（包括筑巢）的鸟类，大都是两性同色……和小安德牛雀不同，巴巴多斯牛雀雄鸟筑巢时会分担更多责任，筑巢完毕后和哺育幼鸟期间会在鸟巢四周停留更长时间，会更频繁地向雌鸟喂食，在巢附近时也更具攻击性……因此哺育机制可能是这类鸟种失去两性异型特征的重要因素之一。"参见 J. L. Audet et al., "Morphological and molecular sexing of the monochromatic Barbados bullfinch, *Loxigilla barbadensis*," *Zool Sci* 10, no. 31 (2014): 687–691。

28 **在……30只巴巴多斯牛雀中：**L. Kayello, "Opportunism and cognition in birds" (master's thesis, McGill University, 2013), 55–67.

29 **一个对比实验：**S. E. Overington et al., "Innovative foraging behaviour in birds: What characterizes an innovator?" *Behav Process* 87 (2011): 274–285.

29 **"它们在空中盘旋，一会儿"：**E. Selous, *Bird Life Glimpses* (London: G. Allen, 1905), 141.

29 **"它们肯定是全体同步思考"：**E. Selous, *Thought-Transference (or What?) in Birds* (New York: Richard R. Smith, 1931).

30 **后来，人们发现鸟类：**I. D. Couzin and J. Krause, "Self-organization and collective behavior in vertebrates," *Adv Stud Behav* 32 (2003): 1–75; I. Couzin, "Collective minds," *Nature* 445 (2007): 715; C. K. Hemelrijk et al., "What underlies waves of agitation in starling flocks," *Behav Ecol Sociobiol* (2015), doi: 10.1007/s00265-0151891-3.

30 **每一只鸟都和……互动：**I. Lebar Bajec and F. H. Heppner, "Organized flight in birds," *Anim Behav* 78, no. 4 (2009): 777–789; M. Ballerini et al., "Interaction ruling animal collective behavior depends on topological rather than metric distance: Evidence from a field study," *PNAS* 105, no. 4 (2008):

1232–1237; A. Attanasi et al., “Information transfer and behavioural inertia in starling flocks,” *Nat Phys* 10 (2014): 691–696.

31 **“很遗憾……是非常困难的”：**内尔吉·布格特，私人通信，2015年4月3日。

32 **这样的方法：**H. Kummer and J. Goodall, “Conditions of innovative behaviour in primates,” *Philos Trans R Soc Lond B* 308 (1985): 203–214.

33 **勒菲弗……收获发表在：**L. Lefebvre and D. Spahn, “Gray kingbird predation on small fish (*Poecillia spp*) crossing a sandbar,” *Wilson Bull* 99 (1987): 291–292.

34 **在冰上钻了几个洞：**T. G. Grubb and R. G. Lopez, “Ice fishing by wintering bald eagles in Arizona,” *Wilson Bull* (1997): 546–548.

34 **收集了这些报道后：**L. Lefebvre et al., “Feeding innovations and forebrain size in birds,” *Anim Behav* 53 (1997): 549–560.

34 **什么鸟类最聪明：**L. Lefebvre, “Feeding innovations and forebrain size in birds” (AAAS presentation, February 21, 2005, part of the symposium “Mind, Brain and Behavior”).

34 **就大部分案例而言……一定的关联：**L. Lefebvre et al., “Feeding innovations and forebrain size in birds,” *Anim Behav* 53 (1997): 549–560; S. Timmermans et al., “Relative size of the hyperstriatum ventrale is the best predictor of innovation rate inbirds,” *Brain Behav Evol* 56 (2000): 196–203.

35 **“以小滨鹬为例”：**路易斯·勒菲弗，私人通信，2015年1月13日。

35 **蜜蜂的脑袋：**R. Menzel et al., “Honey bees navigate according to a map-like spatial memory,” *PNAS* 102, no. 8 (2005): 3040–3045; M. Marine Battesti et al., “Spread of social information and dynamics of social transmission within drosophila groups,” *Curr Biol* 22 (2012), 309–313, doi: 10.1016/j.cub.2011.12.050.

36 **脑袋大小和体形的比率：**参见 D. M. Alba, “Cognitive inferences in fossil apes (Primates, Hominoidea): Does encephalization reflect intelligence?” *J Anthropol Soc* 88 (2010): 11–48; R. O. Deaner et al., “Overall brain size, and not encephalization quotient, best predicts ability across non-human primates,” *Brain Behav Evol* 70 (2007): 115–124。

36 **“听着，如果你想要了解”**：埃里克·坎德尔的逸闻转引自 C. Dreifus, “A Quest to Understand How Memory Works: A Conversation with Eric Kandel,” *New York Times*, Science Times, March 6, 2012。

第二章 鸟有鸟法

39 **“我曾经见过一只山雀”**：E. H. Forbush, *Useful Birds and Their Protection* (Aurora, CO: Bibliographical Research Center, 2010; originally published in 1913), 195.

40 **“鸟类杰作”**：E. H. Forbush, *Natural History of the Birds of Eastern and Central North America* (Boston: Houghton Mifflin, 1955), 347.

40 **最近……尖细的哨声**：T. M. Freeberg and J. R. Lucas, “Receivers respond differently to chick-a-dee calls varying in note composition in Carolina chickadees, *Poecile carolinensis*,” *Anim Behav* 63 (2002): 837–845.

40 **克里斯·坦普尔顿和他的同事发现**：C. Templeton et al., “Allometry of alarm calls: Black-capped chickadees encode information about predator size,” *Science* 308 (2005): 1934–1937.

40 **“根深蒂固的自信”**：爱德华·福布什的原话：E. H. Forbush, *Natural History of the Birds of Eastern and Central North America*, 347。

41 **有一次，坦普尔顿看到**：克里斯·坦普尔顿，私人通信，2015年2月12日。

41 **坦普尔顿发现**：C. N. Templeton, “Black-capped chickadees select spotted knapweed seedheads with high densities of gall fly larvae,” *Condor* 113, no. 2 (2011): 395–399.

41 **它们会把种子和其他食物藏在**：T. C. Roth et al., “Evidence for long-term spatial memory in a parid,” *Anim Cogn* 15, no. 2 (2011): 149–154.

42 **山雀体重约为**：L. S. Phillmore et al., “Annual cycle of the black-capped chickadee: Seasonality of singing rates and vocal-control brain regions,” *J Neurobiol* 66, no. 9 (2006): 1002–1010.

42 **鸟类的大脑各不相同**：A. N. Iwaniuk and J. E. Nelson, “Can endocranial volume be used as an estimate of brain size in birds?” *Can J Zool* 80 (2002):

16–23.

42 **和小型猿猴……的大脑差不多大：**N. E. Emery and N. S. Clayton, "The mentality of crows: Convergent evolution of intelligence in corvids and apes," *Science* 306, no. 5703 (2004): 1903–1907.

42 **它的大脑是……2倍大小：**路易斯·勒菲弗，私人通信，2015年1月13日。

43 **山雀才能在……时间内转向：**C. H. Greenewalt, "The flight of the black-capped chickadee and the white-breasted nuthatch," *Auk* 72, no. 1 (1955): 1–5.

43 **神经元虽然较小：**S. B. Laughlin et al., "The metabolic cost of neural information," *Nat Neurosci* 1, no. 1 (1998): 36–41.

43 **"鸟类的飞行能力……但讽刺的是"：**P. Matthiessen, *The Wind Birds* (New York: Viking, 1973), 45.

43 **诸如雀科的小型鸟类：**R. L. Nudds and D. M. Bryant, "The energetic cost of short flights in birds," *J Exp Biol* 203 (2000): 1561–1572.

43 **（相较而言，鸭子之类的水鸟在游泳时）：**P. J. Butler, "Energetic costs of surface swimming and diving of birds," *Physiol Biochem Zool* 73, no. 6 (2000): 699–705.

43 **为了满足飞行的需要：**关于鸟类解剖学和生理学的一般信息来自F. B. Gill, *Ornithology* (New York: Freeman, 2007), 141–173。

43 **只有位于必要部位的骨骼……才比较密实：**E. R. Dumon, "Bone density and the lightweight skeletons of birds," *Proc R Soc B* 277 (2010): 2193–2198.

43 **（往下拍打翅膀的力道大得）：**D. Lentink et al., "In vivo recording of aerodynamic force with an aerodynamic force platform: From drones to birds," *J Roy Soc Interface* (2015), doi: 10.1098/rsif.2014.1283.

43 **生物学家在检测：**G. Zhang et al., "Comparative genomics reveals insights into avian genome evolution and adaptation," *Science* 346, no. 6215 (2014), 1311–1319.

43 **这样矛盾的现象有时：**R. C. Murphy, *Oceanic Birds of South America* (New York: Macmillan, 1936).

43 **在演化的过程中：**P. R. Ehrlich et al., “Adaptations for Flight,” 1988, https://web.stanford.edu/group/stanfordbirds/text/essays/Adaptations.html; F. B. Gill, *Ornithology* (New York: Freeman, 2007), 115–137.

44 **鸟的心脏：**J. C. Welty, *The Life of Birds* (Philadelphia: Saunders, 1975), 112.

44 **鸟类的肺部：**H. R. Duncker, “The lung air sac system of birds,” *Adv Anat Emb Cell Biol* 45 (1971): 1–171.

44 **鸟类的基因组是最少的：**E. D. Jarvis et al., “Whole-genome analyses resolve early branches in the tree of life of modern birds,” *Science* 346, no. 6215 (2014): 1320–1331; G. Zhang et al., “Comparative genomics reveals insights into avian genome evolution and adaptation,” *Science* 346, no. 6215 (2014): 1311–1319.

44 **但鸟类只有：**奇怪的是，绒啄木鸟是这一规则的一个例外，它的基因里有22%的重复元素。 G. Zhang et al., “Comparative genomics reveals insights into avian genome evolution and adaptation,” *Science* 346, no. 6215 (2014): 1311–1319.

44 **赫胥黎的外号是“达尔文的斗牛犬”：**语出H. G. 威尔斯，转引自 John Carey, *Eyewitness to Science* (Cambridge, MA: Harvard University Press, 1995), 139。

45 **具有鸟类的特征：**P. Dodson, “Origin of birds: the final solution?” *Amer Zool* 40, no. 4 (2000): 504–512.

45 **事实上，赫胥黎在文章中写道：**T. H. Huxley, “Further evidence of the affinity between the dinosaurian reptiles and birds,” *Proc Geol Soc Lond* (1870): 2612–2631.

45 **古生物学家……指出：**斯蒂芬·布鲁萨特，私人通信，2015年5月5日。

45 **白垩纪初期：**M. J. Benton et al., “The remarkable fossils from the Early Cretaceous Jehol Biota of China and how they have changed our knowledge of Mesozoic life,” *Proc Geol Assoc* 119 (2008): 209–228.

45 **我来到……一处化石遗址：**J. Ackerman, “Dinosaurs take wing: The origin of birds,” *National Geographic* (July 1998): 74–99.

46 **一只兽脚类的恐龙：**Q. Ji et al., “Two feathered dinosaurs from northeastern

China," *Nature* 393 (1998): 753–761; P. J. Chen, "An exceptionally well-preserved theropod dinosaur from the Yixian formation of China," *Nature* 391 (1998): 147–152, doi: 10.1038/34356; P. J. Currie and P. J. Chen, "Anatomy of *Sinosauropteryx prima* from Liaoning, northeastern China," *Can J Earth Sci* 38 (2001): 1705–1727.

46 **有一种长有羽毛的恐龙：**英国布里斯托尔大学的迈克尔·本顿在谈论该研究时说道："关键的驱动因素可能是恐龙开始树栖生活，这也许是为了逃避掠食者，或者是为了开辟新的食物来源。树栖生活需要较小的体形、较大的双眼（在枝杈间跳跃时可以更好地避免碰撞）和较大的脑子（以适应多种多样的林木栖息地）……"这些体质上的变化"类似于后来灵长类的演化过程，同样被认为是为了适应树栖生活"。参见 M. J. Benton, "How birds became birds," *Science* 345, no. 6196 (2014): 509。

46 **恐龙……变成山雀：**A. H. Turner, "A basal dromaeosaurid and size evolution preceding avian flight," *Science* 317, no. 5843 (2007): 1378–1381; M. S. Y. Lee et al., "Sustained miniaturization and anatomical innovation in the dinosaurian ancestors of birds," *Science* 345, no. 6196 (2014): 562–566.

46 **在2亿多年前：**R. B. J. Benson et al., "Rates of dinosaur body mass evolution indicate 170 million years of sustained ecological innovation on the avian stem lineage," *PLoS Biol* 12, no. 5: e1001853. doi: 10.1371/journal.pbio.1001853 (2014).

46 **在5 000万年的时光中：**M. S. Y. Lee et al., "Sustained miniaturization and anatomical innovation in the dinosaurian ancestors of birds," *Science* 345, no. 6196 (2014): 562–566.

47 **它们为了适应环境而改变：**S. Brusatte et al., "Gradual assembly of avian body plan culminated in rapid rates of evolution across the dinosaur-bird transition," *Curr Biol* 24, no. 20 (2014): 2386–2392.

47 **那些演化成鸟类的恐龙：**A. Balanoff et al., "Evolutionary origins of the avian brain," *Nature* 501 (2013): 93–96.

47 **一个国际性的科研团队：**B.-A. S. Bhullar et al., "Birds have paedomorphic dinosaur skulls," *Nature* 487 (2012): 223–226.

47 **"幼年期……在向成年过渡时"：**阿克哈特·阿布扎诺夫，私人通信，2015

年1月25日；转引自媒体对阿布扎诺夫在得克萨斯大学的演说的报道："Evolution of birds is result of a drastic change in how dinosaurs developed," May 30, 2012。

48 **为什么巢寄生鸟类：**J. R. Corfield et al., "Brain size and morphology of the brood-parasitic and cerophagous honeyguides (Aves: Piciformes)," *Brain Behav Evol* (February 2012), doi: 10.1159/000348834; 路易斯·勒菲弗，采访，2012年2月。

49 **鸟类脑子的大小……有关：**A. N. Iwaniuk and J. E. Nelson, "Developmental differences are correlated with relative brain size in birds: A comparative analysis," *Can J Zool* 81 (2003): 1913–1928.

50 **例如斑胸滨鹬：**J. A. Lesku et al., "Adaptive sleep loss in polygynous pectoral sandpipers," *Science* 337 (2012): 1654–1658.

50 **鸟类睡眠时也像人类一样：**J. A. Lesku and N. C. Rattenborg, "Avian sleep," *Curr Biol* 24, no. 1 (2014): R12–14.

51 **研究结果还显示：**M. F. Scriba et al., "Linking melanism to brain development: Expression of a melanism-related gene in barn owl feather follicles covaries with sleep ontogeny," *Front Zool* 10 (2013): 42.

51 **国际研究小组：**J. A. Lesku et al., "Local sleep homeostasis in the avian brain: Convergence of sleep function in mammals and birds?" *Proc R Soc B* 278 (2011): 2419–2428.

53 **人类和鸟类都有：**尼尔斯·拉腾伯格，私人通信，2015年2月10日。

53 **它们不用花太多精力：**语出D. 索尔，转引自Autonomous University of Barcelonamaterials, http://www.alphagalileo.org/ViewItem.aspx?ItemId=74774&CultureCode =en。

53 **内华达大学的弗拉迪米尔·普拉沃苏多夫：**T. C. Roth and V. V. Pravosudov, "Tough times call for bigger brains," *Commun Integ Biol* 2, no. 3 (May 2009): 236–238; V. V. Pravosudov and N. S. Clayton, "A test of the adaptive specialization hypothesis: Population differences in caching, memory, and the hippocampus in blackcapped chickadees (*Poecile atricapilla*)," *Behav Neurosci* 116, no. 4 (2002): 515–522.

53 **出没于美国西部山脉的北美白眉山雀：**C. A. Freas et al., "Elevation-related differences in memory and the hippocampus in mountain chickadees, *Poecile gambeli*," *Anim Behav* 84, no. 1 (2012): 121–127.

53 **解决问题的能力也更强：**V. V. Pravosudov, "Cognitive ecology of food-hoarding: The evolution of spatial memory and the hippocampus," *Ann Rev Ecol Evol Syst* 44 (2013): 18.1–18.2.

53 **储存更多的种子：**普拉沃苏多夫认为，对这些不同种的山雀而言，其海马体神经元的数量是由遗传决定的。"(神经元) 由自然选择作用于记忆而生成，而非物种个体对变化的环境做出调整的产物。"他说。弗拉迪米尔·普拉沃苏多夫，私人通信，2015年1月23日；V. V. Pravosudov et al., "Environmental influences on spatial memory and the hippocampus in food-caching chickadees," *Comp Cog and Beh Rev* (in press, 2015).

53 **为何会出现这种"神经发生"：**A. Barnea and V. V. Pravosudov, "Birds as a model to study adult neurogenesis: Bridging evolutionary, comparative and neuroethological approaches," *Eur J Neuroscience* 34 (2011): 884–907.

53 **或许是因为这样可以：**有一种理论认为，神经发生提供了一种"神经基因储备"，使大脑在需要学习新信息时保持灵活性，并且补充新的神经元。另一种理论认为，当大脑要学习新事物的时候，这些新生成的神经能够避免旧的记忆和新的记忆之间的"严重干扰"。 G. Kempermann, "The neurogenic reserve hypothesis: What is adult hippocampal neurogenesis good for?" *Trends Neurosci* 31 (2008): 163–169; L. Wiskott et al., "A functional hypothesis for adult neurogenesis: Avoidance of catastrophic interference in the dentate gyrus," *Hippocampus* 16 (2006): 329–343; W. Deng et al., "New neurons and new memories: How does adult hippocampal neurogenesis affect learning and memory?" *Nat Rev Neurosci* 11 (2010): 339–350.

53 **根据"防止干扰"的概念：**C. D. Clelland et al., "A functional role for adult hippocampal neurogenesis in spatial pattern separation," *Science* 325 (2009): 210–213.

53 **普拉沃苏多夫的研究已经证明：**T. C. Roth and V. V. Pravosudov, "Tough times call for bigger brains," *Commun Integ Biol* 2, no. 3 (May 2009): 236–238.

54 **科学家们过去一直认为：**S. Herculano-Houzel, "Neuronal scaling rules for

primate brains: The primate advantage," *Prog Brain Res* 195 (2012): 325–340.

54 **2014年时，他们：** S. Olkowicz et al., "Complex brains for complex cognition—neuronal scaling rules for bird brains" (2014年11月15日至19日在华盛顿特区举行的神经科学学会年会上的壁报论文)。

54 **鸟类的脑子虽小：** 苏珊娜·埃尔库拉诺–乌泽尔，私人通信，2015年1月14日。

54 **埃尔库拉诺–乌泽尔指出：** S. Herculano-Houzel et al., "The elephant brain in numbers," *Front Neuroanat* 8 (2014): 46, doi: 10.3389/fnana.2014.00046.

55 **"人们都把鸟类视为"：** 语出H. 卡滕，转引自S. LaFee, "Our brains are more like birds' than we thought," 2010, http://ucsdnews.ucsd.edu/archive/newsrel/health/07-02avianbrain.asp。

55 **这种解剖学上的错误认识：** Avian Brain Nomenclature Consortium, "Avian brains and a new understanding of vertebrate brain evolution," *Nat Rev Neurosci* 6, no. 2 (2005): 151–159; T. Shimizu, "Why can birds be so smart? Background, significance, and implications of the revised view of the avian brain," *Comp Cog Beh Rev* 4 (2009): 103–115.

56 **大脑里没有上面那层：** 正如彼得·马勒所写的那样："流行的观点是，表层皮质区域与智力有直接关联，因此人们倾向于认为鸟类光滑的大脑不足以支持高等智力所取得的成就。" P. Marler, "Social cognition," in *Curr Orni* 13 (1996): 1–32.

56 **到了60年代末期：** H. J. Karten in *Comparative and Evolutionary Aspects of the Vertebrate Central Nervous System*, ed. J. Pertras, *Ann NY Acad Sci* 167 (1969): 164–179; H. J. Karten and W. A. Hodos, *A Stereotaxic Atlas of the Brain of the Pigeon* (Baltimore: Johns Hopkins University Press, 1967).

57 **他们的研究成果完全颠覆了埃丁格：** Avian Brain Nomenclature Consortium, "Avian brains and a new understanding of vertebrate brain evolution," *Nat Rev Neurosci* 6, no. 2 (2005): 151–159.

57 **鸽子擅长区分：** R. J. Herrnstein and D. H. Loveland, "Complex visual concept in the pigeon," *Science* 146 (1964): 549–551.

57 **29位神经解剖学家：** Avian Brain Nomenclature Consortium, "Avian brains

and a new understanding of vertebrate brain evolution," 151–159.

58 **"前脑大约有75%是皮质":** 埃里希·贾维斯,采访,2012年3月23日。

58 **艾琳·佩珀伯格用电脑类比:** I. M. Pepperberg, *The Alex Studies* (Boston: Harvard University Press, 1999), 9.

59 **为了找到答案……安德烈亚斯·尼德:** L. Veit et al., "Neuronal correlates of visual working memory in the corvid endbrain," *J Neurosci* 34, no. 23 (2014): 7778–7786.

59 **人类和鸟类"唯一的不同点":** O. Güntürkün, "The convergent evolution of neural substrates for cognition," *Psychol Res* 76 (2012): 212–219.

60 **(即便是野生鹮):** B. Voelkl et al., "Matching times of leading and following suggest cooperation through direct reciprocity during V-formation flight in ibis," *PNAS* 112, no. 7 (2015): 2115–2120.

第三章　天生怪才

63 **阿蓝就像007一样:** 关于新喀鸦的基本资料来源,包括我于2014年5月对亚历克斯·泰勒所做的采访,以及 A. H. Taylor, "Corvid cognition," *Wiley Interdiscip Rev Cogn Sci* 5, no. 3 (2014): 361–372。

63 **在野外,新喀鸦能够使用:** L. A. Bluff et al., "Tool use by wild New Caledonian crows *Corvus moneduloides* at natural foraging sites," *Proc R Soc B*: 277, no. 1686 (2010): 1377–1385.

64 **发现一件工具好用:** B. C. Klump et al., "Context-dependent 'safekeeping' of foraging tools in New Caledonian crows," *Proc R Soc B* 282 (2015): 20150278.

64 **我们所发明的各类工具:** A. H. Taylor and R. D. Gray, "Is there a link between the crafting of tools and the evolution of cognition?" *Wiley Interdiscip Rev Cogn Sci* 5, no. 6 (2014): 693–703.

65 **只有人类才会使用工具:** 下列关于动物使用工具的资料来自R. W. Shumaker et al., *Animal Tool Behavior* (Baltimore: Johns Hopkins University Press, 2011)。

65 **雌性地蜂：**H. J. Brockmann, "Tool use in digger wasps (*Hymenoptera: Sphecinae*)," *Psyche* 92 (1985): 309–330.

65 **会使用工具的动物还是非常少见：**D. Biro et al., "Tool use as adaptation," *Phil Trans R Soc Lond B* 368, no. 1630 (2013): 20120408.

65 **尤其是在灵长类动物使用的工具：**E. Meulman and C. P. van Schaik, "Orangutan tool use and the evolution of technology," in ed. C. M. Sanz et al., *Tool Use in Animals: Cognition and Ecology* (New York: Cambridge University Press, 2013), 176.

65 **黑猩猩也会巧妙地：**C. Boesch, "Ecology and cognition of tool use in chimpanzees," in C. M. Sanz et al., eds., *Tool Use in Animals: Cognition and Ecology*, 21–47.

65 **它们或许无法像……如此之多的工具：**W. C. McGrew, "Is primate tool use special? Chimpanzee and New Caledonian crow compared," *Philos Trans R Soc Lond B* 368 (2013): 20120422.

65 **精确地制造出长度：**J. Chappell and A. Kacelnik, "Tool selectivity in a non-primate, the New Caledonian crow (*Corvus moneduloides*)," *Anim Cogn* 5 (2002): 71–78; J. Chappell and A. Kacelnik, "Selection of tool diameter by New Caledonian crows *Corvus moneduloides*," *Anim Cogn* 7 (2004): 121–127.

65 **依照先后次序使用工具：**J. H. Wimpenny et al., "Cognitive processes associated with sequential tool use in New Caledonian crows," *PLoS ONE* 4, no. 8 (2009) e6471, doi: 10.1371/journal.pone.0006471.

66 **亚历克斯·泰勒之所以带我：**下述引用的泰勒的话来自2014年5月的采访。

67 **新喀鸦不仅会用：**K. D. Tanaka et al., "Gourmand New Caledonian crows munch rare escargots by dropping numerous broken shells of a rare endemic snail *Placostylus fibratus*, a species rated as vulnerable, were scattered around rocky beds of dry creeks in rainforest of New Caledonia," *J Ethol* 31 (2013): 341–344.

67 **加拉帕戈斯群岛的吸血地雀：**P. R. Grant, *Ecology and Evolution of Darwin's Finches* (Princeton, NJ: Princeton University Press, 1986), 393.

67 **黑胸钩嘴鸢：** R. W. Shumaker et al., *Animal Tool Behavior* (Baltimore: Johns Hopkins University Press, 2011), 38.

67 **小嘴乌鸦……会利用路过的车辆：** Y. Nihei, "Variations of behavior of carrion crows *Corvus corone* using automobiles as nutcrackers," *Jpn J Ornithol* 44 (1995): 21–35.

67 **只要阅读相关的鸟类期刊：** R. W. Shumaker et al., *Animal Tool Behavior* (Baltimore: Johns Hopkins University Press, 2011), 35–58.

68 **例如，有一只白鹳：** J. Rekasi, "Über die Nahrung des Weisstorchs (*Ciconia ciconia*) in der Batschka (SüdUngarn)," *Ornith Mit* 32 (1980): 154–155, 见引于L. Lefebvre et al., "Tools and brains in birds," *Behaviour* 139 (2002): 939–973。

68 **非洲灰鹦鹉会……舀水：** I. M. Pepperberg and H. A. Shive, "Simultaneous development of vocal and physical object combinations by a grey parrot (*Psittacus erithacus*): bottle caps, lids, and labels," *J Comp Psychol* 115 (2001): 376–384.

68 **一只短嘴鸦会……装水：** P. D. Cole, "The ontogenesis of innovative tool use in an American crow (*Corvus brachyrhynchos*)" (PhD thesis, Dalhousie University, 2004).

68 **一只吉拉啄木鸟：** L. Lefebvre, "Feeding innovations and forebrain size in birds" (AAAS presentation, February 21, 2005, part of the symposium "Mind, Brain and Behavior").

68 **还有一只冠蓝鸦：** T. Eisner, "'Anting' in blue jays: Evidence in support of a food-preparatory function," *Chemoecology* 18, no. 4 (December 2008): 197–203.

68 **斯蒂尔沃特镇，一只短嘴鸦：** C. Caffrey, "Goal-directed use of objects by American crows," *Wilson Bulletin* 113, no. 1 (2001): 114–115.

68 **俄勒冈州有两只渡鸦：** S. W. Janes et al., "The apparent use of rocks by a raven in nest defense," *Condor* 78 (1976): 409.

68 **有些鸟也会利用：** R. W. Shumaker et al., *Animal Tool Behavior* (Baltimore: Johns Hopkins University Press, 2011), 35–58.

68 **棕树凤头鹦鹉……用树枝当鼓槌：**S. Taylor, *John Gould's Extinct and Endangered Birds of Australia* (Canberra: National Library of Australia, 2012), 130.

69 **不久前的4月的一个清晨：**R. P. Balda, "Corvids in combat: With a weapon?" *Wilson J Ornithol* 119, no. 1 (2007): 100.

69 **还有少数几种鸟类：**S. Tebbich, "Tool-use in the woodpecker finch *Cactospiza pallida*: Ontogeny and ecological relevance" (PhD thesis, University of Vienna, 2000). 根据加文·亨特的说法，经常使用工具的鸟种还有白秃鹫、黑胸钩嘴鸢、褐头鸸、棕树凤头鹦鹉。加文·亨特，私人通信，2015年1月。

70 **行为生物学家萨拜因·特比希：**S. Tebbich et al., "The ecology of tool-use in the woodpecker finch (*Cactospiza pallida*)," *Ecol Lett* 5 (2002): 656–664.

70 **通过实验研究……的先驱：**S. Tebbich, "Do woodpecker finches acquire tool-use by social learning?" *Proc R Soc B*: 268 (2001): 1–5.

70 **其中两位……记录了：**G. Merlen and G. Davis-Merlen, "Whish: More than a tool-using finch," *Noticias de Galápagos* 61 (2000): 2–9.

71 **特比希和她的同事最近：**S. Tebbich et al., "Use of a barbed tool by an adult and a juvenile woodpecker finch (*Cactospiza pallida*)," *Behav Process* 89, no. 2 (2012): 166–171.

71 **以戈氏凤头鹦鹉：**A. M. I. Auersperg et al., "Explorative learning and functional inferences on a five-step means-means-end problem in Goffin's cockatoos (*Cacatua goffini*)," *PLoS ONE* 8, no. 7 (2013): e68979.

71 **但维也纳大学的阿莉塞·奥尔施佩格：**A. M. I. Auersperg et al., "Spontaneous innovation in tool manufacture and use in a Goffin's cockatoo," *Curr Biol* 22, no. 21 (2012): R903–904.

71 **几年前……克里斯琴·鲁茨：**L. A. Bluff et al., "Tool use by wild New Caledonian crows *Corvus moneduloides* at natural foraging sites," *Proc R Soc B* 277 (2010): 1377–1385; C. Rutz et al., "Video cameras on wild birds," *Science* 318, no. 5851 (2007): 765.

72 **乌鸦反复用工具去戳幼虫：**C. Rutz and J. J. H. St Clair, "The evolutionary origins and ecological context of tool use in New Caledonian crows," *Behav Proc* 89 (2012): 153–165.

72 **鲁茨和同事：**出处同上，第156页。

72 **这两种灵长类动物：**G. R. Hunt and R. D. Gray, "The crafting of hook tools by wild New Caledonian crows," *Proc R Soc B* (suppl.) 271 (2004): S88–90.

72 **以露兜树做成的工具：**G. R. Hunt, "Manufacture and use of hook-tools by New Caledonian crows," *Nature* 379 (1996): 249–251; G. R. Hunt and R. D. Gray, "Species-wide manufacture of stick-type tools by New Caledonian crows," *Emu* 102 (2002): 349–353; G. R. Hunt and R. D. Gray, "Diversification and cumulative evolution in tool manufacture by New Caledonian crows," *Proc R Soc B* 270 (2003): 867–874; G. R. Hunt and R. D. Gray, "The crafting of hook tools by wild New Caledonian crows," *Proc R Soc B* (suppl.) 271 (2004): S88–90; G. R. Hunt and R. D. Gray, "Direct observations of pandanus-tool manufacture and use by a New Caledonian crow (*Corvus moneduloides*)," *Anim Cogn* 7 (2004): 114–120; C. Rutz and J. J. H. St Clair, "The evolutionary originsand ecological context of tool use in New Caledonian crows," *Behav Processes* 89, no. 2 (2012): 153–165.

72 **步骤颇为繁复：**G. R. Hunt, "Manufacture and use of hook-tools by New Caledonian crows," *Nature* 379 (1996): 249–251; G. R. Hunt and R. D. Gray, "Direct observations of pandanus-tool manufacture and use by a New Caledonian crow (*Corvus moneduloides*)."

73 **值得注意的是：**J. C. Holzhaider et al., "Social learning in New Caledonian crows," *Learn Behav* 38, no. 3 (2010): 206–219.

73 **研究了他们在新喀里多尼亚岛上：**G. R. Hunt and R. D. Gray, "Diversification and cumulative evolution in tool manufacture by New Caledonian crows."

73 **地方特有工具样式的传承：**L. G. Dean et al., "Identification of the social and cognitive processes underlying human cumulative culture," *Science* 335 (2012): 1114–1118.

73 **此外，亨特认为：**加文·亨特，私人通信，2015年1月；G. R. Hunt, "New Caledonian crows' (*Corvus moneduloides*) pandanus tool designs: Diversification or independent invention?" *Wilson J Ornithol* 126, no. 1 (2014): 133–139; G. R. Hunt and R. D. Gray, "Diversification and cumulative evolution in tool manufacture by New Caledonian crows."

74 **不过，克里斯琴·鲁茨认为：**C. Rutz and J. J. H. St Clair, "The evolutionary

origins and ecological context of tool use in New Caledonian crows."

74 **做了一组实验：** J. J. H. St Clair and C. Rutz, "New Caledonian crows attend to multiple functional properties of complex tools," *Phil Trans R Soc Lond B* 368, no. 1630 (2013): 20120415.

74 **为什么偏偏只有：** 以下关于乌鸦使用工具的独特特征及其可能的演化起源来自C. 鲁茨和J. J. H. 圣克莱尔的精彩综述："The evolutionary origins and ecological context of tool use in New Caledonian crows"。

74 **地处偏远、面积狭小：** 关于新喀里多尼亚岛的资料来自"保护国际"(Conservation International)的网页，http://sp10.conservation.org/where/asia-pacific/pacific_islands/new_caledonia/Pages/overview.aspx; C. Rutz and J. J. H. St Clair, "The evolutionary origins and ecological context of tool use in New Caledonian crows," 153–165.

75 **它的陆地面积大致相当于新泽西州：** http://newcaledoniaplants.com/.

75 **当船驶近这座岛屿时：** http://newcaledoniaplants.com/plant-catalog/araucarians/.

75 **在昏暗的雨林中：** M. G. Fain and P. Houde, "Parallel radiations in the primary clades of birds," *Evolution* 58 (2004): 2558–2573.

75 **生态仍然极为多样化：** A. Gasc et al., "Bio diversity sampling using a global acoustic approach: Contrasting sites with microendemics in New Caledonia," *PLoS ONE* 8, no. 5 (2013): e65311.

75 **约有3 200种：** 岛上有大约3 270种植物，其中74%是地区性植物（大约有2 430种），http://www.cepf.net/resources/hotspots/Asia-Pacific/Pages/New-Caledonia.aspx。

75 **岛上也有许多巨大的生物：** http://sp10.conservation.org/where/asia-pacific/pacific_islands/new_caledonia/Pages/overview.aspx.

76 **根据鲁茨和他的研究团队：** 可能有一部分土地一直在海面上，海岛也就成了新喀鸦的庇护所。这种情形或许也能够解释鹭鹤的存在。参见C. Rutz and J. J. H. St Clair, "The evolutionary origins and ecological context of tool use in New Caledonian crows"。

77 **够聪明的动物：** 以下关于新喀鸦使用工具的生态学资料来自C. Rutz and J. J. H. St Clair, "The evolutionary origins and ecological context of tool use

in New Caledonian crows" ; C. Rutz et al., "The ecological significance of tool use in New Caledonian crows," *Science* 329, no. 5998 (2010): 1523–1526.

77 **这类幼虫富含：**C. Rutz et al., "The ecological significance of tool use in New Caledonian crows" ; C. Rutz et al., "Video cameras on wild birds," *Science* 318, no.5851 (2007): 765.

77 **所造成的影响是：**C. Rutz and J. J. H. St Clair, "The evolutionary origins and ecological context of tool use in New Caledonian crows."

78 **曾有实验发现：**B. Kenward et al., "Tool manufacture by naïve juvenile crows," *Nature* 433 (2005): 121; B. Kenward et al., "Development of tool use in New Caledonian crows: inherited action patterns and social infulences," *Anim Behav* 72 (2006) 1329–1343.

78 **博士生珍妮：**J. C. Holzhaider et al., "Social learning in New Caledonian crows."

78 **格雷在一场……演讲中：**以下描述来自J. C. Holzhaider et al., "Social learning in New Caledonian crows"；关于珍妮·霍尔茨海德在私人通信中的记录，以及她于2011年接受95bFM电台采访的内容，请访问http://www.95bfm.co.nz/assets/sm/198489/3/RSL_8.02.11.mp3；罗素·格雷在2014年的演讲中涉及黄黄学习过程的精彩分析，参见"The evolution of cognition without miracles" (Nijmegen Lectures, January 27–29, 2014)，视频记录请访问：http://www.mpi.nl/events/nijmegen-lectures-2014/lecture-videos。

78 **这或许有助于说明：**依据亨特和霍尔茨海德等人的说法，"我们认为，非人类生物中，像人类这样的积累性技术演化最有力的证据，便是新喀鸦利用露兜树叶制造工具"。J. C. Holzhaider et al., "Social learning in New Caledonian crows."

78 **观察父母制作工具并且亲自使用工具：**R. Gray, "The evolution of cognition without miracles."

79 **根据奥克兰大学研究团队：**G. R. Hunt, J. C. Holzhaider and R. D. Gray, "Prolonged parental feeding in tool-using New Caledonian crows," *Ethology* 188 (2012): 1–8.

80 **岛上有许多食物：**C. Rutz and J. J. H. St Clair, "The evolutionary origins and ecological context of tool use in New Caledonian crows."

81 **眼睛的位置靠近：**J. Troscianko et al., "Extreme binocular vision and a straight bill facilitate tool use in New Caledonian crows," *Nat Comm* 3 (2012): 1110.

81 **亚历克斯·凯瑟尼克……的研究团队：**A. Martinho et al., "Monocular tool control, eye dominance, and laterality in New Caledonian crows," *Curr Biol* 24, no. 24 (2014): 2930–2934.

81 **凯瑟尼克指出：**语出A. 凯瑟尼克，转引自"Why tool-wielding crows are left-or-right-beaked," *Cell Press* 4 (December 2014), http://phys.org/news/2014-12-tool-wielding-crows-left-right-beaked.htm。

81 **新喀鸦的喙线条笔直：**J. Troscianko et al., "Extreme binocular vision and a straight bill facilitate tool use in New Caledonian crows," *Nat Comm* 3 (2012): 1110.

81 **不清楚它们是先懂得制造工具：**D. Biro et al., "Tool use as adaptation," *Phil Trans R Soc Lond B* 368, no. 1630 (2013): 20120408.

81 **无论如何，科学家们表示：**J. Troscianko et al., "Extreme binocular vision and a straight bill facilitate tool use in New Caledonian crows," *Nat Comm* 3 (2012): 1110.

82 **诚如加文·亨特所言：**加文·亨特，私人通信，2015年1月21日。

82 **研究结果表明……轻微的差异：**R. Gray, "The evolution of cognition without miracles."

82 **有研究发现，新喀鸦：**J. Cnotka et al., "Extraordinary large brains in tool-using New Caledonian crows (*Corvus moneduloides*)," *Neurosci Lett* 433 (2008): 241–245. 一些科学家对这项研究的方法和分析持怀疑态度。"从已经发表的工作看，在新喀鸦中，与使用工具相关的神经适应的证据并不充分。"克里斯琴·鲁茨和J. J. H. 圣克莱尔写道。参见Rutz and St Clair, "The evolutionary origins and ecological context of tool use in New Caledonian crows"。

82 **它们的前脑中……的部位较大：**J. Mehlhorn, "Tool-making New

Caledonian crows have large associative brain areas," *Brain Behav Evolut* 75 (2010): 63–70.

82 **此外，正如罗素·格雷所言：** R. Gray, "The evolution of cognition without miracles"; F. S. Medina et al., "Perineuronal satellite neuroglia in the telencephalon of New Caledonian crows and other Passeriformes: Evidence of satellite glial cells in the central nervous system of healthy birds?" *Peer J* 1 (2013): e110.

82 **大致上来说……脑子里：** R. Gray, "The evolution of cognition without miracles."

83 **他们的重点并不在于：** 以下信息来自亚历克斯·泰勒的采访内容，参见A. Taylor, "Corvid cognition," *WIREs Cogn Sci* (2014), doi: 10.1002/wcs.1286。

83 **乌鸦的行为中所表现出的认知能力：** R. Gray, "The evolution of cognition without miracles."

83 **根据格雷……的说法：** A. H. Taylor et al., "Spontaneous metatool use by New Caledonian crows," *Curr Biol* 17 (2007): 1504–1507; R. Gray, "The evolution of cognition without miracles."

84 **就算它曾经在脑海中设想：** A. H. Taylor, "Corvid cognition," *WIREs Cogn Sci* (2014), doi: 10.1002/wcs.1286.

84 **007的行动可能比：** 亚历克斯·泰勒，私人通信，2015年1月7日。

84 **奥克兰大学的研究团队会让这些鸟：** 克里斯琴·鲁茨认为在新喀里多尼亚岛上将这些鸟挪来挪去很危险。"如果说从这些鸟类的使用工具行为中能够获得什么启发的话，那便是将乌鸦暴露在它们不熟悉的技巧面前可能会破坏它们本来的'传统'或'文化'。我们的小组总是在乌鸦的捕捉地进行实验，以避免因疏忽造成的种群'污染'。"克里斯琴·鲁茨，私人通信，2015年7月30日。

84 **他已经帮……取了名字：** 包括克里斯琴·鲁茨在内的一些科学家认为，最好不要给实验对象起名字。"因为这可能对实验人员观察/记录实验及解读证据造成影响。"鲁茨说。克里斯琴·鲁茨，私人通信，2015年7月30日。

85 **为了了解这种看法是否正确：** A. H. Taylor et al., "An end to insight? New

Caledonian crows can spontaneously solve problems without planning their actions," *Proc R Soc Lond B* 279, no. 1749 (2012): 4977–4981; 亚历克斯·泰勒,采访。

86 **如果它们具有洞察力:** 参见A. M. Seed and N. J. Boogert, "Animal cognition: An end to insight?" *Curr Biol* 23, no. 2 (2013): R67–69。

86 **事实证明:** S. A. Jelbert et al., "Using the Aesop's fable paradigm to investigate causal understanding of water displacement by New Caledonian crows," *PloS One* 9, no. 3 (2014): 1–9.

87 **近来,泰勒、格雷:** A. H. Taylor et al., "New Caledonian crows reason about hidden causal agents," *PNAS* 109, no. 40 (2012): 16389–16391.

87 **"我们经常对看不见的东西做出推论":** R. Gray, "The evolution of cognition without miracles."

87 **一个只有7到10个月大的婴儿:** R. Saxe et al., "Knowing who dunnit: Infants identify the causal agent in an unseen causal interaction," *Develop Psych* 43, no. 1 (2007): 149–158; R. Saxe et al., "Secret agents: Inferences about hidden causes by 10-and 12-month-old infants," *Psychol Sci* 16, no. 12 (2005): 995–1001.

87 **正如格雷所言:** R. Gray, "The evolution of cognition without miracles."

89 **乌鸦……表现出来的不同行为:** 这项研究的批评者认为,乌鸦可能并没有行使因果推理,而只是将伸出来的棍子与人类躲在后面联系在一起。参见N. J. Boogert et al., "Do crows reason about causes or agents? The devil is in the controls," *PNAS* 110, no. 4 (2013): E273。"是的,确实可能是这样的简单关联,"泰勒表示,"如果只是乌鸦们看到棒子动了,接着一个人从隐秘处走出来的话。但这样的观点并未解释为何乌鸦在人离开以后就不再害怕了。关联理论可以错误推导出乌鸦有自杀倾向,它们蠢得把自己的头置于棒子会出现的地方而怡然自得。"参见A. H. Taylor et al., "Reply to Boogert et al.: The devil is unlikely to be in association or distraction," *PNAS* 110, no. 4 (2013): E274。

90 **乌鸦却不行:** A. H. Taylor et al., "Of babies and birds: Complex tool behaviours are not sufficient for the evolution of the ability to create a novel causal intervention," *Proc R Soc B* 281, no. 1787 (2014): 1–6.

90 **高级讲师内森·埃默里：** N. J. Emery and N. S. Clayton, "Do birds have the capacity for fun?" *Curr Biol* 25, no. 1 (2015): R16–19.

91 **玩乐本身就是：** W. H. Thorpe in M. Ficken, "Avian Play," *Auk* 94 (1977): 574.

91 **根据动物学家米利森特·菲肯：** M. Ficken, "Avian Play," *Auk* 94 (1977): 573–582.

91 **"Nestor是传说中的希腊英雄"：** A. F. Gotch, *Latin Names Explained* (New York: Facts on File, 1995), 286.

92 **朱迪·戴蒙德和艾伦·邦德这两位科学家：** J. Diamond and A. B. Bond, *Kea: Bird of Paradox* (Berkeley and Los Angeles: University of California Press, 1999), 76.

92 **爱玩东西的天性：** 出处同上，第99页。

92 **几年前，新西兰：** M. Miller, "Parrot Steals $1100 from Unsuspecting Tourist," *Sunday Morning Herald*, February 4, 2013, http://www.traveller.com.au/parrot-steals-1100-from-unsuspecting-tourist-2dtc2.

93 **两只年幼的白颈渡鸦：** R. Moreau and W. Moreau, "Do young birdsplay?" *Ibis* 86 (1944): 93–94.

93 **2月的一个晴朗和煦的早晨：** M. Brazil, "Common raven *Corvus corax* at play; records from Japan," *Ornithol Sci* 1 (2002): 150–152.

93 **阿莉塞·奥尔施佩格和一个国际科学团队：** A. M. I. Auersperg et al., "Combinatory actions during object play in psittaciformes (*Diopsittaca nobilis*, *Pionites melanocephala*, *Cacatua goffini*) and corvids (*Corvus corax*, *C. monedula*, *C. moneduloides*)," *J Comp Psych* 129, no. 1 (2015): 62–71; A. M. I. Auersperg et al., "Unrewarded object combinations in captive parrots," *Anim Behav Cogn* 1, no. 4 (2014): 470–488.

94 **戈氏凤头鹦鹉喜欢黄色玩具：** 啄羊鹦鹉也会被黄色物品吸引，它们的翅膀下面也有黄色条纹。 A. M. I. Auersperg et al., "Unrewarded object combinations in captive parrots," *Anim Behav Cogn* 1, no. 4 (2014): 470–488.

95 **奥克兰大学的研究小组……探讨一个问题：** 以下讨论来自亚历克斯·泰

勒、C. 鲁茨和 J. J. H. 圣克莱尔接受的采访："The ecological significance of tool use in New Caledonian crows"。

95 **岛上的生活环境使然：**C. Rutz and J. J. H. St Clair, "The ecological significance of tool use in New Caledonian crows."

95 **营养实在是太丰富了：**J. R. Beggs and P. R. Wilson, "Energetics of South Island kaka (*Nestor meridionalis*) feeding on the larvae of kanuka longhorn beetles (*Ochrocydus huttoni*)," *New Zealand J Ecol* 10 (1987): 143–147.

96 **当然，正如加文·亨特所言：**加文·亨特，2014年5月12日的采访。

97 **高山原始森林：**http://newcaledoniaplants.com/plant-catalog/humid-forest-plants/.

第四章　叽叽喳喳

101 **磨炼自己的大脑：***Complete Essays of Montaigne*, trans. D. Frame (Stanford, CA: Stanford University Press, 1958), book 1, chapter 26, 112.

102 **例如秃鼻鸦：**P. Green, "The communal crow," *BBC Wildlife* 14, no. 1 (1996), 30–34.

102 **大山雀（*Parus major*）：**L. M. Aplin et al., "Social networks predict patch discovery in a wild population of songbirds," *Proc R Soc B* 279 (2012): 4199–4205.

102 **就连鸡也有复杂的：**T. Schjelderup-Ebbe, "Contributions to the social psychology of the domestic chicken," in *Social Hierarchy and Dominance*, ed. M. Schein (Stroudsburg, PA: Dowden, Hutchinson & Ross, 1975), 35–49. 然而，如果把鸡从群体中隔离几个星期，它们往往会忘记自己的阶级关系，参见 T. Schjelderup-Ebbe, "Social behavior in birds," in *Handbook of Social Dynamics of Hierarchy Formation*, ed. C. Murchison (Worcester, MA: Clark University Press, 1935), 947–972。

103 **劳神费力的社交生活：**N. Humphrey, "The social function of intellect," 最初发表于 *Growing Points in Ethology*, ed. P. P. G. Bateson and R. A. Hinde (Cambridge: Cambridge University Press, 1976), 303–317。该观念源自 M.

R. A. Chance and A. P. Mead, "Social behavior and primate evolution," *Symp Soc Exp Biol* 7 (1953): 395–439，以及 A. Jolly, "Lemur social behavior and primate intelligence," *Science* 153 (1966): 501–506。

104 **由于许多鸟种：**N. J. Emery et al., "Cognitive adaptations of social bonding in birds," *Philos Trans R Soc Lond B* 362 (2007): 489–505.

104 **它们认得出自己：**H. Prior et al., "Mirror-induced behavior in the magpie (*Pica pica*): Evidence of self-recognition," *PLoS Biol* 6, no. 8 (2008): e202.

104 **在野外时，它们会：**T. Juniper and M. Parr, *Parrots: A Guide to Parrots of the World* (New Haven, CT: Yale University Press, 1998), 22.

104 **它们很少独处：**被关在笼子里的非洲灰鹦鹉有时会表现出严重的压力反应，例如拔自己的羽毛或尖叫。科学家最近发现，社会孤立使得端粒缩短，从而损害鸟类染色体。端粒就像束缚鞋带头的塑料管，它们可以避免染色体末端磨损。参见C. S. Davis, "Parrot psychology and behavior problems," *Vet Clin North Am Small Anim Pract* 21 (1991): 1281–88; D. Aydinonat et al., "Social isolation shortens telomeres in African grey parrots (*Psittacus erithacus erithacus*)," *PLoS ONE* 9, no. 4 (2014): e93839。

104 **它们也了解……的好处：**F. Peron et al., "Human-grey parrot (*Psittacus erithacus*) reciprocity," *Anim Cogn* (2014), doi: 10.1007/s10071-014-0726-3.

104 **但近年来……陆续有：**"Birds That Bring Gifts and Do the Gardening," *BBC News Magazine*, March 10, 2015, http://www.bbc.com/news/magazine-31795681.

105 **心形的糖果：**J. Marzluff and T. Angell, *Gifts of the Crow* (New York: Free Press, 2012), 108.

105 **2015年时……的故事：**K. Sewall, "The Girl Who Gets Gifts from Birds," *BBC News Magazine*, February 25, 2015, http://www.bbc.com/news/magazine-31604026.

105 **"送礼的行为显示"：**J. Marzluff and T. Angell, *Gifts of the Crow*, 114.

105 **乌鸦和渡鸦……就会拒绝工作：**C. A. F. Wascher and T. Bugnyar, "Behavioral responses to inequity in reward distribution and working effort in crows and ravens," *PLoS ONE* 8, no. 2 (2013): e56885.

105 **鸦科和凤头鹦鹉科的鸟类：**V. Dufour et al., “Corvids can decide if a future exchange is worth waiting for,” *Biol Lett* 8, no. 2 (2012): 201–204.

105 **奥尔施佩格和她在维也纳大学的研究团队发现：**A. M. I. Auersperg et al., “Goffin cockatoos wait for qualitative and quantitative gains but prefer ‘better’ to ‘more’,” *Biol Lett* 9 (2013): 20121092.

106 **渡鸦年幼时：**T. Bugnyar, “Social cognition in ravens,” *Comp Cogn Behav Rev* 8 (2013): 1–12.

106 **它们所选择的特定个体：**O. N. Fraser and T. Bugnyar, “Do ravens show consolation? Responses to distressed other,” *PLoS ONE* 5, no. 5 (2010): e10605.

106 **认知生物学家托马斯·布格尼亚尔：**M. Boeckle and T. Bugnyar, “Long-term memory for affiliates in ravens,” *Curr Biol* 22 (2012): 801–806.

106 **不信你可以问问贝恩德·海因里希：**B. Heinrich, *Mind of the Raven* (New York: Harper Perennial, 2007), 176.

106 **和约翰·马兹洛夫：**J. M. Marzluff, “Lasting recognition of threatening people by wild American crows,” *Anim Behav* 79 (2010): 699–707.

107 **对他非常不满的乌鸦：**约翰·马兹洛夫，私人通信，2015年2月10日。

107 **做脑成像检查时：**J. M. Marzluff et al., “Brain imaging reveals neuronal circuitry underlying the crow’s perception of human faces,” *PNAS* 109, no. 39 (2012): 15912–15917.

107 **蓝头鸦：**G. C. Paz-y-Miño et al., “Pinyon jays use transitive inference to predict social dominance,” *Nature* 430 (2004): 778.

108 **列尔卡·奥斯托伊奇和她的同事：**L. Ostojić et al., “Can male Eurasian jays disengage from their own current desire to feed the female what she wants?” *Biol Lett* 10 (2014): 20140042; L. Ostojić et al., “Evidence suggesting that desire-state attribution may govern food sharing in Eurasian jays,” *PNAS* 110 (2013): 4123–4128.

109 **“这些实验得到的”：**列尔卡·奥斯托伊奇，私人通信，2015年4月。

109 **“认知他人有属于自己的欲望”：**出处同上。

110 **宾夕法尼亚大学的两位科学家：** R. M. Seyfarth and D. L. Cheney, "Affiliation, empathy, and the origins of theory of mind," *PNAS* (suppl.) 110, no. 2 (2013): 10349–10356.

110 **举例来说，秃鼻鸦和渡鸦：** T. Bugnyar and K. Kotrschal, "Scrounging tactics in free-ranging ravens," *Ethology* 108 (2002): 993–1009; P. Green, "The communal crow," *BBC Wildlife* 14, no. 1 (1996): 30–34.

111 **有些山雀很大胆：** L. M. Guillette et al., "Individual differences in learning speed, performance accuracy and exploratory behavior in black-capped chickadees," *Anim Cogn* 18, no. 1 (2015): 165–178.

111 **也发现比较大胆的鸟类：** L. M. Aplin et al., "Social networks predict patch discovery in a wild population of songbirds," *Proc R Soc B* 279 (2012): 4199–4205.

111 **"冬天时尤其重要"：** 露西·阿普林，私人通信，2015年3月10日。

111 **研究小组还发现，不同种：** L. M. Aplin et al., "Social networks predict patch discovery in a wild population of songbirds"; D. R. Farine, "Interspecific social networks promote information transmission in wild songbirds," *Proc R Soc B* 282 (2015): 20142804; 露西·阿普林，私人通信，2015年3月10日。

111 **瑞典和芬兰：** J. T. Seppanen and J. T. Forsman, "Interspecific social learning: Novel preference can be acquired from a competing species," *Curr Biol* 17 (2007): 1248–1252.

112 **为了了解它们的学习过程：** L. M. Aplin et al., "Experimentally induced innovations lead to persistent culture via conformity in wild birds," *Nature* 518, no. 7540 (2014): 538–541.

112 **过了1年后，那些鸟还是记得：** 露西·阿普林，私人通信，2015年3月10日。

113 **根据内尔吉·布格特的说法：** N. Boogert, "Milk bottle-raiding birds pass on thieving ways to their flock," *The Conversation*, December 4, 2014, https://theconversation.com/milk-bottle-raiding-birds-pass-on-thieving-ways-to-their-flock-34784.

113 **雌斑胸草雀：** J. P. Swaddle et al., "Socially transmitted mate preferences in

a monogamous bird: A non-genetic mechanism of sexual selection," *Proc R Soc B* 272 (2005): 1053–1058.

113 **有一项实验显示：欧乌鸫：** E. Curio et al., "Cultural transmission of enemy recognition: One function of mobbing," *Science* 202 (1978): 899.

113 **华丽细尾鹩莺：** W. E. Feeney and N. E. Langmore, "Social learning of a brood parasite by its host," *Biol Letters* 9 (2013): 20130443.

113 **一系列精妙的实验：** J. M. Marzluff, "Lasting recognition of threatening people by wild American crows," *Anim Behav* 79 (2010): 699–707.

114 **但越来越多的证据显示：** T. M. Caro and M. D. Hauser, "Is there teaching in nonhuman animals?" *Q Rev Biol* 67 (1992): 151.

114 **以狐獴为例：** A. Thornton and K. McAuliffe, "Teaching in wild meerkats," *Science* 313 (2006): 227–229.

115 **科学家们已经观察到：** N. R. Franks and T. Richardson, "Teaching in tandem-running ants," *Nature* 439, no. 153 (2006), doi: 10,1038/439153a.

115 **家庭组织规模小：** 阿曼达·里德利，私人通信，2015年3月11日。

115 **都是采取单配制：** M. J. Nelson-Flower et al., "Monogamous dominant pairs monopolize reproduction in the cooperatively breeding pied babbler," *Behav Ecol* (2011), doi: 10.1093/beheco/arr018.

115 **各个群体中，95%的雏鸟：** 出处同上。

115 **群体中的所有成鸟：** A. R. Ridley and N. J. Raihani, "Facultative response to a kleptoparasite by the cooperatively breeding pied babbler," *Behav Ecol* 18 (2007): 324–330; A. R. Ridley et al., "The cost of being alone: The fate of floaters in a population of cooperatively breeding pied babblers *Turdoides bicolor*," *J Avian Biol* 39 (2008): 389–392.

115 **这对鸟如果没有后代：** "The re-occurrence of an extraordinary behaviour: A new kidnapping event in the population," *Pied & Arabian Babbler Research* (blog), November 2012, http://www.babbler-research.com/news.html. "来自利齐的重大新闻——有一起新的鸟类绑架案发生了！这对我们而言非常有趣。绑架这样的行为确实罕见，完全出乎我们的意料，但其实际发生的频率往往比我们认为的要高。这一绑架事件和另一个报道相吻合：CMF

是一个很小的种群，过去18个月以来都未能成功繁殖后代（因此极有可能灭绝），它们便从另一个种群SHA那里偷来一些雏鸟，把这些雏鸟当作自己亲生的后代一样来照顾。我们会继续跟踪绑匪和肉票之间的有趣互动（原文如此）。”

116 **负责警戒的斑鸫鹛会栖息在……空旷地点：** A. R. Ridley et al., “Is sentinel behaviour safe? An experimental investigation,” *Anim Behav* 85, no. 1 (2012): 137–142.

116 **非群居性小鸟：** A. R. Ridley et al., “The ecological benefits of interceptive eavesdropping,” *Funct Ecol* 28, no. 1 (2013): 197–205.

116 **这些独来独往的弯嘴戴胜：** 出处同上。

116 **这种鸟非常聪明，善于模仿：** T. P. Flower, “Deceptive vocal mimicry by drongos,” *Proc R Soc B* (2010), doi: 10.1098/rspb.2010.1932.

116 **里德利和她的研究小组最近发现：** T. P. Flower et al., “Deception by flexible alarm mimicry in an African bird,” *Science* 344 (2014): 513–516.

116 **里德利和她的同事：** N. J. Raihani and A. R. Ridley, “Adult vocalizations during provisioning: Offspring response and postfledging benefits in wild pied babblers,” *Anim Behav* 74 (2007): 1303–1309; N. J. Raihani and A. R. Ridley, “Experimental evidence for teaching in wild pied babblers,” *Anim Behav* 75 (2008): 3–11. 赖哈尼和里德利总结道，两个动物之间的相互作用被归类为教学，必须满足以下三个条件：“老师”只有在经验不足的“学生”在场时才会修正自己的行为；“老师”必须付出一定的代价，或者至少从改变自己的行为中不会得到任何好处；由于“老师”的行为改变了，“学生”必须更快地从中获得知识或习得技能。

117 **首先，它们并不是什么鸟都跟：** A. M. Thompson and A. R. Ridley, “Do fledglings choose wisely? An experimental investigation into social foraging behavior,” *Behav Ecol Sociobiol* 67, no. 1 (2013): 69–78.

117 **其次，它们肚子饿的时候：** A. M. Thompson et al., “The influence of fledgling location on adult provisioning: A test of the blackmail hypothesis,” *Proc R Soc B* 280 (2013): 20130558.

117 **目前尚无定论：** J. A. Thornton and A. McAuliffe, “Cognitive consequences of cooperative breeding? A critical appraisal,” *J Zool* 295 (2015): 12–22.

118 **“斑鸫鹛的教学行为”：**阿曼达·里德利，私人通信，2015年4月7日。

118 **但并未发现：**G. Beauchamp and E. Fernandez-Juricic, “Is there a relationship between forebrain size and group size in birds?” *Evol Ecol Res 6* (2004): 833–842.

118 **牛津大学的人类学家及演化心理学家罗宾·邓巴：**R. Dunbar and S. Shultz, “Evolution in the social brain,” *Science* 317 (2007): 1344–1347.

118 **一项计算机仿真实验：**L. McNally et al., “Cooperation and the evolution of intelligence,” *Proc R Soc B* (April 2012), doi: 10.1098/rspb.2012.0206.

119 **然而，邓巴和同事在观察：**S. Shultzand and R. I. M. Dunbar, “Social bonds in birds are associated with brain size and contingent on the correlated evolution of life-history and increased parental investment,” *Biol J Linn Soc* 100 (2010): 111–123.

119 **对鸟类而言，强化关系的质量：**“It is the qualitative nature (rather than the quantitative number) of relationships that imposes the cognitive burden.” 出处同上。

119 **真正困难的任务：**N. J. Emery et al., “Cognitive adaptations of bonding in birds,” *Philos Trans R Soc Lond B Biol Sci* 362 (2007): 489–505.

119 **大约80%的鸟类施行社会性单配制：**A. Cockburn, “Prevalence of different modes of parental care in birds,” *Proc R Soc B* 273 (2006): 1375–1383.

120 **根据生物学家内森·埃默里的说法：**N. J. Emery et al., “Cognitive adaptations of bonding in birds,” *Philos Trans R Soc B Biol Sci* 362 (2007): 489–505.

120 **例如，秃鼻鸦：**N. S. Clayton and N. J. Emery, “The social life of corvids,” *Curr Biol* 17, no. 16 (2007): R652–656.

120 **淡尾苇鹪鹩：**E. Fortune et al., “Neural mechanisms for the coordination of duet singing in wrens,” *Science* 334 (2011): 666–670.

120 **虎皮鹦鹉：**M. Moravec et al., “‘Virtual parrots’ confirm mating preferences of female budgerigars,” *Ethology* 116, no. 10 (2010): 961–971.

120 **只要相处几天，雄鸟就能够：**A. G. Hile et al., “Male vocal imitation produces call convergence during pair bonding in budgerigars,” *Anim Behav*

59 (2000): 1209–1218.

121 **“这也可以说明，为什么那些养鹦鹉当宠物的人认为”：**出处同上。

121 **根据古德森的研究，鸟类大脑内：**L. A. O’Connell et al., “Evolution of a vertebrate social decision-making network,” *Science* 336, no. 6085 (2012): 1154–1157.

121 **这些回路非常古老：**J. L. Goodson and R. R. Thompson, “Nonapeptide mechanisms of social cognition, behavior and species-specific social systems,” *Curr Opin Neurobiol* 20 (2010): 784–794.

121 **古德森发现，鸟类社会行为之所以会不同：**J. L. Goodson, “Nonapeptides and the evolutionary patterning of social behavior,” *Prog Brain Res* 170 (2008): 3–15.

122 **20世纪90年代初期，神经内分泌学家休·卡特：**C. S. Carter et al., “Oxytocin and social bonding,” *Ann NY Acad Sci* 652 (1992): 204–211.

122 **最近的研究显示，黑猩猩在分享食物时：**C. Crockford et al., “Urinary oxytocin and social bonding in related and unrelated wild chimpanzees,” *Proc R Soc B* 280 (2013): 20122765.

122 **实验证明，催产素能够减轻人类的焦虑：**M. Heinrichs et al., “Oxytocin, vasopressin, and human social behavior,” *Front Neuroendocrin* 30 (2009): 548–557; K. MacDonald and T. M. MacDonald, “The peptide that binds: A systematic review of oxytocin and its prosocial effects in humans,” *Harvard Rev Psychiat* 18, no. 1 (2010): 1–21.

122 **近年的研究显示……一定剂量的催产素：**G.-J. Pepping and E. J. Timmermans, “Oxytocin and the biopsychology of performance in team sports,” *Sci World J* (2012): 567363.

122 **可能也会增进……的奖励反应：**D. Scheele et al., “Oxytocin enhances brain reward system responses in men viewing the face of their female partner,” *Proc Natl Acad Sci* 110, no. 5 (2013): 20308020313.

122 **但古德森等人发现：**J. L. Goodson and M. A. Kingsbury, “Nonapeptides and the evolution of social group sizes in birds,” *Front Neuroanat* 5 (2011): 13; J. L. Goodson et al., “Evolving nonapeptide mechanisms of gregariousness and social diversity in birds,” *Horm Behav* 61 (2012): 239–

250.

122 **如果给它们更多的鸟催产素：**J. L. Goodson et al., “Mesotocin and nonapeptide receptors promote songbird flocking behavior,” *Science* 325 (2009): 862–866.

123 **有一个实验室将它们称为：**内尔吉·布格特，私人通信，2015年4月7日。

123 **古德森找出这些肽……的受体：**J. L. Goodson et al., “Mesotocin and nonapeptide receptors promote songbird flocking behavior,” *Science* 325 (2009): 862–866.

123 **很好奇，这些类似催产素的肽：**J. D. Klatt and J. L. Goodson, “Oxytocin-like receptors mediate pair bonding in a socially monogamous songbird,” *Proc R Soc B* 280, no. 1750 (2012): 20122396.

123 **心理学家鲁思·费尔德曼……发现：**R. Feldman, “Oxytocin and social affiliation in humans,” *Horm Behav* 61 (2012): 380–391.

123 **然而，正如马西·金斯伯里所言：**马西·金斯伯里，私人通信，2015年2月9日；参见J. L. Goodson et al., “Oxytocin mechanisms of stress response and aggression in a territorial finch,” *Physiol Behav* 141 (2015): 154–163。作者写道：“催产素能够促进负面行为和认知，这一功能从人类身上得到愈发翔实的记录。例如，鼻内催产素调控会减弱边缘型人格障碍患者的信任和合作意愿，增强健康男性的地域性利他行为、民族优越感，以及群体外成员贬低倾向。”

124 **科学家们针对人类伴侣：**S. E. Taylor et al., “Are plasma oxytocin in women and plasma vasopressin in men biomarkers of distressed pair-bond relationships?” *Psychol Sci* 21 (2010): 3–7.

124 **根据新墨西哥大学生物学家莱恩农·韦斯特：**R. J. D. West, “The evolution of large brain size in birds is related to social, not genetic, monogamy,” *Biol J Linn Soc* 111, no.3 (2014): 668–678.

124 **通过分析DNA，科学家们已经发现：**S. Griffith et al., “Extra pair paternity in birds: A review of interspecific variation and adaptive function,” *Mol Ecol* 11 (2002): 2195–2212.

125 **以云雀……为例：**J. Linossier et al., “Flight phases in the song of skylarks,”

PLoS ONE 8, no. 8 (2013): e72768.

125 **然而，科学家们发现云雀的巢内：** J. M. C. Hutchinson and S. C. Griffith, “Extra-pair paternity in the skylark, *Alauda arvensis*,” *Ibis* 150 (2008): 90–97.

125 **行为生态学家茱迪·斯坦普斯：** J. Stamps, “The role of females in extra pair copulations in socially monogamous territorial animals,” in *Feminism and Evolutionary Biology: Boundaries, Intersections, and Frontiers*, ed. P. Gowaty (Washington, DC: Science, 1997), 294.

125 **挪威大学的两位生物学家提出了一个新的理论：** S. Eliassen and C. Jørgensen, “Extra-pair mating and evolution of cooperative neighbourhoods,” *PLoS ONE* 9, no. 7 (2014): e99878.

126 **这种说法和先前针对红翅黑鹂……不谋而合：** E. M. Gray, “Female red-winged blackbirds accrue material benefits from copulating with extra-pair males,” *Anim Behav* 53, no. 3 (1997): 625–639.

126 **“雌鸟之所以会和”：** 南希·伯利，私人通信，2015年2月9日。

127 **即便是在看守自己的伴侣期间：** J. Linossier et al., “Flight phases in the song of skylarks,” *PLoS ONE* 8, no. 8 (2013): e72768. 研究人员发现，短翅膀的云雀常常被戴绿帽子。

127 **事实上，在非婚生子女较多的鸟类中：** L. Z. Garamszegi et al., “Sperm competition and sexually size dimorphic brains in birds,” *Proc R Soc B* 272 (2005): 159–166.

127 **西丛鸦最爱玩的把戏是：** J. Mailliard, “California jays and cats,” *Condor*, July, 1904, 94–95.

127 **“它们会突然发出吓人的警告声”：** L. D. Dawson, *The Birds of California: A Complete and Popular Account of the 580 Species and Subspecies of Birds Found in the State* (San Diego: South Moulton Company, 1923).

128 **西丛鸦一天内损失的存粮可能高达30%：** U. Grodzinski and N. S. Clayton, “Problems faced by food-caching corvids and the evolution of cognitive solutions,” *Philos Trans R Soc Lond B* 365 (2010): 977–987.

128 **妮古拉·克莱顿……一系列令人印象深刻的实验：** N. S. Clayton et al.,

"Social cognition by food-caching corvids: The western scrub-jay as a natural psychologist," *Philos Trans R Soc Lond B Biol Sci* 362, no. 1480 (2007): 507–522; J. M. Thomand N. S. Clayton, "Re-caching by western scrub-jays (*Aphelocoma californica*) cannot be attributed to stress," *PLoS ONE* 8, no. 1 (2013): e52936.

128 **如果旁观者可以听到它的声音：** G. Stulp et al., "Western scrub-jays conceal auditory information when competitors can hear but cannot see," *Biol Lett* 5 (2009): 583–585.

129 **"换句话说，"研究人员表示：** U. Grodzinski et al., "Peep to pilfer: What scrub-jays like to watch when observing others," *Anim Behav* 83 (2012): 1253–1260.

129 **对克莱顿和其他许多：** U. Grodzinski and N. S. Clayton, "Problems faced by food-caching corvids and the evolution of cognitive solutions," *Philos Trans R Soc Lond B* 365 (2010): 977–987.

129 **目前还不清楚这类贮藏食物：** 出处同上。

130 **但正如克莱顿和她的同事埃默里：** N. J. Emery and N. S. Clayton, "Do birds have the capacity for fun?" *Curr Biol* 25, no. 1 (2015): R16–R19.

130 **它们会成群行动：** H. Fischer, "Das Triumphgeschrei der Graugans (*Anser anser*)," *Z Tierpsychol* 22 (1965): 247–304.

130 **奥地利的康拉德·劳伦兹研究站：** C. A. F. Wascher et al., "Heart rate during conflicts predicts post-conflict stress-related behavior in greylag geese," *PLoS ONE* 5, no. 12 (2010): e15751.

130 **这种乌鸦非常喜欢群体生活：** A. M. Seed et al., "Postconflict third-party affiliation in rooks, *Corvus frugilegus*," *Curr Biol* 17 (2007): 152–158.

131 **研究人员将这个现象称为：** N. J. Emery et al., "Cognitive adaptations to bonding in birds," *Philos Trans R Soc Lond B* 362 (2007): 489–505.

131 **但亚洲象近年也榜上有名：** J. M. Plotnik and F. B. de Waal, "Asian elephants (*Elephas maximus*) reassure others in distress," *Peer J* 2 (2014): e278.

131 **不久前，托马斯·布格尼亚尔：** O. Fraser and T. Bugnyar, "Do ravens show consolation? Responses to distressed others," *PLoS ONE* 5, no. 5 (2010):

e10605.

132 **在争吵过后10分钟内：**作为实验的控制者，研究员在冲突后的第二天观察了受害者10分钟，以便了解其他乌鸦是否会接近它们。

132 **他们在论文中写道：**O. Fraser and T. Bugnyar, "Do ravens show consolation? Responses to distressed others," *PLoS ONE* 5, no. 5 (2010): e10605.

132 **特雷莎·伊格莱西亚斯……设计的产物：**T. Iglesias et al., "Western scrub-jay funerals: Cacophonous aggregations in response to dead conspecifics," *Anim Behav* 84, no. 5 (2012): 1103–1111.

133 **对于这项研究，外界的反应很快从：**B. King, "Do birds hold funerals?" *13.7 Cosmos & Culture* (blog), NPR, September 6, 2012, http://www.npr.org/blogs/13.7/2012/09/06/160535236/do-birds-hold-funerals.

133 **西丛鸦这种聚集行为看起来：**L. Erickson, "Scrub-jay funerals and blue jay Irish wakes," *Laura's Birding Blog*, September 26, 2012, http://webcache.googleusercontent.com/search?q=cache: http://lauraerickson.blogspot.com/2012/09/scrub-jay-funerals-and-blue-jay-irish.html.

133 **在后续的一项研究中，伊格莱西亚斯和同事：**T. L. Iglesias et al., "Dead hetero-specifics as cues of risk in the environment: Does size affect response?" *Behaviour* 151 (2014): 1–22.

133 **这显示西丛鸦的聚集行为：**特雷莎·伊格莱西亚斯，私人通信，2015年2月7日。

134 **"同理心"的一个定义是：**M. L. Hoffman, "Is altruism part of human nature?" *J Personal Soc Psychol* 40 (1981): 121–137.

134 **鸟类虽然无法……通过脸部的肌肉表达：**N. J. Emery and N. S. Clayton, "Do birds have the capacity for fun?" *Curr Biol* 25, no. 1 (2015): R16–19.

134 **康拉德·劳伦兹曾经提到一只丧偶的灰雁：**语出K. 劳伦兹，转引自 Marc Bekoff, "Grief in animals: It's arrogant to think we're the only animals who mourn" (blog), *Psychology Today*, October 29, 2009, http://www.psychologytoday.com/blog/animal-emotions/200910/grief-in-animals-its-arrogant-think-were-the-only animals-who-mourn。

134 **荣誉退休教授马克·贝科夫：**出处同上。

134 **马兹洛夫和安杰尔在《乌鸦的礼物》这本书中：** *Gifts of the Crow* (New York: Free Press, 2013), 138–139.

135 **马兹洛夫发现，当乌鸦：** D. J. Cross et al., "Distinct neural circuits underlie assessment of a diversity of natural dangers by American crows," *Proc R Soc B* 280 (2013): 20131046.

第五章　燕语莺啼

137 **杰斐逊总统并未：** E. M. Halliday, *Understanding Thomas Jefferson* (New York: HaperCollins, 2001), 184. 哈利迪写道，显然，杰斐逊既能够充满"童真与童趣"地对待宠物鸟，也能"冰冷无情"地呵斥他的奴隶饲养的宠物狗。此外，杰斐逊称嘲鸫为"高等生命"。杰斐逊在蒙蒂塞洛的监工埃德蒙·培根告诉他，奴隶饲养的狗咬死了他的羊，于是杰斐逊指示道："为确保绵羊安全，那些黑人的狗都要宰了。一只也不要放过。"

137 **"我诚挚地……向你祝贺"：** 在1793年5月从蒙蒂塞洛寄往费城的信中，托马斯·曼·伦道夫告诉杰斐逊第一只嘲鸫的到来后，杰斐逊在回信中称赞了嘲鸫，http://www.monticello.org/site/research-and-collections/mockingbirds#_note-1。

138 **有一位博物学家甚至形容：** J. Lembke, *Dangerous Birds* (New York: Lyons & Burford, 1992), 66.

138 **也知道它能够模仿当地其他鸟类：** 托马斯·杰斐逊写给阿比盖尔·亚当斯的一封信，1785年6月21日。

138 **洛贺芬克礼堂：** Society for Neuroscience conference on "Bird-song: Rhythms and clues from neurons to behavior," November 14–15, 2014, Georgetown University, Washington DC (hereafter SFN conference).

138 **被称为发声学习：** C. I. Petkov et al., "Birds, primates, and spoken language origins: Behavioral phenotypes and neurobiological substrates," *Front Evol Neurosci* 4 (2012): 12; E. D. Jarvis, "Evolution of brain pathways for vocal learning in birds and humans," in *Birdsong, Speech, and Language*, ed. J. J. Bolhuis and M. Everaert (Cambridge, MA: MIT Press, 2013), 63–107; D.

Kroodsma et al., "Behavioral evidence for song learning in the suboscine bellbirds (*Procnias* spp.; Cotingidae)," *Wilson J Ornithol* 125, no. 1 (2013): 1–14.

138 **如果"认知"的定义是：** S. J. Shettleworth, *Cognition, Evolution, and Behavior* (New York: Oxford University Press, 2010), 23.

139 **这些科学家提到……非常相似：** A. R. Pfenning et al., "Convergent transcriptional specializations in the brains of humans and song-learning birds," *Science* 346, no. 6215 (2014): 13333.

139 **（例如它们也会有结巴的现象）：** L. Kubikova et al., "Basal ganglia function, stuttering, sequencing, and repair in adult songbirds," *Sci Rep* 13, no. 4 (2014): 6590.

139 **神经生物学家约翰·包休斯：** J. Bolhuis, "Birdsong, speech and language" (SFN conference presentation, November 14–15, 2014).

140 **达尔文在搭乘"小猎犬号"航行时：** C. Darwin, *Voyage of the Beagle*, 1839 (New York: Penguin Classics, 1989).

141 **"这有点像是我们在洗澡的时候唱歌"：** L. Riters, "Why birds sing: The neural regulation of the motivation to communicate" (SFN conference presentation, November 14–15, 2014).

141 **"通过研究鸟类……如何学习发声"：** 引用的埃里希·贾维斯的话来自2012年3月23日同他的访谈；E. Jarvis, "Identifying analogous vocal communication regions between songbird and human brains" (SFN conference presentation, November 14–15, 2014)。

142 **在空旷的地方，声音：** E. Nemeth et al., "Differential degradation of antbird songs in a neotropical rainforest: Adaptation to perch height?" *Jour Acoust Soc Am* 110 (2001): 3263–3274.

142 **在森林地面鸣歌的鸟类：** H. Slabbekoorn, "Singing in the wild: The ecology of birdsong," in *Nature's Music: The Science of Birdsong*, ed. P. Marler and H. Slabbekoorn (Amsterdam: Elsevier Academic Press, 2004).

142 **有些鸟会使用……的频率：** M. J. Ryan et al., "Cognitive mate choice," in *Cognitive Ecology II*, ed. R. Dukas and J. Ratcliffe (Chicago: University of Chicago Press, 2009), 137–155.

142 **住在机场附近的鸟：** D. Gil et al., "Birds living near airports advance their dawn chorus and reduce overlap with aircraft noise," *Behav Ecol* 26, no. 2 (2014): 435–443.

142 **科学家们用了很长的时间：** R. A. Suthers and S. A. Zollinger, "Producing song: The vocal apparatus," in *Behavioral Neurobiology of Bird Song*, ed. H. P. Zeigler and P. Marler (New York: Annals of the New York Academy of Sciences, 2014), 109–129.

142 **一直到最近几年：** D. N. Düring et al., "The songbird syrinx morphome: A three-dimensional, high-resolution, interactive morphological map of the zebra finch vocal organ," *BMC Biol* 11 (2013): 1.

143 **善于鸣唱的鸣禽，如嘲鸫：** S. A. Zollinger et al., "Two-voice complexity from a single side of the syrinx in northern mockingbird *Mimus polyglottos* vocalizations," *J Exp Biol* 211 (2008): 1978–1991.

143 **有些鸣禽，例如：** C. P. H. Elemans et al., "Superfast vocal muscles control song production in songbirds," *PLoS ONE* 3, no. 7 (2008): e2581.

143 **冬鹪鹩：** http://bna.birds.cornell.edu/bna/species/720doi: 10.2173.

143 **越精细复杂的鸟类：** 鹦鹉和琴鸟因为灵活多变的发声本领而闻名，但实际上只有一小部分个体能够灵活发声。

144 **这可不是那么容易的事：** T. Gentner, "Mechanisms of auditory attention" (SFN conference presentation, November 14–15, 2014).

144 **用声波图来比较：** D. Kroodsma, *The Singing Life of Birds* (Boston: Houghton Mifflin, 2007), 76–77.

144 **嘲鸫唱起主红雀的歌时：** S. A. Zollinger and R. A. Suthers, "Motor mechanisms of a vocal mimic: Implications for birdsong production," *Proc R Soc B* 271 (2004): 483–491.

145 **如果碰到鸣唱速度太快的鸟类：** L. A. Kelley et al., "Vocal mimicry in songbirds," *Anim Behav* 76 (2008): 521–528.

145 **嘲鸫科的另外一个成员——褐弯嘴嘲鸫：** D. E. Kroodsma and L. D. Parker, "Vocal virtuosity in the brown thrasher," *Auk* 94 (1977): 783–785.

145 **紫翅椋鸟：** H. Hultsch and D. Todt, "Memorization and reproduction of songs

in nightingales (*Luscinia megarhynchos*): Evidence for package formation," *J Comp Phys A* 165 (1989): 197–203.

145 **湿地苇莺：**F. Dowsett-Lemaire, "The imitative range of the song of the marsh warbler *Acrocepalus palustris*, with special reference to imitations of African birds," *Ibis* 121 (2008): 453–468.

145 **有一位博物学家曾经在文章中写道：**H. J. Pollock, "Living with the lyrebirds," *Proc Zool Soc* (July 23, 1965): 20–24.

145 **叉尾卷尾：**T. P. Flower, "Deceptive vocal mimicry by drongos," *Proc R Soc B* (2010), doi: 10.1098/rspb.2010.1932.

145 **据说有一只巴巴多斯牛雀：**P. Marler and H. Slabbekoorn, *Nature's Music: The Science of Birdsong* (Amsterdam: Elsevier Academic Press, 2004), 35.

146 **《纽约客》杂志曾经报道：**W. C. Fitzgibbon, "Talk of the Town," *New Yorker*, August 14, 1954.

146 **鹦鹉最为特别：**V. R. Ohms et al., "Vocal tract articulation revisited: the case of the monk parakeet," *J Exp Biol* 215 (2012): 85–92; G. J. L. Beckers et al., "Vocal-tract filtering by lingual articulation in a parrot," *Curr Biol* 14, no. 7 (2004): 1592–1597.

146 **佩珀伯格对……非洲灰鹦鹉：**I. M. Pepperberg, *The Alex Studies* (Cambridge, MA: Harvard University Press, 1999), 13–52.

146 **亚历克斯也喜欢说：**艾琳·佩珀格林，私人通信，2015年5月8日。

147 **不久前……一位博物学家：**博物学家马丁·罗宾逊的故事收录在H. 普赖斯的文章里："Birds of a feather talk together," *Aust Geogr*, September 15, 2011, Iangeo graphic.com.au/news/2011/09/birds-of-a-feather-talk-together/。

147 **曾经有人计算过嘲鸫所唱的曲调：**D. Kroodsma, *The Singing Life of Birds*, 70.

147 **阿诺德植物园：**C. H. Early, "The mockingbird of the Arnold Arboretum," *Auk* 38 (1921): 179–181.

148 **每一只鸟都有自己独特的鸣唱：**R. D. Howard, "The influence of sexual selection and interspecific competition on mockingbird song," *Evolution* 28, no. 3 (1974): 428–438; J. L.Wildenthal, "Structure in primary song of

mockingbird," *Auk* 82 (1965): 161–189; J. J. Hatch, "Diversity of the song of mockingbirds reared in different auditory environments" (PhD thesis, Duke University, 1967).

148 **嘲鸫经常模仿：** K. C. Derrickson, "Yearly and situational changes in the estimate of repertoire size in northern mockingbirds (*Mimus polyglottos*)," *Auk* 104 (1987): 198–207.

148 **"博·杰斯假说"：** J. R. Krebs, "The significance of song repertoires: The Beau Geste hypothesis," *Anim Behav* 25, no. 2 (1977): 475–478.

149 **鸟类学家J. 保罗·菲舍尔：** J. P. Visscher, "Notes on the nesting habits and songs of the mockingbird," *Wilson Bulletin* 40 (1928): 209–216.

149 **为了厘清这个"先天还是后天"的争议：** A. Laskey, "A mockingbird acquires his song repertory," *Auk* 61 (1944): 211–219.

149 **（拉斯基是……的科学家）：** http://naturalhistorynetwork.org/journal/articles/8-donald-culross-peatties-an-almanac-for-moderns/.

150 **模式生物：** 埃里克·坎德尔引用果蝇行为研究专家奇普·奎因的话，*In Search of Memory* (New York: W. W. Norton, 2006), 148。

150 **斑胸草雀虽然并不完全符合：** R. Zann, *The Zebra Finch: A Synthesis of Field and Laboratory Studies* (New York: Oxford University Press, 1996).

151 **"是不切实际的"：** R. Mooney, "Translating birdsong research" (SFN conference presentation, November 14–15, 2014).

151 **对于斑胸草雀的幼鸟而言：** 关于鸟类的歌曲学习过程的讨论来自S. Nowicki and W. A. Searcy, "Song function and the evolution of female preferences: Why birds sing and why brains matter," *Ann N Y Acad Sci* 1016 (June 2004): 704–723。

151 **鸟类是有耳朵的：** R. Dooling, "Audition: Can birds hear everything they sing?" in *Nature's Music: The Science of Birdsong*, ed. P. Marler and H. Slabbekoorn (Amsterdam: Elsevier Academic Press, 2004), 206–225.

151 **（鸟类的毛细胞如果）：** J. S. Stone and D. A. Cotanche, "Hair cell regeneration in the avian auditory epithelium," *Int J Deve Biol* 51, no. 607 (2007): 633–647.

152 **高级发声中枢：**J. F. Prather et al., "Neural correlates of categorical perception in learned vocal communication," *Nat Neurosci* 12, no. 2 (2009): 221–228.

152 **在小鸟尝试鸣唱之前：**P. Ardet et al., "Song tutoring in pre-singing zebra finch juveniles biases a small population of higher-order song selective neurons towards the tutor song," *J Neurophysiol* 108, no. 7 (2012): 1977–1987.

152 **基因和经验共同作用的绝佳范例：**J. J. Bolhuis et al., "Twitter evolution: Converging mechanisms in birdsong and human speech," *Nat Rev Neurosci* 11 (2010): 747–759.

152 **科学家们发现的这个现象：**出处同上。

153 **神经系统科学家萨拉·伦敦：**S. London, "Mechanisms for sensory song learning" (SFN conference presentation, November 14–15, 2014).

153 **他们在两三岁的时候：**P. K. Kuhl, "Learning and representation in speech and language," *Curr Opin Neurobiol* 4, no. 6 (1994): 812–822.

153 **过了青春期：**J. J. Bolhuis et al., "Twitter evolution: Converging mechanisms in birdsong and human speech," *Nat Rev Neurosci* 11 (2010): 747–748.

154 **科学家已经发现：**D. Aronov et al., "A specialized forebrain circuit for vocal babbling in the juvenile songbird," *Science* 320 (2008): 630–634.

154 **多巴胺可能提供了鸣唱的动机：**K. Simonyan et al., "Dopamine regulation of human speech and bird song: A critical review," *Brain Lang* 122, no. 3 (2012): 142–150.

155 **睡眠似乎……扮演了：**S. Derégnaucourt et al., "How sleep affects the developmental learning of bird song," *Nature* 433 (2005): 710–716; S. S. Shank and D. Margoliash, "Sleep and sensorimotor integration during early vocal learning in a songbird," *Nature* 458 (2009): 73–77.

155 **因听众而异：**S. C. Woolley and A. Doupe, "Social context-induced song variation affects female behavior and gene expression," *PLoS Biol* 6, no. 3 (2008): e62.

155 **"这两种版本的歌声"：**R. Mooney, "Translating birdsong research" (SFN conference presentation, November 14–15, 2014).

155 **贾维斯的团队利用脑成像技术：** E. D. Jarvis et al., "For whom the bird sings: Context-dependent gene expression," *Neuron* 21 (1998): 775–788.

156 **雌鸟也会提供：** http://babylab.psych.cornell.edu/wp-content/uploads/2012/12/newsletter_fall_2012.pdf.

156 **这些都足以证明：** M. H. Goldstein, "Social interaction shapes babbling: Testing parallels between birdsong and speech," *PNAS* 100, no. 13 (2003): 8030–8035.

156 **但后来费尔南多·诺特博姆：** F. Nottebohm, "The neural basis of birdsong," *PLoS Biol* 3, no. 5 (2005): e164.

156 **不仅鸟类学习鸣唱：** A. J. Doupe and P. K. Kuhl, "Birdsong and human speech: Common themes and mechanisms," *Annu Rev Neurosci* 22 (1999): 567–631; J. J. Bolhuis et al., "Twitter evolution: Converging mechanisms in birdsong and human speech," *Nat Rev Neurosci* 11 (2010): 747–748; P. Marler, "A comparative approach to vocal learning: Song development in white-crowned sparrows," *J Comp Physiol Psych* 7, no. 2, pt. 2 (1970): 1–25; F. Nottebohm, "The origins of vocal learning," *Amer Natur.* 106 (1972): 116–140.

157 **语言学家宫川茂：** S. Miyagawa et al., "The integration hypothesis of human language evolution and the nature of contemporary languages," *Front Psychol* 5 (2014): 564.

157 **宫川茂认为，人类的语言：** S. Miyagawa et al., "The emergence of hierarchical structure in human language," *Front Psychol* 4 (2013): 71.

157 **鸟脑和人脑最像的地方在于：** 埃里希·贾维斯，2012年3月23日的采访。

158 **那天下午在乔治敦大学的会议中：** 研究团队发现类似的基因表达在鸣禽大脑和人脑的两个功能相似的部位最为明显。一是学习发声的部位：它在鸣禽大脑中被称为X区域，类似于人类大脑中的基底核，包含纹状体。该部位对于鸣禽学习鸣唱至关重要，当人类学习语言时该部位也处于激活状态。二是控制发声的部位：它在鸣禽大脑中被称为弓状皮质栎核（简称RA），是鸣禽能够控制其鸣唱的关键。该部位类似于人类大脑皮层控制喉肌运动的区域（简称LMC），这个区域能使我们发出不同声调的声音。参见A. R. Pfenning et al., "Convergent transcriptional specializations in the brains of humans and song-learning birds," *Science* 346, no. 6215 (2014): 13333。

158 **他的实验室最近用脑成像技术：** 采访埃里希·贾维斯；G. Feenders et

al., “Molecular mapping of movement-associated areas in the avian brain: A motor theory for vocal learning origin,” *PLoS ONE* 3, no. 3 (2008): e1768.

159 **“以类似的方式来解决类似的问题”：** J. Bolhuis, “Birdsong, speech and language” (SFN conference presentation, November 14–15, 2014).

159 **如此看来，鸟类的发声学习：** G. Zhang et al., “Comparative genomics reveals insights into avian genome evolution and adaptation,” *Science* 346, no. 6215 (2014): 1311–1319.

159 **值得一提的是：** 最近的DNA分析表明，鹦鹉和鸣禽的亲缘关系比此前认为的更为接近。参见S. J. Hackett et al., “A phylogenomic study of birds reveals their evolutionary history,” *Science* 320, no. 5884 (2008): 1763–1768; E. D. Jarvis et al., “Whole genome analyses resolve early branches in the tree of life of modern birds,” *Science* 346, no. 6215 (2014): 1320–1331; H. Horita et al., “Specialized motor-driven dusp1 expression in the song systems of multiple lineages of vocal learning birds,” *PLoS ONE* 7, no. 8 (2012): e42173。“这些发现引出新的观点，即鸟类的鸣声学习的演化发生了两次（一次是在蜂鸟身上，另一次是在鸣禽和鹦鹉的共同祖先身上），而后在亚鸣禽身上消失。”科学家们写道。

159 **它们有一种超强的：** M. Chakraborty et al., “Core and shell song systems unique to the parrot brain,” *PLoS ONE* (in press, 2015).

160 **贾维斯表示，这或许是：** 采访埃里希·贾维斯；E. D. Jarvis, “Selection for and against vocal learning in birds and mammals,” *Ornith Sci* 5 (special issue on the neuroecology of birdsong, 2006): 5–14.

160 **贾维斯认为动物的发声学习：** G. Arriago and E. D. Jarvis, “Mouse vocal communication system: Are ultrasounds learned or innate?” *Brain Lang* 124 (2013): 96–116.

160 **东京大学的冈之谷一夫：** 采访埃里希·贾维斯；H. Kagawa et al., “Domestication changes innate constraints for birdsong learning,” *Behav Proc* 106 (2014): 91–97; K. Okanoya, “The Bengalese finch: A window on the behavioral neurobiology of birdsong syntax study,” *Ann N Y Acad Sci* 1016 (2006): 724–735; K. Suzuki et al., “Behavioral and neural trade-offs between song complexity and stress reaction in a wild and domesticated finch strain,” *Neurosci Biobehav Rev* 46, pt. 4 (2014): 547–556.

161 **因为歌唱得好：**采访埃里希·贾维斯；参见 L. Z. Garamszegi et al., "Sexually size dimorphic brains and song complexity in passerine birds," *Behav Ecol* 16, no. 2 (2004): 335–345。

162 **长期以来，科学家们一直以为：**有证据能够证明这一点：在不列颠哥伦比亚省的一座岩石岛上的一项研究发现，到了首个交配季，能唱更多曲目的歌带鹀雄鸟更容易获得交配机会，雌鸟一旦和能唱多个曲目的雄鸟交配，它们繁殖后代的时间也会提前。J. M. Reid et al., "Song repertoire size predicts initial mating success in male song sparrows, *Melospiza melodia*," *Anim Behav* 68, no. 5 (2004): 1055–1063.

162 **研究显示，许多种鸣禽的雌鸟：**J. Podos, "Sexual selection and the evolution of vocal mating signals: Lessons from neotropical birds," in *Sexual Selection: Perspectives and Models from the Neotropics*, ed. R. H. Macedo and G. Machado (Amsterdam: Elsevier Academic Press, 2013), 341–363.

162 **许多鸣禽都有方言：**J. Podos and P. S. Warren, "The evolution of geographic variation in birdsong," *Adv Stud Behav* 37 (2007): 403–458. 在最初的几个星期里，主红雀能学会一种新的方言。但在它3个月大以后，方言训练便没有任何效果。它的歌声已定型。

163 **根据鸟类学家唐纳德·克鲁兹马：**J. Uscher, "The Language of Song: An Interview with Donald Kroodsma," *Scientific American*, July 1, 2002, https://www.scientificamerican.com/articl/the-language-of-song-an-I.

163 **居住在两个地区的同一种鸟类：**P. Marler and M. Tamura, "Song 'dialects' in three populations of white-crowned sparrows," *Condor* 64 (1962): 368–377.

163 **前一阵子，罗伯特·佩恩：**R. B. Payne et al., "Biological and cultural success of song memes in indigo buntings," *Ecology* 69 (1988): 104–117.

163 **这和雌鸟有什么关系呢：**J. M. Lapierre, "Spatial and age-related variation in use of locally common song elements in dawn singing of song sparrows *Melospiza melodia*: Old males sing the hits," *Behav Ecol Sociobiol* 65 (2011): 2149–2160.

164 **为了证明这一点，理查德·穆尼：**R. Mooney, "Translating birdsong research."

164 **研究显示，斑胸草雀的雌鸟：**S. C. Woolley and A. J. Doupe, "Social

context-induced song variation affects female behavior and gene expression," *PLoS Biol* 6 (2008): e62.

164 **雄性的大苇莺：** E. Wegrzyn et al., "Whistle duration and consistency reflect philopatry and harem size in great reed warblers," *Anim Behav* 79 (2010): 1363–1392.

165 **雄斑苇鹪鹩：** E. R. A. Cramer et al., "Infrequent extra-pair paternity in banded wrens," *Condor* 112 (2011): 637–645; B. E. Byers, "Extrapair paternity in chestnut-sided warblers is correlated with consistent vocal performance," *Behav Ecol* 18 (2007): 130–136.

165 **嘲鸫也一样：** C. A. Botero et al., "Syllable type consistency is related to age, social status, and reproductive success in the tropical mockingbird," *Anim Behav* 77, no. 3 (2009): 701–706.

165 **科学家们仍试图厘清：** 以下关于发声技巧指标的讨论来自和内尔吉·布格特的私人通信，2015年4月。

165 **金丝雀要唱出"性感"的音节：** R. A. Suthers et al., "Bilateral coordination and the motor basis of female preference for sexual signals in canary song," *J Exp Biol* 215 (2015): 2950–2959.

165 **让雌鸟可以以此衡量雄鸟：** 出处同上。

165 **就要回头谈谈雏鸟：** S. Nowicki and W. A. Searcy, "Song function and the evolution of female preferences: Why birds sing, why brains matter," *Ann N Y Acad Sci* 1016 (2004): 704–723.

165 **如果这段时间内发生了什么事情：** S. Nowicki et al., "Brain development, song learning and mate choice in birds: A review and experimental test of the 'nutritional stress hypothesis,' " *J Comp Physiol A* 188 (2002): 1003–1014; S. Nowicki et al., "Quality of song learning affects female response to male bird song," *Proc R Soc B* 269 (2002): 1949–1954.

166 **举例来说，有一项研究显示：** H. Brumm et al., "Developmental stress affects song learning but not song complexity and vocal amplitude in zebra finches" *Behav Ecol Sociobiol* 63, no. 9 (2009): 1387–1395.

166 **这种"认知能力假说"：** N. J. Boogert et al., "Song complexity correlates with learning ability in zebra finch males," *Anim Behav* 76 (2008): 1735–

1741; C. N. Templeton et al., “Does song complexity correlate with problem-solving performance in flocks of zebra finches?” *Anim Behav* 92 (2014): 63–71.

166 **圣安德鲁斯大学的内尔吉·布格特：** N. J. Boogert et al., “Song complexity correlates with learning ability in zebra finch males,” *Anim Behav* 76 (2008): 1735–1741; N. J. Boogert et al., “Mate choice for cognitive traits: A review of the evidence in nonhuman vertebrates,” *Behav Ecol* 22 (2011): 447–459.

166 **布格特的研究小组：** N. J. Boogert et al., “Song repertoire size in male song sparrows correlates with detour reaching, but not with other cognitive measures,” *Anim Behav* 81 (2011): 1209–1216.

167 **最近，一项关于置身于群体中的斑胸草雀：** C. N. Templeton et al., “Does song complexity correlate with problem-solving performance in flocks of zebra finches?” *Anim Behav* 92 (2014): 63–71.

167 **这可能是受到一些因素的影响：** 内尔吉·布格特，私人通信，2015年4月。

167 **不久前……卡洛斯·博特罗：** C. A. Botero et al., “Climatic patterns predict the elaboration of song displays in mockingbirds,” *Curr Biol* 19, no. 13 (2009): 1151–1155.

167 **环境多变：** C. A. Botero and S. R. de Kort, “Learned signals and consistency of delivery: A case against receiver manipulation in animal communication,” in *Animal Communication Theory: Information and Influence*, ed. U. Stegmann (New York: Cambridge University Press, 2013), 281–296; C. A. Botero et al., “Syllable type consistency is related to age, social status and reproductive success in the tropical mockingbird,” *Anim Behav* 77, no. 3 (2009): 701–706.

168 **正如鸟类学家唐纳德·克鲁兹马所言：** D. Kroodsma, *The Singing Life of Birds*, 201; Donald Kroodsma, interview with *Birding*, www.aba.org/birding/v41n3p18w1.pdf.

168 **交配意向假说：** G. F. Miller, *The Mating Mind: How Sexual Choice Shaped the Evolution of Human Nature* (New York: Doubleday, 2000); T. W. Fawcett et al., “Female assessment: Cheap tricks or costly calculations,” *Behav Ecol* 22, no. 3 (2011): 462–463.

168 **鸟类在春秋两季唱出美妙的歌声时：**T. D. Sasaki et al., “Social context-dependent singing-regulated dopamine,” *J Neurosci* 26 (2006): 9010–9014.

168 **为了了解哪一个季节的歌声：**L. Riters, “Why birds sing: The neural regulation of the motivation to communicate” (SFN conference presentation, November 14–15, 2014).

第六章　艺术大师

171 **光线斑驳的区域：**关于园丁鸟的陈列物品行为的论述源自杰拉尔德·博尔贾和贾森·基吉的研究。我在2012年7月6日采访杰拉尔德·博尔贾，在2015年2月13日与他私人通信，在2015年3月16日与贾森·基吉私人通信。G. Borgia, “Why do bowerbirds build bowers?” *American Scientist* 83 (1995): 542e547.

172 **如果你再看几天：**R. E. Hicks et al., “Bower paint removal leads to reduced female visits, suggesting bower paint functions as a chemical signal,” *Anim Behav* 85 (2013): 1209–1215.

172 **尤其是……华丽鸟巢：**P. Goodfellow, *Avian Architecture* (Princeton, NJ: Princeton University Press, 2011), 102.

173 **“鸟巢之所以呈圆形”：**J. Michelet, *The Birds*, 1869, 248–250, www.gutenberg.org/eboks/43341.

173 **这座鸟巢：**New Zealand Birds, http://www.nzbirds.com/birds/fantailnest.html#sthash.

173 **它的巢是一个有弹性的袋子：**M. Hansell, *Animal Architecture* (Oxford: Oxford University Press, 2005), 36, 71.

173 **“一只鸟的鸟巢最能反映出”：**C. Dixon, *Birds' Nests: An Introduction to the Science of Caliology* (London: Grant Richards, 1902), v.

173 **诺贝尔奖得主尼古拉斯·廷伯根：**W. H. Thorpe, *Learning and Instinct in Animals* (London: Methuen, 1956), 36.

174 **又表示，他很惊讶：**M. Hansell, *Animal Architecture*, 71.

174 **华美的巢：**A. McGowan et al., “The structure and function of nests of long-tailed tits *Aegithalos caudatus* ,” *Func Ecol* 18, no. 4 (2004): 578–583.

174 **心理学家兼生物学家休·希利：**Z. J. Hall et al., “Neural correlates of nesting behavior in zebrafinches (*Taeniopygia guttata*),” *Behav Brain Res* 264 (2014): 26–33.

174 **2014年，希利的团队：**I. E. Bailey et al., “Physical cognition: Birds learn the structural efficacy of nest material,” *Proc R Soc B* 281, no. 1784 (2014): 20133225.

174 **野生的斑胸草雀：**R. Zann, *The Zebra Finch: A Synthesis of Field and Laboratory Studies* (New York: Oxford University Press, 1996).

174 **为了进一步了解这些鸟：**I. E. Bailey et al., “Birds build camouflaged nests,” *Auk* 132 (2015): 11–15.

175 **同样地，斑背黑头织雀：**E. C. Collias and N. E. Collias, “The development of nest-building behavior in a weaverbird,” *Auk* 81 (1964): 42–52.

175 **园丁鸟科的鸟类非常特别：**E. T. Gilliard, *Birds of Paradise and Bower Birds* (Boston: D. R. Godine, 1979).

175 **雌鸟降落后：**关于园丁鸟的舞蹈和发声的描述来自杰拉尔德·博尔贾和贾森·基吉的研究。我在2012年7月6日采访杰拉尔德·博尔贾，在2015年2月13日与博尔贾私人通信；在2015年3月16日与贾森·基吉私人通信。

177 **园丁鸟的雄鸟会表现出很极端：**杰拉尔德·博尔贾，采访，2012年7月6日。

177 **事实也的确如此：**出处同上。

177 **把平台四周的叶子修剪干净：**A. F. Larned et al., “Male satin bowerbirds use sunlight to illuminate decorations to enhance mating success,” Front Behav Neurosci conference abstract: Tenth International Congress of Neuroethology (2012), doi: 10.3389/conf.fnbeh.2012.27.00372.

177 **“雄鸟会衔起一根枝条”：**杰拉尔德·博尔贾，采访；J. Keagy et al., “Cognitive ability and the evolution of multiple behavioral display traits,” *Behav Ecol* 23 (2011): 448–456.

178 **当研究人员故意：**J. Keagy et al., “Complex relationship between multiple measures of cognitive ability and male mating success in satin bowerbirds,

Ptilonorhynchus violaceus," *Anim Behav* 81 (2011): 1063–1070.

178 **褐色园丁鸟：** P. Rowland, *Bowerbirds* (Melbourne: CSIRO Publishing, 2008).

179 **散发出的淡红色光芒：** J. A. Endler et al., "Visual effects in great bowerbird sexual displays and their implications for signal design," *Proc R Soc B* 281 (2014): 20140235.

179 **根据……约翰·恩德勒：** 约翰·恩德勒，私人通信，2015年1月18日和2月3日；J. A. Endler et al., "Great bowerbirds create theaters with forced perspective when seen by their audience," *Curr Biol* 20, no. 18 (2010): 1679–1684.

180 **可能只是不断尝试摸索的结果：** 约翰·恩德勒，私人通信，2015年1月18日和2月3日。

180 **有一点我们可以确定：** 引自恩德勒，http://www.deakin.edu.au/research/stories/2012/01/23/males-up-to-their-old-tricks。

180 **大亭鸟非常坚持自己的设计：** L. A. Kelley and J. A. Endler, "Male great bowerbirds create forced perspective illusions with consistently different individual quality," *PNAS* 109, no. 51 (2012): 20980–20985.

181 **一些调查结果显示，蓝色：** S. E. Palmer and K. B. Schloss, "An ecological valence theory of human color preference," *PNAS* 107, no. 19 (2010): 8877–8882.

181 **在大自然中，蓝色之所以如此稀少：** J. T. Bagnara et al., "On the blue coloration of vertebrates," *Pigment Cell Res* 20, no. 1 (2007): 14–26.

181 **博尔贾的研究小组运用：** 参见视频"Destruction and stealing", http://www.life.umd.edu/biology/borgialab/#Videos。

182 **有些观察人士甚至说：** A. J. Marshall, "Bower-birds," *Biol Rev* 29, no. 1 (1954): 1–45.

182 **缎蓝园丁鸟拼命清除：** J. Keagy et al., "Male satin bowerbird problem-solving ability predicts mating success," *Anim Behav* 78 (2009): 809–817; J. Keagy et al., "Complex relationship between multiple measures of cognitive ability and male mating success in satin bowerbirds, *Ptilonorhynchus violaceus* ," *Anim Behav* 81 (2011): 1063–1070; J. Keagy et al., "Cognitive

ability and the evolution of multiple behavioral display traits," *Behav Ecol* 23 (2012): 448–456.

182 **大多数雄鸟解决问题的方式：**参见贾森·基吉的视频，https://www.youtube.com/watch?v=kn0VsIdD1AA。

183 **恩德勒认为：**J. Endler, "Bowerbirds, art and aesthetics," *Commun Integr Biol* 5, no. 3 (2012): 281–283.

183 **鸟类学家理查德·普鲁姆：**R. O. Prum, "Coevolutionary aesthetics in human and biotic artworlds," *Biol Phil* 28, no. 5 (2014): 811–832.

183 **博物学家兼电影制作人海因茨·西尔曼：**K. von Frisch, *Animal Architecture* (New York: Harcourt Brace, 1974), 243–244.

184 **根据博尔贾和基吉的说法：**G. Borgia and J. Keagy, "Cognitively driven co-option and the evolution of complex sexual display in bowerbirds," in *Animal Signaling and Function: An Integrative Approach*, ed. D. Irschick et al. (New York: John Wiley and Sons, 2015), 75–101; 贾森·基吉，私人通信，2015年3月16日。

184 **动物行为学家盖尔·帕特里切利：**盖尔·帕特里切利，私人通信，2015年3月8日。

185 **为了观察不同的雄鸟如何处理：**G. L. Patricelli et al., "Male satin bowerbirds, *Ptilonorhynchus violaceus*, adjust their display intensity in response to female startling: An experiment with robotic females," *Anim Behav* 71 (2006): 49–59; G. Patricelli et al., "Male displays adjusted to female's response: Macho courtship by the satin bowerbird is tempered to avoid frightening the female," *Nature* 415 (2002): 279–280.

185 **这或许就像鸣禽学习鸣唱一样：**S. Nowicki et al., "Brain development, song learning and mate choice in birds: A review and experimental test of the 'nutritional stress hypothesis,' " *J Comp Physiol A* 188 (2002): 1003–1014; S. Nowicki et al., "Quality of song learning affects female response to male bird song," *Proc R Soc B* 269 (2002): 1949–1954.

185 **"年轻的雄鸟造的亭子"：**杰拉尔德·博尔贾，采访，2012年7月6日。

186 **"未成年的园丁鸟用的枝条"：**贾森·基吉，私人通信，2015年3月16日。

186 **(研究人员把雄鸟亭子里)：**R. E. Hicks, "Bower paint removal leads to reduced female visits, suggesting bower paint functions as a chemical signal," *Anim Behav* 85 (2013): 1209–1215.

186 **雌鸟则必须有相当的智力：**J. Keagy et al., "Male satin bowerbird problem-solving ability predicts mating success," *Anim Behav* 78 (2009): 809–817; J. Keagy et al., "Complex relationship between multiple measures of cognitive ability and male mating success in satin bowerbirds, *Ptilonorhynchus violaceus*," *Anim Behav* 81 (2011): 1063–1070.

186 **正如基吉所言：**贾森·基吉，私人通信，2015年3月16日；C. Rowe and S. D. Healy, "Measuring variation in cognition," *Behav Ecol* (2014), doi: 10.1093/beheco/aru090.

187 **它得……做个比较：**关于雌园丁鸟回忆往年追求者的信息，参见J. A. C. Uy et al., "Dynamic mate-searching tactic allows female satin bowerbirds *Ptilonorhynchus violaceus* to reduce searching," *Proc R Soc B* 267 (2000): 251–256。

187 **"这就像是招聘员工一样"：**盖尔·帕特里切利，私人通信，2015年3月8日。

187 **雄鸟所展示出的许多特质当中：**J. Keagy et al., "Cognitive ability and the evolution of multiple behavioral display traits," *Behav Ecol* 23 (2012): 448–456; G. Borgia, "Bower quality, number of decorations and mating success of male satin bowerbirds (*Ptilonorhynchus violaceus*): An experimental analysis," *Anim Behav* 33 (1985): 266–271; C. A. Loffredo and G. Borgia, "Male courtship vocalizations as cues for mate choice in the satin bowerbird (*Ptilonorhynchus violaceus*)," *Auk* 103 (1986): 189–195.

188 **(科学研究表明)：**M. D. Prokosch, "Intelligence and mate choice: Intelligent men are always appealing," *Evol Hum Behav* 30 (2009): 11–20.

188 **这是达尔文的危险理论：**R. O. Prum, "Aesthetic evolution by mate choice: Darwin's *really* dangerous idea," *Philos Trans R Soc Lond B* 367 (2012): 2253–2265.

188 **罗纳德·费舍尔：**这就是所谓的"失控性选择"模型，或者"性感后代"模型，因为雌鸟选择和"性感"的雄鸟交配，繁衍的后代雄鸟保留"性感"特征，拥有更多交配机会，由此“性感”基因和雌鸟对“性感”雄鸟的偏好得以保留。盖尔·帕特里切利，私人通信，2015年3月8日。

189 **雄性动物可能……逐渐演化出：** C. Darwin, *The Descent of Man* (London: John Murray, 1871), 793.

189 **几年前，他测试了：** S. Watanabe, “Animal aesthetics from the perspective of comparative cognition,” in S. Watanabe and S. Kuczaj, eds., *Emotions of Animals and Humans* (Tokyo: Springer, 2012), 129; S. Watanabe et al., “Discrimination of paintings by Monet and Picasso in pigeons,” *J Exp Anal Behav* 63 (1995): 165–174; S. Watanabe, “Van Gogh, Chagall and pigeons,” *Anim Cogn* 4 (2001): 147–151.

190 **为了了解鸟类是否能够：** S. Watanabe, “Pigeons can discriminate ‘good’ and ‘bad’ paintings by children,” *Anim Cogn* 13, no. 1 (2010): 75–85.

190 **为了解答这个问题，渡边茂：** Y. Ikkatai and S. Watanabe, “Discriminative and reinforcing properties of paintings in Java sparrows (*Padda oryzivora*),” *Anim Cogn* 14, no. 2 (2011): 227–234.

190 **但渡边茂想探讨的：** S. Watanabe, “Discrimination of painting style and beauty: Pigeons use different strategies for different tasks,” *Anim Cogn* 14, no. 6 (2011): 797–808.

190 **给鸽子看一些：** R. E. Lubow, “High-order concept formation in the pigeon,” *J Exp Anal Behav* 21 (1973): 475–483.

190 **它们也能够光凭视觉：** C. Stephan et al., “Have we met before? Pigeons recognize familiar human face,” *Avian Biol Res* 5, no. 2 (2012): 75.

191 **为了了解赢家：** J. Barske et al., “Female choice for male motor skills,” *Proc R Soc B* 278, no. 1724 (2011): 3523–3528.

191 **科学家们在检查：** L. B. Day et al., “Sexually dimorphic neural phenotypes in golden-collared manakins,” *Brain Behav Evol* 77 (2011): 206–218.

191 **他们在进一步研究几个不同品种：** W. R. Lindsay et al., “Acrobatic courtship display coevolves with brain size in manakins (*Pipridae*),” *Brain Behav Evol* (2015), doi: 10.1159/000369244.

192 **不过有3种园丁鸟：** 杰拉尔德·博尔贾，私人通信；B. J. Coyle et

al., "Limited variation in visual sensitivity among bowerbird species suggests that there is no link between spectral tuning and variation in display colouration," *J Exp Biol* 215 (2012): 1090–1105.

192 **不过，鸟类也可能根据一些：**例如，各种动物都偏好身体两侧镜像对称的、平衡的伴侣，这是有一定道理的。在自然界，对称性大都传达着重要信息。就动植物而言，对称意味着健康，表明物种没有受到变异、疾病和环境压力（例如极端气温或食物匮乏）带来的损害。

192 **20世纪50年代的一些实验：**B. Rensch, "Die wirksamkeit ästhetischer faktoren bei wirbeltieren," *Z Tierpsychol* 15 (1958): 447–461.

193 **诺贝尔奖得主卡尔·冯·弗里希：**K. von Frisch, *Animal Architecture* (New York: Harcourt Brace, 1974), 244.

第七章　心中的地图

195 **这大致上就是不久前发生在：**K. Thorup et al., "Evidence for a navigational map stretching across the continental U.S. in a migratory songbird," *PNAS* 104, no. 46 (2008): 18115–18119.

196 **朱莉娅·弗兰肯斯坦：**J. Frankenstein, "Is GPS All in Our Heads?" *New York Times*, Sunday Review, February 2, 2012.

197 **有时被称为"穷人的赛马"：**关于赛鸽的信息来自 W. M. Levi, *The Pigeon* (Sumter, SC: Levi Publishing Co., 1941/1998)。

197 **2002年4月的一个早晨：**"Racing Pigeon Returns—Five Years Late," *Manchester Evening News,* May 7, 2005.

197 **那次比赛是为了庆祝：**J. T. Hagstrum, "Infrasound and the avian navigational map," *J Exp Biol* 203 (2000): 1103–1111; J. T. Hagstrum, "Infrasound and the avian navigational map," *J Nav* 54 (2001): 377–391; J. T. Hagstrum, "Atmospheric propagation modeling indicates homing pigeons use loft-specific infrasonic 'map' cues," *J Exp Biol* 216 (2013): 687–699.

198 **《纽约时报》的报道：**"The Longest Flight on Record," *New York Times*, August 3, 1885.

198 **英吉利海峡……过了1年之后：**G. Ensley, "Case of the 3,600 disappearing homing pigeons has experts baffled," *Chicago Tribune*, October 18, 1998.

198 **的确，赛鸽偶尔会像：**语出C. 沃尔科特，转引自G. 恩斯利，出处同上。

199 **身躯娇小的白颊林莺：**J. Lathrop, "Tiny songbird discovered to migrate non-stop, 1,500 miles over the Atlantic," news report, University of Massachusetts, Amherst, April 1, 2015.

200 **的确，鸽子前脑：**L. N. Voronov et al., "A comparative study of the morphology of forebrain in corvidae in view of their trophic specialization," *Zool Z* 73 (1994): 82–96.

200 **它们偶尔也会不小心：**W. M. Levi, *The Pigeon* (Sumter, SC: Levi Publishing Co., 1941/1998), 374.

200 **不过，一位鸽子专家指出：**出处同上，第374页。

200 **如果有些筑巢材料：**"不过这个评价并不公正，因为鸽子的巢总是很整洁，而麻雀筑的巢则是出了名地凌乱。"出处同上。

200 **它们在数字方面颇为擅长：**D. Scarf et al., "Pigeons on par with primates in numerical competence," *Science* 334 (2011): 1664.

200 **研究人员让鸽子在实验中：**W. T. Herbranson and J. Schroeder, "Are birds smarter than mathematicians? Pigeons (*Columba livia*) perform optimally on a version of the Monty Hall Dilemma," *J Comp Psychol* 124 (2010): 1–13.

201 **(讨论到蒙蒂·霍尔困境)：**M. vos Savant, "Ask Marilyn," *Parade*, September 9, 1990; December 2, 1990; February 17, 1991; July 7, 1991.

201 **它们最初只是随机选：**沃尔特·赫布兰森，私人通信，2015年6月4日。

201 **要像这样做出正确的选择：**人们可以用古典概率或经验概率来解决这个问题，在蒙蒂·霍尔困境中，人类倾向于使用古典概率，只是使用的方法不对。另一方面，鸽子在面对这个问题时可能使用的是经验概率。

201 **美国心理学家威廉·詹姆斯：**W. James, *Principles of Psychology*, vol. 1 (New York: Holt, 1890), 459–460.

201 **它不仅能够以极高的正确率：**I. M. Pepperberg, "Acquisition of the same/different concept by an African grey parrot (*Psittacus erithacus*): Learning with respect to categories of color, shape, and material," *Anim Learn Behav*

15 (1987): 423–432; 艾琳·佩珀格林，私人通信，2015年5月8日。

202 **鸽子也很擅长辨识：** M. J. Morgan et al., "Pigeons learn the concept of an 'A'," *Perception* 5 (1976): 57–66; S. Watanabe, "Discrimination of painting style and beauty: Pigeons use different strategies for different tasks," *Anim Cogn* 14, no. 6 (2011): 797–808; S. Watanabe and S. Masuda, "Integration of auditory and visual information in human face discrimination in pigeons," *Behav Brain Res* 207, no. 1 (2010): 61–69.

202 **它们能够区分照片中：** R. J. Herrnstein and D. H. Loveland, "Complex visual concept in the pigeon," *Science* 146, no. 3643 (1964): 549–551.

202 **也能熟练辨识：** F. A. Soto W. A. Wasserman, "A symmetrical interactions in the perception of face identity and emotional expression are not unique to the primate visual system," *J Vision* 11, no. 3 (2011): 24.

202 **它们还能学会并记住：** J. Fagot and R. G. Cook, "Evidence for large long-term memory capacities in baboons and pigeons and its implications for learning and the evolution of cognition," *PNAS* 103 (2006): 17564–17567.

202 **鸽子育种的历史非常悠久：** W. M. Levi, *The Pigeon*, 37.

203 **根据《鸽子》：** 出处同上，第1页。

203 **"有文明的地方"：** 出处同上。

204 **亲爱的朋友：** 出处同上，第11页。

204 **还有一只名叫威尔逊总统的鸽子：** 出处同上，第10页及以后各页。

204 **苏格兰的温基：** 出处同上，第8页。

204 **在第二次世界大战的高峰：** 语出技术军士克利福德·普特雷，转引自 *Amarillo Globe Times*, 1941年4月, http://www.newspapers.com/newspage/29783097/。

204 **最有名的信鸽之一：** W. M. Levi, *The Pigeon*, 26.

204 **古巴的政府官员：** http://www.cadenagramonte.cu/english/index.php/show/articles/1901: carrier-pigeons-an-alternative-communication-means-at-cuban-elections; M. Moore, "China trains army of messenger pigeons," *The Telegraph*, March 2, 2011.

205 **“经常有人声称”：** C. Dickens, “Winged Telegraphs,” *London Household Word*, February 1850, 454–456.

205 **但现在我们知道情况并非如此：** H. G. Wallraff, “Does pigeon homing depend on stimuli perceived during displacement?” *J Comp Physiol* 139 (1980): 193–201.

205 **但真正的导航：** 以下关于真正的导航的资料来自对该领域目前进展的综述：Richard Holland, “True navigation in birds: From quantum physics to global migration,” *J Zool* 293 (2014): 1–15。

206 **根据……查尔斯·沃尔科特：** C. Walt, “Pigeon homing: Observations, experiments and confusions,” *J Exp Biol* 199 (1996): 21–27; Charles Walcott quote from report on lecture to Lafayette Racing Pigeon Club, http://www.siegelpigeons.com/news/news-walcott.html.

207 **40年前，康奈尔大学的威廉·基顿：** W. T. Keeton, “Magnets interfere with pigeon homing,” *PNAS* 8, no. 1 (1971): 102–106.

207 **这项发现是20世纪60年代：** 首篇研究磁场和欧亚鸲关系的论文：W. Wiltschko and R. Wiltschko, “Magnetic compass of European robins,” *Science* 176, no. 4030 (1972): 62–64。

207 **“只用身体感应”：** H. Mouritsen in *Neurosciences: From Molecule to Behavior* (Berlin: Springer Spektrum, 2013), http://link.springer.com/chapter/10.1007/978-3-642-10769-6_20.

207 **有人提出一个理论：** M. Zapka et al., “Visual but not trigeminal mediation of magnetic compass information in a migratory bird,” *Nature* 461 (2009): 1274–1277.

208 **这种能力似乎与：** 出处同上；M. Liedvogel et al., “Lateralized activation of cluster N in the brains of migratory songbirds,” *Eur J Neurosci* 25, no. 4 (2007): 1166–1173。

208 **不久前，科学家们以为：** W. Wiltschko and R. Wiltschko, “Magnetic orientation and magnetoreception in birds and other animals,” *J Comp Physiol A* 191 (2005): 675–693; R. Wiltschko and W. Wiltschko, “Magnetoreception,” *BioEssays* 28, no. 2 (2006): 157–168; R. Wiltschko et al., “Magnetoreception in birds: Different physical processes for two types of

directional responses," *HFSP J* 1, no. 1 (2007): 41–48.

208 **但是当他们进一步检视：**C. D. Treiber et al., "Clusters of iron-rich cells in the upper beaks of pigeons are macrophages not magnetosensitive neurons," *Nature* 484, no. 7394 (2012): 367–370.

208 **新证据显示：**R. Wiltschko and W. Wiltschko, "The magnetite-based receptors in the beak of birds and their role in avian navigation," *J Comp Physiol A Neuroethol Sens Neural Behav Physiol* 199 (2013): 89–99; D. Kishkinev et al., "Migratory reed warblers need intact trigeminal nerves to correct for a 1,000 km eastward displacement," *PLoS ONE* 8 (2013): e65847.

208 **如果把……神经切断：**D. Kishkinev et al., "Migratory reed warblers need intact trigeminal nerves to correct for a 1,000 km eastward displacement," *PLoS ONE* 8 (2013): e65847.

209 **微小铁粒子：**M. Lauwers et al., "An iron-rich organelle in the cuticular plate of avian hair cells," *Curr Biol* 23, no. 10 (2013): 924–929. 每一种鸟，无论是鸽子还是鸵鸟，都有毛细胞，毛细胞内有微小铁粒子。科学家最近发现了鸽子脑干中的一组细胞，它们能够记录磁场的方向和强度信息，这些信息似乎来自鸟类的内耳。也许内耳中的单个神经元能够探测磁场的方向、强度和极性，并传递这些信息，其作用相当于鸽子体内的GPS。

209 **不过，信鸽的内耳被移除后：**H. G. Wallraff, "Homing of pigeons after extirpation of their cochleae and lagenae," *Nat NewBiol* 236 (1972): 223–224.

209 **2014年，莫里特森：**S. Engels et al., "Anthropogenic electromagnetic noise disrupts magnetic compass orientation in a migratory bird," *Nature* 509 (2014): 353–356.

209 **过去很长时间以来，科学家们：**R. Wiltschko and W. Wiltschko, "Avian navigation: From historical to modern concepts," *Anim Behav* 65, no. 2 (2003): 257–272.

209 **这样的想法形成于20世纪40年代：**E. C. Tolman, "Cognitive maps in rats and men," first published in *Psychological Review* 55, no. 4 (1948): 189–208.

210 **(那些追随托尔曼)：**T. Lombrozo, "Of rats and men: Edward C. Tolman,"

13.7 Cosmos & Culture (blog), *NPR*, February 11, 2013, http://www.npr.org/blogs/13.7/2013/02/11/171578224/of-rats-and-men-edward-c-tolman.

210 **托尔曼认为人类：**E. C. Tolman, "Cognitive maps in rats and men," first published in *Psychological Review* 55, no. 4 (1948): 189–208.

210 **鸽子就像那些老鼠一样：**R. H. I. Dale, "Spatial memory in pigeons on a four-arm radial maze," *Can J Psychology* 42, no. 1 (1988): 78–83; M. L. Spetch and W. K. Honig, "Characteristics of pigeons' spatial working memory in an open-field task," *Anim Learn Behav* 16 (1988): 123–131.

210 **其中的翘楚便是：**K. L. Gould et al., "What scatter-hoarding animals have taught us about small-scale navigation," *Philos Trans R Soc Lond B* 365 (2010): 901–914.

211 **它们会记得每一个贮藏地点：**B. M. Gibson and A. C. Kamil, "The fine-grained spatial abilities of three seed-caching corvids," *Learn Behav* 33, no. 1 (2005): 59–66; A. C. Kamil and K. Cheng, "Way-finding and landmarks: The multiple-bearings hypothesis," *J Exp Biol* 204 (2001): 103–113.

211 **但10次里有7次：**B. M. Gibson and A. C. Kamil, "The fine-grained spatial abilities of three seed-caching corvids" ; D. F. Tomback, "How nutcrackers find their seed stores," *Condor* 82 (1980): 10–19.

211 **有人提出了一种理论：**A. C. Kamil and J. E. Jones, "The seed-storing corvid Clark's nutcracker learns geometric relationships among landmarks," *Nature* 390 (1997): 276–279; A. C. Kamil and J. E. Jones, "Geometric rule learning by Clark's nutcrackers (*Nucifraga columbiana*)," *J Exp Psychol Anim Behav Process* 26 (2000): 439–53; P. A. Bednekoff and R. P. Balda, "Clark's nutcracker spatial memory: The importance of large, structural cues," *Behav Proc* 102 (2014): 12–17.

212 **一系列很有创意的实验：**N. S. Clayton and A. Dickinson, "Episodic-like memory during cache recovery by scrub jays," *Nature* 395 (1998): 272–274; J. M. Dally et al., "The behaviour and evolution of cache protection and pilferage," *Anim Behav* 72 (2006): 13–23.

212 **鸟类似乎像人类一样：**出处同上。

212 **为了了解西丛鸦是否会：**C. R. Raby et al., "Planning for the future by western

scrub-jays," *Nature* 445, no. 7130 (2007): 919–921.

213 **"'预先体验'未来":** L. G. Cheke and N. S. Clayton, "Eurasian jays (*Garrulus glandarius*) overcome their current desires to anticipate two distinct future needs and plan for them appropriately," *Biol Lett* 8 (2012): 171–175.

213 **凭借它的空间记忆力:** S. Watanabe and N. S. Clayton, "Observational visuospatial encoding of the cache locations of others by western scrub-jays (*Aphelocoma californica*)," *J Ethol* 25 (2007): 271–279; J. M. Thom and N. S. Clayton, "Re-caching by western scrub-jays (*Aphelocoma californica*) cannot be attributed to stress," *PLoS ONE* 8, no. 1 (2013): e52936.

214 **显然不是凭借花朵的颜色:** S. D. Healy and T. A. Hurly, "Spatial memory in rufous hummingbirds (*Selaphorus rufus*): A field test," *Anim Learn Behav* 23 (1995): 63–68.

214 **身形迷你,体色呈亮橘色:** 康奈尔鸟类学实验室网站, http://www.allaboutbirds.org/guide/rufous_hummingbird/id。

215 **希利最近所做的实验显示:** I. N. Flores-Abreu et al., "One-trial spatial learning: Wild hummingbirds relocate a reward after a single visit," *Anim Cogn* 15, no. 4 (2012): 631–637.

215 **回到原先所在的地点:** M. Bateson et al., "Context-dependent foraging decisions inrufous hummingbirds," *Proc R Soc B* 270 (2003): 1271–1276.

215 **它们还能记住每一朵花:** S. D. Healy, "What hummingbirds can tell us about cognition in the wild," *Comp Cogn Behav* 8 (2013): 13–28.

215 **希利的研究显示:** 新研究表明,蜂鸟定位使用的并非地形线索,而是各种细微的视觉线索,包括地标:T. A. Hurly et al., "Wild hummingbirds rely on landmarks not geometry when learning an array of flowers," *Anim Cogn* 17, no. 5 (2014): 1157–1165。

215 **过去并没有人:** N. Blaser et al., "Testing cognitive navigation in unknown territories: Homing pigeons choose different targets," *J Exp Biol* 216, pt. 16 (2013): 3213–3231.

217 **大脑的活动现象:** J. O'Keefe and L. Nadel, *The Hippocampus as a Cognitive Map* (Oxford: Oxford University Press, 1978).

217 **最新的研究显示：**J. F. Miller, “Neural activity in human hippocampal formation reveals the spatial context of retrieved memories,” *Science* 342 (2013): 1111–1114.

217 **海马体较大的鸟类：**T. C. Roth et al., “Is bigger always better? A critical appraisal of the use of volumetric analysis in the study of the hippocampus,” *Philos Trans R Soc Lond B* 365 (2010): 915–931.

217 **相对于它们的整个脑子：**B. J. Ward et al., “Hummingbirds have a greatly enlarged hippocampal formation,” *Biol Lett* 8 (2012): 657–659. 沃德暗示其他因素可能有助于蜂鸟体内的海马结构增大——例如它们的悬停飞行，这有助于形成“独特的大脑形态”。这也有可能是“蜂鸟体内海马区域相对于嗅脑区域尺寸缩小的结果”。(第658页)

217 **有巢寄生行为的鸟：**J. R. Corfield et al., “Brain size and morphology of the brood-parasitic and cerophagous honeyguides (Aves: Piciformes),” *Brain Behav Evol* 81, no. 3 (2013): 170–186.

217 **“这是有道理的”：**路易斯·勒菲弗，采访，2012年2月。

218 **牛鹂雌鸟的海马体：**M. F. Guigueno et al., “Female cowbirds have more accurate spatial memory than males,” *Biol Lett* 10, no. 2 (2014): 20140026.

218 **信鸽的海马体：**G. Rehkämper et al., “Allometric comparison of brain weight and brain structure volumes in different breeds of the domestic pigeon, *Columba livia* f.d. (fantails, homing pigeons, strassers),” *Brain Behav Evol* 31, no. 3 (1988): 141–149.

218 **不久前，有一群科学家：**J. Cnotka et al., “Navigational experience affects hippocampus size in homing pigeons,” *Brain Behav Evol* 72 (2008): 233–238.

219 **无论如何，鸽子海马体的大小：**作为对比，弗拉迪米尔·普拉沃苏多夫和他的团队研究海马体在鸟类食物储藏行为中的作用时，认为“大脑的许多特质（即成体神经元数量）难以重塑，并且在不同环境下也不会变化”。他说：“换句话说，这些特质可遗传，种群间差异可能源于自然选择对记忆的作用，而非物种个体对变化的环境做出调整的产物。” V. 普拉沃苏多夫，私人通信，2015年1月。

219 **英国的科学家：**K. Woollett and E. A. Maguire, “Acquiring ‘the Knowledge’

of London's layout drives structural brain changes," *Curr Biol* 21 (2011): 2109–2114.

219 **而伦敦是公认的：** M. Harris, "Nokia says London is most confusing city," *Tech Radar*, November 27, 2008, http://www.techradar.com/us/news/world-of-tech/phone-and-communications/mobile-phones/car-tech/satnav/nokia-says-london-is-most-confusing-city-489141.

219 **通过实验，科学家发现：** 但是获得这样的知识可能要付出代价。这些擅长认路的出租车司机在其他种类的空间记忆测试中（这些测试包含获取或检索新的视觉空间信息）表现不佳，这是由于他们大脑前海马体的灰质较少。

219 **事实上，当……研究人员：** K. Konishi and V. Bohbot, "Spatial navigational strategies correlated with gray matter in the hippocampus of healthy older adults tested in avirtual maze," *Front Aging Neurosci* 5 (2013): 1.

220 **哈佛大学的物理学教授约翰·胡思：** J. Huth, "Losing our way in the world," *New York Times*, Sunday Review, July 20, 2013.

221 **（我发现了一件有意思的事情）：** L. Boroditsky, "Lost in Translation," *Wall Street Journal*, July 23, 2010; L. Boroditsky, "How language shapes thought," *Scientific American*, February 2011.

221 **它们虽然没有随身携带：** A. Michalik et al., "Star compass learning: How long does it take?" *J Ornithol* 155 (2014): 225–234.

221 **就连蜣螂：** M. Dacke, "Dung beetles use the Milky Way for orientation," *Curr Biol* 23, no. 4 (2013): 298–300.

223 **那些白冠带鹀：** K. Thorup et al., "Evidence for a navigational map stretching across the continental U.S. in a migratory songbird," *PNAS* 104, no. 46 (2007): 18115–18119.

223 **那次实验也显示：** 20世纪50年代有一项研究椋鸟的著名实验，研究者在荷兰境内抓了1.1万只正在迁徙的椋鸟，把它们运到瑞士。之后成鸟出现在英国南部和法国西北部的常规越冬地，幼鸟出现在前者的西南方向。托鲁普和霍兰说，"这相当于它们正常经过荷兰的迁徙路线"。本书中提到的白冠带鹀实验印证了此前的椋鸟实验。

223 **没有经验的美洲鹤：** T. Mueller et al., "Social learning of migratory performance,"

Science 341, no. 6149 (2013): 999–1002. 这项研究发现，与靠自己辨认方向的幼鸟相比，跟着成鸟飞的美洲鹤幼鸟偏离航道的情况要少40%。幼鸟跟着正确航道的能力每年都在稳步增长，直到它们长到5岁。

224 **我们之所以知道这一点：** K. Thorup and R. A. Holland, "Understanding the migratory orientation program of birds: Extending laboratory studies to study free-flying migrants in a natural setting," *Integ Comp Biol* 50, no. 3 (2010): 315–322.

224 **黄昏时的偏振光：** 偏振光的参数在候鸟迁徙导航中发挥关键作用。许多种夜行性候鸟在日落或日落之后开始飞行。偏振光参数显然为候鸟首次迁徙提供了导航信息。

224 **在一次位移实验中：** R. Mazzeo, "Homing of the Manx shearwater," *Auk* 70 (1953): 200–201.

225 **要运用这些逐渐变化的数值：** R. A. Holland, "True navigation in birds: From quantum physics to global migration," *J Zool* 293 (2014): 1–15.

225 **霍兰和他的一位同事：** R. A. Holland and B. Helm, "A strong magnetic pulse affects the precision of departure direction of naturally migrating adult but not juvenile birds," *J R Soc Interface* (2013), doi: 10.1098/rsif.2012.1047.

225 **这项实验是由尼基塔·切尔涅佐夫：** D. Kishkinev et al., "Migratory reed warblers need intact trigeminal nerves to correct for a 1,000 km eastward displacement," *PLoS ONE* 8, no. 6 (2013): e65847.

226 **乔恩·哈格斯特鲁姆：** J. T. Hagstrum, "Infrasound and the avian navigational map," *J Exp Biol* 203 (2000): 1103–1111; J. T. Hagstrum, "Infrasound and the avian navigational map," *J Nav* 54 (2001): 377–391; J. T. Hagstrum, "Atmospheric propagation modeling indicates homing pigeons use loft-specific infrasonic 'map' cues," *J Exp Biol* 216 (2013): 687–699.

226 **那是在2014年4月：** H. M. Streby et al., "Tornadic storm avoidance behavior in breeding songbirds," *Curr Biol* (2014), doi: 10.1016/j.cub.2014.10.079.

227 **"我们用眼睛看风景"：** J. T. 哈格斯特鲁姆，私人通信，2014年1月13日。

227 **"这种奇闻逸事般的说法"：** 亨里克·莫里特森，私人通信，2015年3月5日。

228 **哈格斯特鲁姆对此很感兴趣：**J. T. Hagstrum, “Atmospheric propagation modeling indicates homing pigeons use loft-specific infrasonic ‘map’ cues,” *J Exp Biol* 216 (2013): 687–699.

228 **“这样的证据太过薄弱”：**R. A. Holland, “True navigation in birds: From quantum physics to global migration,” *J Zool* 293 (2014): 1–15; 理查德·霍兰，私人通信，2015年3月23日。

228 **气味线索或许能够：**F. Papi et al., “The influence of olfactory nerve section on the homing capacity of carrier pigeons,” *Monit Zool Ital* 5 (1971): 265–267.

228 **大约在同一时期：**H. G. Wallraff, “Weitere volierenversuche mit brieftauben: Wahrscheinlicher einfluss dynamischer faktorender atmosphare auf die orientierung,” *Z Vgl Physiol* 68 (1970): 182–201.

229 **这个现象和：**B. L. Finlay and R. B. Darlington, “Linked regularities in the development and evolution of mammalian brains,” *Science* 268 (1995): 1578.

229 **几乎所有的脊椎动物：**K. E. Yopak et al., “A conserved pattern of brain scaling from sharks to primates,” *PNAS* 107, no. 29 (2010): 12946–12951.

229 **鸟类正是如此：**S. Healy and T. Guilford, “Olfactory bulb size and nocturnality in birds,” *Evolution* 44, no. 2 (1990): 339.

230 **“某套器官异常发达”：**C. H. Turner, “A few characteristics of the avian brain,” *Science XIX*, no. 466 (1892): 16–17.

230 **科学家们……植入电极：**M. H. Sieck and B. M. Wenzel, “Electrical activity of the olfactory bulb of the pigeon,” *Electroenceph Clin Neurophysiol* 26 (1969): 62–69.

230 **蓝鹱：**F. Bonadonna, “Evidence that blue petrel, *Halobaena caerulea*, fledglings can detect and orient to dimethyl sulfide,” *J Exp Biol* 209 (2006): 2165–2169.

230 **它们在黑暗的洞穴里筑巢：**F. Bonadonna, “Could osmotaxis explain the ability of blue petrels to return to their burrows at night?” *J Exp Biol* 204 (2001): 1485–1489.

230 **青山雀哺育幼鸟：** L. Amo et al., “Predator odour recognition and avoidance in a songbird,” *Funct Ecol* 22 (2008): 289–293.

230 **凭着嗅觉找到：** A. Mennarat, “Aromatic plants in nests of the blue tit *Cyanistes caeruleus* protect chicks from bacteria,” *Oecologia* 161, no. 4 (2009): 849–855.

230 **一种名叫凤头海雀：** S. P. Caro and J. Balthazart, “Pheromones in birds: Myth or reality?” *J Comp Physiol A Neuroethol Sens Neural Behav Physiol* 196, no. 10 (2010): 751–766.

231 **斑胸草雀的嗅球虽小：** E. T. Krause et al., “Olfactory kin recognition in a songbird,” *Biol Lett* 8, no. 3 (2012): 327–329.

231 **身为认知与大脑演化领域的专家：** L. F. Jacobs, “From chemotaxis to the cognitive map: The function of olfaction,” *Proc Natl Acad Sci* 109 (2012): 10693–10700.

231 **安娜· 加利亚尔多：** A. Gagliardo et al., “Oceanic navigation in Cory’s shearwaters: Evidence for a crucial role of olfactory cues for homing after displacement,” *J Exp Biol* 216 (2013): 2798–2805.

232 **为了了解它们是如何做到的：** 出处同上。

232 **根据帕皮：** F. Papi, *Animal Homing* (London: Chapman & Hall, 1992); H. G. Wallraff, *Avian Navigation: Pigeon Homing as a Paradigm* (Berlin: Springer, 2005).

232 **第一个部分是一幅低分辨率：** L. F. Jacobs, “From chemotaxis to the cognitive map: The function of olfaction,” *Proc Natl Acad Sci* 109 (2012): 10693–10700.

232 **瓦尔拉夫……采集：** H. G. Wallraff and M. O. Andreae, “Spatial gradients in ratios of atmospheric trace gases: A study stimulated by experiments on bird navigation,” *Tellus B Chem Phys Meteorol* 52 (2000): 1138–1157; H. G. Wallraff, “Ratios among atmospheric trace gases together with winds imply exploitable information for bird navigation: A model elucidating experimental results,” *Biogeosciences* 10 (2013): 6929–6943.

233 **有一项研究发现：** P. E. Jorge et al., “Activation rather than navigational effects of odours on homing of young pigeons,” *Curr Biol* 19 (2009): 1–5.

233 **如果这项研究结论正确：**R. A. Holland, “True navigation in birds: From quantum physics to global migration,” *J Zool* 293 (2014): 1–15.

233 **不过，不久前霍兰和他的研究小组：**R. A. Holland et al., “Testing the role of sensory systems in the migratory heading of a songbird,” *J Exp Biol* 212 (2009): 4065–4071.

233 **此外，曾有科学家检视：**A. Rastogi et al., “Phase inversion of neural activity in the olfactory and visual systems of a night-migratory bird during migration,” *Eur J Neurosci* 34 (2011): 99–109.

234 **布莱泽在研究信鸽时发现：**N. Blaser et al., “Testing cognitive navigation in unknown territories: Homing pigeons choose different targets,” *J Exp Biol* 216, pt. 16 (2013): 3213–3231.

234 **如果一只鸽子：**C. Walcott, “Multi-modal orientation in homing pigeons,” *Integr Comp Bio* 45 (2005): 574–581.

234 **还有一只鸽子在长途飞行时：**出处同上。

235 **“人类很善于认知整合”：**M. Shanahan, “The brain’s connective core and its role in animal cognition,” *Philos Trans R Soc Lond B* 367, no. 1603 (2012): 2704–2714.

236 **为了了解鸟脑内：**M. Shanahan et al., “Large-scale network organisation in the avian forebrain: A connectivity matrix and theoretical analysis,” *Front Comput Neurosci* 7, no. 89 (2013), doi: 10.3389/fncom.2013.00089240.

第八章　如麻雀般活跃

240 **在他所撰写的：**T. R. Anderson, *Biology of the Ubiquitous House Sparrow* (Oxford: Oxford University Press, 2006), 9.

240 **人类走到哪里，它们便跟到哪里：**S. Steingraber, “The fall of a sparrow,” *Orion Magazine*, 2008.

240 **人类世：**A. D. Barnosky et al., “Has the earth’s sixth mass extinction already arrived?” *Nature* 471 (2011): 51–57.

240 **一直是鸟类栖息地：**R. E. Green, "Farming and the fate of wild nature," *Science* 307 (2005): 550. "如今，农业是全球鸟类面临的最严重的威胁之一。"格林说。地表大约有一半的土地已被改造为农耕用地或牧场，在改造过程中有一半以上的森林消失。不论是目前还是可预期的将来，农业都是鸟类生存的主要威胁，尤其是在发展中国家。

241 **鸟类学家皮特·邓恩：**P. Dunn, *Essential Field Guide Companion* (Boston: Houghton Mifflin, 2006), 679.

241 **它们的数量却高达几百万：**关于家麻雀大范围扩张的资料来自T. R. Anderson, *Biology of the Ubiquitous House Sparrow* (Oxford: Oxford University Press, 2006), 21–30。

241 **16只麻雀：**C. Lever, *Naturalized Birds of the World* (New York: John Wiley, 1987).

241 **到1889年时（距它们被引进美国的时间只有几十年）：**E. A. Zimmerman, "House Sparrow History," *Sialis*, http://www.sialis.org/hosphistory.htm.

242 **如今，这些不起眼的家麻雀：**Partners in Flight Science Committee 2012. Species Assessment Database, version 2012, http://rmbo.org/pifassessment.

242 **几乎都可以听到家麻雀的叫声：**T. R. Anderson, *Biology of the Ubiquitous House Sparrow* (Oxford: Oxford University Press, 2006), 283–284.

242 **科学家帕特里夏·戈瓦蒂：**P. A. Gowaty, "House sparrows kill eastern bluebirds," *J Field Ornithol* (Summer 1984): 378–380.

242 **39个引进麻雀的案例：**D. Sol et al., "Behavioural flexibility and invasion success in birds," *Anim Behav* 63 (2002): 495–502.

243 **生态学家丹尼尔·索尔：**D. Sol et al., "The paradox of invasion in birds: Competitive superiority or ecological opportunism?" *Oecologia* 169, no. 2 (2012): 553–564.

243 **但在几年前：**D. Sol and L. Lefebvre, "Behavioural flexibility predicts invasion success in birds introduced to New Zealand," *Oikos* 90 (2000): 599–605.

243 **后来，索尔又检视了：**D. Sol et al., "Unraveling the life history of successful invaders," *Science* 337 (2012): 580.

244 **两栖动物和爬行动物：**两栖动物和爬行动物：J. J. Amiel et al., "Smart

moves: Effects of relative brain size on establishment success of invasive amphibians and reptiles," *PLoS ONE* 6 (2011): e18277。哺乳动物：D. Sol et al., "Brain size predicts the success of mammal species introduced into novel environments," *Am Nat* 172 (2008): S63–71。

244 **鸟类想要……成功繁衍：** D. Sol et al., "Exploring or avoiding novel food resources? The novelty conflict in an invasive bird," *PLoS ONE* 6, no. 5 (2011): 219535. 据索尔和同事的说法，一群鸟"很乐意尝试新食物或采用新的觅食策略，表明它们能更快地适应新环境，也更容易繁衍生息"。

244 **伊利诺伊州诺默尔：** J. E. C. Flux and C. F. Thompson, "House sparrows taking insects from car radiators," *Notornis* 33, no. 3 (1986): 190–191.

244 **也有人看到麻雀：** R. K. Brooke, "House sparrows feeding at night in New York," *Auk* 88 (1971): 924.

245 **一位密苏里州的生态学家：** J. L. Tatschl, "Unusual nesting site for house sparrows," *Auk* 85 (1968): 514.

245 **有人整整一周：** B. D. Bell, "House sparrows collecting feathers from live feral pigeons," *Notornis* 41 (1994): 144–145.

245 **某些城市：** M. Suárez-Rodriguez et al., "Incorporation of cigarette butts into nests reduces nest ectoparasite load in urban birds; new ingredients for an old recipe?" *Biol Lett* 9, no. 1 (2012): 201220921.

245 **在觅食方面：** T. Anderson, *Biology of the Ubiquitous House Sparrow* (Oxford: Oxford University Press, 2006), 246–282.

245 **有人曾经看到几只麻雀：** K. Rossetti, "House sparrows taking insects from spiders' webs," *British Birds* 76 (1983): 412.

245 **夏威夷毛伊岛：** H. Kalmus, "Wall clinging: Energy saving the house sparrow *Passer domesticus*," *Ibis* 126 (1982): 72–74.

246 **几年前，有两位生物学家：** R. Breitwisch and M. Breitwisch, "House sparrows open an automatic door," *Wilson Bulletin* 103 (1991): 4.

246 **有人曾经在新西兰：** R. E. Brockie and B. O'Brien, "House sparrows (*Passer domesticus*) opening autodoors," *Notornis* 51 (2004): 52.

246 **在他的著作《风鸟》：** P. Matthiessen, *The Wind Birds* (New York: Viking Press,

1973), 20.

247 **林恩·马丁曾经：** L. B. Martin and L. Fitzgerald, "A taste for novelty in invading house sparrows, *Passer domesticus*," *Behav Ecol* 16, no. 4 (2005): 702–707.

247 **两位研究者发现：** A. Liker and V. Bokony, "Larger groups are more successful in innovative problem solving in house sparrows," *PNAS* 106, no. 19 (2009): 7893–7898.

248 **以阿拉伯鸫鹛……为例：** 阿曼达·里德利，私人通信，2015年4月7日。

248 **有研究显示：** P. R. Laughlin et al., "Groups perform better than the best individuals on letters-to-numbers problems: Effects of group size," *J Pers and Soc Psych* 90, no. 4 (2006): 644–651.

248 **心理学家斯蒂芬·平克：** S. Pinker, "The cognitive niche: Coevolution of intelligence, sociality, and language," *PNAS* 107, suppl. 3 (2010): 8993–8999.

248 **群体比独来独往的个体：** J. Morand-Ferron and J. L. Quinn, "Larger groups of passerines are more efficient problem-solvers in the wild," *PNAS* 108, no. 38 (2011): 15898–15903; L. Aplin et al., "Social networks predict patch discovery in a wild population of songbirds," *Proc R Soc B* 279 (2012): 4199–4205.

248 **"人们往往以为"：** E. Selous, *Bird Life Glimpses* (London: George Allen, 1905), 79.

248 **"这是因为他们"：** 转引自 M. M. Nice, "Edmund Selous—An Appreciation," *Bird-Banding* 6 (1935): 90–96。其结论得自 E. Selous, *Realities of Bird Life* (London: Constable & Co., 1927), 152; E. Selous, *The Bird Watcher in the Shetlands* (London: J. M. Dent & Co., 1905), 232。

249 **对类催产素分子有什么反应：** A. M. Kelly and J. L. Goodson, "Personality is tightly coupled to vasopressin-oxytocin neuron activity in a gregarious finch," *Front Behav Neurosci* 8, no. 55 (2014), doi: 10.3389/fnbeh.2014.0005.

249 **约翰·科克雷姆：** J. F. Cockrem, "Corticosterone responses and personality in birds: Individual variation and the ability to cope with environmental

changes due to climate change," *Gen Comp Endocrinol* 190 (2013): 156–163.

249 **林恩·马丁实地研究：**A. W. Schrey et al., "Range expansion of house sparrows (*Passer domesticus*) in Kenya: Evidence of genetic admixture and human-mediated dispersal," *J Heredity* 105 (2014): 60–69.

249 **这些麻雀是在20世纪50年代：**林恩·马丁，私人通信，2015年3月6日。

249 **到处都可以看到麻雀：**J. D. Parker et al., "Are invasive species performing better in their new ranges?" *Ecology* 94 (2013): 985–994.

249 **距离蒙巴萨最远……的麻雀：**L. B. Martin et al., "Surveillance for microbes and range expansion in house sparrows," *Proc R Soc B* 281, no. 1774 (2014): 20132690.

249 **马丁等人认为：**A. L. Liebl and L. B. Martin, "Exploratory behavior and stressor hyper-responsiveness facilitate range expansion of an introduced songbird," *Proc R Soc B* (2012), doi: 10.1098/rspb.2012.1606.

250 **马丁手下的一位研究生：**A. L. Liebl and L. B. Martin, "Living on the edge: Range edge birds consume novel foods sooner than established ones," *Behav Ecol* 25, no. 5 (2014): 1089–1096.

250 **相较而言，新群落的麻雀：**该结论和马丁早期的研究发现吻合。马丁在此前的实验中比较了两组美洲的麻雀，第一组是来自巴拿马科隆市的新群落，它们被引进该地区的历史只有30年，但已经遍布全国了。第二组是一群"老顽固"，在新泽西州的普林斯顿繁衍了150年。马丁在相似的条件下圈养两组麻雀，然后测试它们对各种新食物的反应，比如猕猴桃切片和切碎的薄荷糖。巴拿马地区的麻雀很高兴地吃了新食物，而新泽西州的麻雀却不愿意吃。参见L. B. Martin and L. Fitzgerald, "A taste for novelty in invading house sparrows," *Behav Ecol* 16 (2005): 702–707。

250 **有一只大蓝鹭：**M. J. Afemian et al., "First evidence of elasmobranch predation by a waterbird: Stingray attack and consumption by the great blue heron," *Waterbirds* 34, no. 1 (2011): 117–120.

251 **有一只褐鹈鹕：**D. L. Bostic and R. C. Banks, "A record of stingray predation by the brown pelican," *Condor* 68, no. 5 (1966): 515–516.

251 **有一只啄羊鹦鹉：**B. D. Gartell and C. Reid, “Death by chocolate: A fatal problem for an inquisitive wild parrot,” *New Zealand Vet J* 55, no. 3 (2007): 149–151.

251 **但诚如马丁所言：**林恩·马丁，私人通信，2015年3月5日。

251 **它们一旦在一个地方：**马丁和他的同事说：“因此，环境稳定地区的个体在选择食物方面的‘可塑性’应该是下降了，在新环境或变化的环境中的生物则更倾向于尝试新食物……灵活选择食物可能会付出代价，这一策略可能不适用于所有个体，尤其是那些在远离分布区域边缘的地点觅食的个体。食物选择策略作用于个体表型，以适应当地环境。” L. B. Martin and L. Fitzgerald, “A taste for novelty in invading house sparrows,” *Behav Ecol* 16 (2005): 702–707.

252 **喜欢成群结伙：**值得注意的是，目前没有实证支持这一观点，即群居性是成功的入侵鸟种的一个重要特征，正如丹尼尔·索尔指出的：“原因是几乎所有的外来物种都有群居性，这可能是因为它们更容易被捕捉，或者它们在人类聚居地附近活动更频繁。因此这一推测无法得到证实。”丹尼尔·索尔，私人通信，2015年1月。

252 **（这叫作分散风险策略）：**丹尼尔·索尔，私人通信，2015年4月。

252 **（以多伦多为例）：**R. Johns, “Building owners in new lawsuit over bird collision deaths,” American Bird Conservancy media release, 2012, http://www.abcbirds.org/newsandreports/releases/120413.html.

252 **索尔和他的研究小组：**丹尼尔·索尔，私人通信，2015年4月；D. Sol et al., “Urbanisation tolerance and the loss of avian diversity,” *Ecol Lett* 17, no. 8 (2014): 942–950.

253 **加拿大的一些研究人员发现：**D. S. Proppe et al., “Flexibility in animal signals facilitates adaptation to rapidly changing environments,” *PLoS ONE* (2011), doi: 10.1371/journal.pone.0025413.

253 **有一群科学家曾经研究英国：**S. Shultz, “Brain size and resource specialization predict long-term population trends in British birds,” *Proc R Soc B* 272, no. 1578 (2005): 2305–2311.

253 **科学家们在中美洲的农田：**L. O. Frishkoff, “Loss of avian phylogenetic diversity in neotropical agricultural systems,” *Science* 345, no. 6202 (2014):

1343–1346.

254 **索尔和他的团队所做的研究：**D. Sol et al., "Behavioral drive or behavioral inhibition in evolution: Subspecific diversification in Holarctic passterines," *Evolution* 59, no. 12 (2005): 2669–2677; D. Sol and T. D. Price, "Brain size and the diversification of body size in birds," *Am Nat* 172, no. 2 (2008): 170–177.

255 **2014年初：**B. G. Freeman and A. M. Class Freeman, "Rapid upslope shifts in New Guinean birds illustrate strong distributional responses of tropical montane species to global warming," *PNAS* 111 (2014): 4490–4494.

255 **"这真是一个令人惊讶的现象"：**本·弗里曼，私人通信，2015年2月5日。

256 **我曾经看过一张地图：**P. Kareiva et al., "Conservation in the Anthropocene," *The Breakthrough* (Winter 2012), http://thebreakthrough.org/index.php/journal/past-issues/issue-2/conservation-in-the-anthropocene.

257 **根据……的预测：**S. Nash, *Virginia Climate Fever* (Charlottesville: University of Virginia Press, 2014), 24.

257 **善于适应环境的大山雀：**O. Vedder et al., "Quantitative assessment of the importance of phenotypic plasticity in adaptation to climate change in wild bird populations," *PLoS Biol* (2013), doi: 10.1371/journal.pbio.1001605.

258 **这类鸟每一代的寿命较长：**然而，正如丹尼尔·索尔指出的那样，"其他研究结论正好相反：每一代存活较长的物种能更好地应对气候变化"。参见B.-E. Saether, "Climate driven dynamics of bird populations: Processes and patterns," *BOU Proceedings—Climate Change and Birds* (2010)。

258 **如果因为气候变暖的缘故：**S. Shultz, "Brain size and resource specialization predict longterm population trends in British birds," *Proc R Soc B* 272, no. 1578 (2005): 2305–2311; D. Sol et al., "Big brains, enhanced cognition and response of birds to novel environments," *PNAS* 102 (2005): 5460–5465.

258 **自20世纪80年代以来：**A. J. Baker, "Rapid population decline in red knots: fitness consequences of decreased refuelling rates and late arrival in Delaware Bay," *Proc Roy S B* 271 (2004): 875–882.

258 **但气候的变化可能会使它们：**H. Galbraith et al., "Predicting vulnerabilities of North American shorebirds to climate change," *PLoS ONE* (2014), doi:

10.1371/journal.pone.0108899.

258 **据估计，它们的栖息地：** http://climate.audubon.org/birds/mouchi/mountain-chickadee.

259 **除此以外，全球变暖：** C. A. Freas et al., “Elevation-related differences in memory and the hippocampus in mountain chickadees, *Poecile gambeli*,” *Anim Behav* 84 (2012): 121–127.

259 **根据弗拉迪米尔·普拉沃苏多夫：** 弗拉迪米尔·普拉沃苏多夫，私人通信，2015年1月29日。

259 **“这是史上最低的一次”：** 本·弗里曼，私人通信，2015年2月26日。

259 **事实上，全球各地：** G. De Coster et al., “Citizen science in action—evidence for long-term, region-wide house sparrow declines in Flanders, Belgium,” *Landscape Urban Plan* 134 (2015): 139–146; L. M. Shaw et al., “The house sparrow *Passer domesticus* in urban areas—reviewing a possible link between post-decline distribution and human socioeconomic status,” *J Ornithol* 149, no. 3 (2008): 293–299.

259 **媒体关注：** http://www.rspb.org.uk/discoverandenjoynature/discoverandlearn/birdguide/redliststory.aspx.

259 **问题似乎在于雏鸟：** W. J. Peach et al., “Reproductive success of house sparrows along an urban gradient,” *Anim Conserv* 11, no. 6 (2008): 493–503; http://www.rspb.org.uk/news/details.aspx?id=tcm: 9-203663; D. Adam, “Leylandii may be to blame for house sparrow decline, say scientists,” *Guardian*, 2008, http://www.theguardian.com/environment/2008/nov/20/wildlife-endangeredspecies.

259 **许多公园被改造为停车场：** G. Seress, “Urbanization, nestling growth and reproductive success in a moderately declining house sparrow population,” *J Avian Biol* 43 (2012): 403–414.

259 **以色列的若干研究显示：** Y. Yom-Tov, “Global warming and body mass decline in Israeli passerine birds,” *Proc R Soc B* 268 (2001): 947–952.

259 **林恩·马丁对以上说法：** 林恩·马丁，私人通信，2015年3月5日。

260 **最后一段是这么写的：** T. R. Anderson, *The Biology of the Ubiquitous*

House Sparrow (Oxford: Oxford University Press, 2006), 437.

260 **科学家目前仍在持续发现：** P. C. Rasmussen et al., "Vocal divergence and new species in the Philippine hawk owl *Ninox philippensis* complex," *Forktail* 28 (2012): 1–20; J. B. C. Harris, "New species of *Muscicapa* flycatcher from Sulawesi, Indonesia," *PLoS ONE* 9, no. 11 (2014): e112657; P. Alström et al., "Integrative taxonomy of the russetbush warbler *Locustella mandelli* complex reveals a new species from central China," *Avian Res* 6, no. 1 (2015), doi: 10.1186/s40657-015-0016-z.

260 **不久前有一项研究显示，乌鸦：** A. Smirnova et al., "Crows spontaneously exhibit analogical reasoning," *Curr Biol* (2014), doi: http://dx.doi.org/10.1016/j.cub.2014.11.063.

261 **根据理查德·普鲁姆：** R. O. Prum, "Coevolutionary aesthetics in human and biotic artworlds," *Biol Philos* 28, no. 5 (2013): 811–832.

261 **诚如鸟类学家理查德·F. 约翰斯顿：** 语出R. F. 约翰斯顿，转引自 T. R. Anderson, *The Biology of the Ubiquitous House Sparrow* (Oxford: Oxford University Press, 2006), 31。

262 **"如果你在没有掠食者的环境中演化"：** 加文·亨特，私人通信，2015年1月。

262 **但正如一位……做研究的科学家：** L. O. Frishkoff, "Loss of avian phylogenetic diversity in neotropical agricultural systems," *Science* 345, no. 6202 (2014): 1343–1346.

262 **比对了各种鸟的基因组：** M. N. Romanov et al., "Reconstruction of gross avian genome structure, organization and evolution suggests that the chicken lineage most closely resembles the dinosaur avian ancestor," *BMC Genomics* 15, no. 1 (2014): 1060.

262 **阿瑟·克利夫兰·本特：** A. C. Bent, *Life Histories of North American Gallinaceous Birds* (Washington, DC: U.S. Government Printing Office, 1932), 335.

263 **奥尔多·利奥波德：** A. Leopold, *A Sand County Almanac* (London: Oxford University Press, 1966), 137.

263 **爆炸性增长：** E. D. Jarvis et al., "Whole-genome analyses resolve early branches in the tree of life of modern birds," *Science* 346, no. 6215 (2014):

1321–1331.

264 **“身为人类”**：A. 爱因斯坦写给比利时伊丽莎白女王的一封信，1932年9月19日。

264 **“要实际衡量动物的某种特质”**：S. D. Healy, “Animal cognition: The trade off to being smart,” *Curr Biol* 22, no. 19 (2012): R840–841.

264 **丹尼尔·索尔手上的一些数据**：丹尼尔·索尔，私人通信，2015年1月。

265 **野生大山雀所做的一项研究**：L. Cauchard et al., “Problem-solving performance is correlated with reproductive success in a wild bird population,” *Anim Behav* 85 (2013): 19–26. 考沙尔和她的同事给正在繁殖的大山雀配偶提出了一项很有挑战性的任务，并把双亲的表现和它们能否成功繁衍相关联。研究团队建造了一种只能通过拉绳子开启活板门的巢箱，双亲中至少有一只鸟完成任务的巢，比双亲都失败的巢繁殖后代的成功率更高。

265 **大山雀繁殖行为**：E. Cole et al., “Cognitive ability influences reproductive life history variation in the wild,” *Curr Biol* 22 (2012): 1808–1812.

265 **(北美白眉山雀的情况也是如此)**：D. Y. Kozlovsky et al., “Elevation-related differences in parental risk-taking behavior are associated with cognitive variation in mountain chickadees,” *Ethology* 121, no. 4 (2015): 383–394; 弗拉迪米尔·普拉沃苏多夫，私人通信，2015年1月25日。

265 **“那些善于解决问题的大山雀”**：内尔吉·布格特，私人通信，2015年4月。

266 **在巴巴多斯岛所做的研究**：西蒙·迪卡泰，采访，2012年2月；S. Ducatez, “Problem-solving and learning in Carib grackles: Individuals show a consistent speed-accuracy tradeoff,” *Anim Cogn* 18, no. 2 (2015): 485–496.

266 **“胆子较大的鸟儿”**：丹尼尔·索尔，私人通信，2015年1月。

索引

（条目后的数字为原书页码，见本书边码）